线性代数

(第三版)

主　编　刘立新　刘冬兵

副主编　陈　龙　林宗兵　胡　敏

科学出版社

北　京

内 容 简 介

本书根据编者多年的教学实践，参考普通本科院校理工、经管类专业线性代数课程教学大纲及硕士研究生入学考试大纲编写而成. 内容涵盖行列式、矩阵、线性方程组与向量组、矩阵的特征值与特征向量、二次型等知识；书中融入了 MATLAB 数学软件程序实现的教学内容，特别地，每章还给出了线性代数的2—3个实际应用的例子. 本书题型丰富,题量适中,通俗易懂，便于自学.

本书可作为普通高等院校理工、经管类专业的线性代数课程的教材，同时也适合考研学生和科技工作者阅读.

图书在版编目(CIP)数据

线性代数/刘立新，刘冬兵主编. —3版. —北京：科学出版社, 2024.1

ISBN 978-7-03-077818-5

Ⅰ. ①线…　Ⅱ. ①刘…　②刘…　Ⅲ. ①线性代数　Ⅳ. ①O151.2

中国国家版本馆 CIP 数据核字(2024) 第 003697 号

责任编辑: 胡海霞　范培培 / 责任校对: 彭珍珍

责任印制: 赵　博 / 封面设计: 无极书装

科学出版社 出版

北京东黄城根北街 16 号

邮政编码: 100717

http://www.sciencep.com

三河市骏杰印刷有限公司印刷

科学出版社发行　各地新华书店经销

*

2011 年 1 月第　一　版　开本: 720×1000　1/16

2015 年 1 月第　二　版　印张: 13 3/4

2024 年 1 月第　三　版　字数: 277 000

2025 年 1 月第二十一次印刷

定价: 49.00 元

(如有印装质量问题, 我社负责调换)

前　言

数学是自然科学的基本语言, 对培养人的理性思维品质、思辨能力、自主创新能力有着重要的意义.

我国高等教育从精英教育向大众化教育的过渡, 给大学数学教学带来了一系列的变化和挑战, 编者认为: 在教材建设上不能继续按照传统的“追求逻辑的严密性和理论体系的完整性, 重理论、轻实践”的思想, 应遵循“打牢基础、强化能力、立足应用和数学软件实现”的原则, 尽量体现数学的广泛实际应用.

为此, 我们努力做到削枝强干、夯实基础、密切联系实际、服务专业、体现数学建模思想. 本书注重数学的基础性、工具性和应用性, 力争为学生理解数学的抽象概念提供认知基础, 尽量促使学生从学数学到用数学的能力转变.

为满足考研的需要, 本书结合考研大纲, 增加了这方面的例题、习题, 供使用者参考.

本书在科学出版社出版的钟玉泉和周建主编《线性代数 (第二版)》的基础上进一步系统完善, 各章节的表述更加一致, 前后的连贯性更好, 适合于应用型一流本科课程教学. 本书第 1 章由孙继军编写, 第 2 章由刘冬兵编写, 第 3 章由胡敏编写, 第 4 章由陈龙编写, 第 5 章由于勇编写, 每一章的 MATLAB 数学软件的程序实现和附录的 MATLAB 软件介绍由林宗兵和张良江编写. 本书由刘立新设计整体框架和编写思路, 由刘冬兵负责统稿和修改. 由刘立新、刘冬兵担任主编, 陈龙、林宗兵和胡敏担任副主编.

本书是攀枝花学院 2019 年校级线性代数示范课程教学改革项目的组成部分, 该项目 2021 年进一步成功申报立项四川省教育厅第二批省级一流本科课程项目 (编号: 1011).

在编写过程中, 本书得到攀枝花学院教务处和科学出版社的大力支持, 对此表示衷心感谢. 不足之处在所难免, 恳请使用者批评指正.

编　者

2022 年 5 月 5 日

目　　录

第 1 章 行 列 式

行列式是由解线性方程组的需要而产生的, 这是非常重要的数学工具之一, 也是线性代数中的一个基本工具, 在科学技术的各个领域里均有广泛的应用. 本章先介绍排列的基本概念, 再引入二、三阶行列式的概念, 然后进一步讨论 n 阶行列式, 给出 n 阶行列式的定义以及其性质和计算方法, 作为初步的应用, 介绍利用 n 阶行列式求解 n 元线性方程组的克拉默法则. 最后, 讨论几个行列式的应用问题.

1.1 全排列与逆序数

1.1.1 全排列与逆序数的定义

自然数 $1, 2, \cdots, n$ 组成的有序数组称为一个 n 元排列, 记为 $p_1p_2\cdots p_n$, n 元排列共有 $n!$ 个. 排列 $12\cdots n$ 称为自然排列或标准排列, 规定其为标准次序.

定义 1.1.1 在一个 n 元排列 $p_1p_2\cdots p_n$ 中, 若一个大的数在一个小的数的前面 (即某两个数的先后顺序与标准顺序相反), 则称这两个数有一个逆序. 一个 n 元排列中所有逆序的总数称为该排列的逆序数, 记为 $\tau(p_1p_2\cdots p_n)$.

如果一个排列的逆序数是奇数 (偶数), 则称其为奇 (偶) 排列.

例如, 在五元排列 32514 中, 所有的逆序为 32, 31, 21, 51, 54, 所以 $\tau(32514) = 5$, 此排列为奇排列. 具体计算一个全排列的逆序数的方法如下.

设 $p_1p_2\cdots p_n$ 为 n 个自然数 $1, 2, \cdots, n$ 的一个全排列, 考虑排列中的元素 p_i $(i = 1, 2, \cdots, n)$, 如果比 p_i 大且排在 p_i 前面的数有 t_i 个, 就说 p_i 这个元素的逆序数是 t_i, 排列中全体元素的逆序数的总和就是该排列的逆序数, 即

$$\tau(p_1p_2\cdots p_n) = t_1 + t_2 + \cdots + t_n = \sum_{i=1}^{n} t_i.$$

例 1.1.1 求下列排列的逆序数:

(1) 436251; (2) $n(n-1)\cdots 21$.

解 (1) 在排列 436251 中,

4 排在首位, 逆序数为 0;

3 的前面比 3 大的数只有一个, 逆序数为 1;

6 的前面没有比 6 大的数, 逆序数为 0;

2 的前面比 2 大的数有三个, 逆序数为 3;

5 的前面比 5 大的数有一个, 逆序数为 1;

1 的前面比 1 大的数有 5 个, 逆序数为 5.

于是排列 436521 的逆序数为 $\tau(436521) = 0 + 1 + 0 + 3 + 1 + 5 = 10$, 此排列为偶排列.

(2) 同理可得

$\tau[n(n-1)\cdots 21] = 0 + 1 + \cdots + (n-2) + (n-1) = \dfrac{n(n-1)}{2}$, 此排列为奇排列.

又如, 自然数 1, 2, 3 共有 $3! = 6$ 个全排列, 分别为 123, 132, 213, 231, 312, 321, 其逆序数分别为 0, 1, 1, 2, 2, 3, 三个奇排列, 三个偶排列.

1.1.2 对换

定义 1.1.2 在一个排列中, 将任意两个元素对调 (即位置互换), 其余元素不动, 这种产生新排列的过程称为对换, 将两个相邻元素对换, 称为相邻对换.

定理 1.1.1 一个排列中进行一次对换, 则改变奇偶性.

证明 先证相邻对换的情形.

设排列为 $a_1\cdots a_l abb_1\cdots b_m$, 对换 a 与 b 得到新的排列 $a_1\cdots a_l bab_1\cdots b_m$.

显然, $a_1\cdots a_l a$ 与 $bb_1\cdots b_m$ 的逆序数没有改变, 只有 a 与 b 的逆序数改变了.

当 $a < b$ 时, 对换后, a 的逆序数增加 1, 而 b 的逆序数不变;

当 $a > b$ 时, 对换后, a 的逆序数不变, 而 b 的逆序数减少 1.

所以对换后新的排列与原排列的奇偶性不同.

再证一般对换的情形, 可看作进行若干次相邻对换. 设排列为 $a_1\cdots a_l ab_1\cdots b_m bc_1\cdots c_t$, a 与 b 之间相隔了 m 个数, 要实现 a 与 b 的对换, 可先将 a 与 b_1 作相邻对换, 再将 a 与 b_2 作相邻对换, 依次类推, 经过 $m+1$ 次相邻对换, 所得排列为

$$a_1\cdots a_l b_1\cdots b_m bac_1\cdots c_t.$$

然后再将 b 依次与 $b_m, \cdots, b_1$ 作 m 次相邻对换, 所得对换为

$$a_1\cdots a_l bb_1\cdots b_m ac_1\cdots c_t,$$

这样, 对换 a 与 b 共经过了 $2m+1$ 次相邻对换, 所以这两个排列的奇偶性正好相反.

注 一次对换需要进行奇数次相邻对换.

推论 1.1.1 将奇 (偶) 排列调成标准排列的对换次数为奇 (偶) 数.

证明 因为自然排列 (标准排列) $12\cdots n$ 是偶排列. 由定理 1.1.1 可知, 一次对换就可以改变排列的奇偶性, 当排列 $p_1p_2\cdots p_n$ 是奇 (偶) 排列时, 必须作奇 (偶) 次对换才能变成自然排列 $12\cdots n$, 故所作的对换次数与排列具有相同的奇偶性.

实际上, 在将奇 (偶) 排列调成标准排列所需要的对换次数就是该排列的逆序数.

推论 1.1.2 全体 n 元排列 $(n>1)$ 的集合中, 奇、偶排列各占一半.

证明 n 元排列的总数为 $n!$ 个, 设其奇排列为 p 个, 偶排列为 q 个, 现将每个奇排列都施以同一对换, 由定理 1.1.1 可知 p 个奇排列全部变为偶排列, 于是有 $p\leqslant q$; 同理将全部偶排列也都施以同一对换, 则 q 个偶排列也将全部变为奇排列, 于是又有 $q\leqslant p$. 从而 $p=q$, 即 n 元排列 $(n>1)$ 的集合中, 奇、偶排列各占一半.

1.2 行列式的定义

行列式的概念是数学家们在研究线性方程组的公式解问题时逐渐形成和完善的, 它是很多数学家在漫长的岁月中共同努力的结晶. 17 世纪杰出的数学家莱布尼茨 (Leibniz) 就是其中之一. 利用行列式可以给出线性方程组在有解的情况下的一种形式的公式解. 我们使用目前普遍采用的方式来叙述行列式的定义.

1.2.1 二阶行列式

求解二元一次方程组

$$\begin{cases} a_{11}x_1+a_{12}x_2=b_1, \\ a_{21}x_1+a_{22}x_2=b_2, \end{cases} \tag{1.2.1}$$

其中, x_1 和 x_2 为未知数; a_{ij} 为第 i 个方程第 j 个未知数的系数; b_1 和 b_2 为常数项. 为消去式 (1.2.1) 中的未知数 x_2, 用 a_{22} 和 a_{12} 分别乘两个方程的两端, 然后将两个方程相减, 可得

$$(a_{11}a_{22}-a_{12}a_{21})x_1=b_1a_{22}-a_{12}b_2.$$

同理, 在式 (1.2.1) 中消去 x_1 可得

$$(a_{11}a_{22}-a_{12}a_{21})x_2=a_{11}b_2-b_1a_{21}.$$

当 $a_{11}a_{22}-a_{12}a_{21}\neq 0$ 时, 解得方程组的解为

$$x_1=\frac{b_1a_{22}-a_{12}b_2}{a_{11}a_{22}-a_{12}a_{21}}, \quad x_2=\frac{b_2a_{11}-a_{21}b_1}{a_{11}a_{22}-a_{12}a_{21}}. \tag{1.2.2}$$

为讨论问题的方便, 记

$$D=\begin{vmatrix} a_{11} & a_{12} \\ a_{21} & a_{22} \end{vmatrix}=a_{11}a_{22}-a_{12}a_{21},$$

称 D 为二阶行列式, 它代表一个数, 简记为 $D=\det(a_{ij})$, 其中数 a_{ij} $(i=1,2;j=1,2)$ 称为行列式 D 的第 i (行标) 行第 j (列标) 列的元素.

二阶行列式可用对角线法去帮助记忆. 它是两项的代数和, 其中第一项是从左上角到右下角的主对角线上两元素的乘积, 带正号; 第二项是从右上角至左下角的副对角线上两元素的乘积, 带负号.

根据二阶行列式的定义, 方程组 (1.2.1) 的解 (1.2.2) 中的分子也可以用二阶行列式表示出来, 若记

$$D_1=\begin{vmatrix} b_1 & a_{12} \\ b_2 & a_{22} \end{vmatrix}=b_1a_{22}-b_2a_{12},\quad D_2=\begin{vmatrix} a_{11} & b_1 \\ a_{21} & b_2 \end{vmatrix}=a_{11}b_2-b_1a_{21},$$

其中 D_j $(j=1,2)$ 表示将 D 中第 j 列换成 (1.2.1) 式右边的常数项所得到的行列式. 于是, 当系数行列式 $D\neq 0$ 时, 二元一次方程组有唯一解

$$x_1=\frac{b_1a_{22}-a_{12}b_2}{a_{11}a_{22}-a_{12}a_{21}}=\frac{\begin{vmatrix} b_1 & a_{12} \\ b_2 & a_{22} \end{vmatrix}}{\begin{vmatrix} a_{11} & a_{12} \\ a_{21} & a_{22} \end{vmatrix}}=\frac{D_1}{D},$$

$$x_2=\frac{b_2a_{11}-a_{21}b_1}{a_{11}a_{22}-a_{12}a_{21}}=\frac{\begin{vmatrix} a_{11} & b_1 \\ a_{21} & b_2 \end{vmatrix}}{\begin{vmatrix} a_{11} & a_{12} \\ a_{21} & a_{22} \end{vmatrix}}=\frac{D_2}{D}.$$

例 1.2.1　求解二元一次方程组

$$\begin{cases} x_1+2x_2=1, \\ 3x_1-x_2=-3. \end{cases}$$

解　系数行列式

$$D=\begin{vmatrix} 1 & 2 \\ 3 & -1 \end{vmatrix}=-1-6=-7\neq 0,$$

可求得

$$D_1 = \begin{vmatrix} 1 & 2 \\ -3 & -1 \end{vmatrix} = 5, \quad D_2 = \begin{vmatrix} 1 & 1 \\ 3 & -3 \end{vmatrix} = -6,$$

因此

$$x_1 = \frac{D_1}{D} = -\frac{5}{7}, \quad x_2 = \frac{D_2}{D} = \frac{6}{7}.$$

1.2.2 三阶行列式

求解三元一次方程组

$$\begin{cases} a_{11}x_1 + a_{12}x_2 + a_{13}x_3 = b_1, \\ a_{21}x_1 + a_{22}x_2 + a_{23}x_3 = b_2, \\ a_{31}x_1 + a_{32}x_2 + a_{33}x_3 = b_3. \end{cases} \tag{1.2.3}$$

利用消元法解此方程组, 先由前两个方程消去 x_3, 得到一个只含有 x_1, x_2 的二元一次方程; 再由后两个方程消去 x_3, 得到另一个只含有 x_1, x_2 的二元一次方程, 最后联立这两个二元一次方程, 消去 x_2, 得

$$\begin{aligned} &(a_{11}a_{22}a_{33} + a_{12}a_{23}a_{31} + a_{13}a_{21}a_{32} - a_{11}a_{23}a_{32} - a_{12}a_{21}a_{33} - a_{13}a_{22}a_{31})x_1 \\ =& b_1a_{22}a_{33} + b_3a_{12}a_{23} + b_2a_{13}a_{32} - b_1a_{23}a_{32} - b_2a_{12}a_{33} - b_3a_{22}a_{13} \end{aligned} \tag{1.2.4}$$

若将 x_1 的系数记为

$$D = \begin{vmatrix} a_{11} & a_{12} & a_{13} \\ a_{21} & a_{22} & a_{23} \\ a_{31} & a_{32} & a_{33} \end{vmatrix},$$

则称 D 为三阶行列式, 为便于记忆和计算, 三阶行列式的对角线法如下

$$D = a_{11}a_{22}a_{33} + a_{12}a_{23}a_{31} + a_{13}a_{21}a_{32} - a_{11}a_{23}a_{32} - a_{12}a_{21}a_{33} - a_{13}a_{22}a_{31}. \tag{1.2.5}$$

在形式上, 三阶行列式是一个数表. 而实质则是一个特殊的代数式. 这个代数式由 6 项组成, 每项是三个元素的乘积. 这三个元素属于不同的行、不同的列. 或者说每行取一个元素, 而且要属于不同的列. 现在已经将元素的行标按照从小到大的顺序排列, 则其列标恰是所有全排列.

例 1.2.2 解三元一次方程组

$$\begin{cases} 2x_1 + 3x_2 - x_3 = -4, \\ x_1 - x_2 + x_3 = 5, \\ 7x_1 - 6x_2 - 4x_3 = 1. \end{cases}$$

解　系数行列式

$$D=\begin{vmatrix}2 & 3 & -1\\ 1 & -1 & 1\\ 7 & -6 & -4\end{vmatrix}=52,$$

又有

$$D_1=\begin{vmatrix}-4 & 3 & -1\\ 5 & -1 & 1\\ 1 & -6 & -4\end{vmatrix}=52,\quad D_2=\begin{vmatrix}2 & -4 & -1\\ 1 & 5 & 1\\ 7 & 1 & -4\end{vmatrix}=-52,$$

$$D_3=\begin{vmatrix}2 & 3 & -4\\ 1 & -1 & 5\\ 7 & -6 & 1\end{vmatrix}=156,$$

解为

$$x_1=\frac{D_1}{D}=1,\quad x_2=\frac{D_2}{D}=-1,\quad x_3=\frac{D_3}{D}=3.$$

利用二、三阶行列式可将二、三元一次方程组的解表示得更为简单, 所以在解 n 元线性方程组时, 自然会想到其解能否用 n 阶行列式来表示. 为此, 我们先来研究二、三阶行列式的结构, 找出其共性, 以便给出 n 阶行列式的定义.

三阶行列式具有以下特点.

(1) 三阶行列式的右边的每一个乘积项都是由位于不同行不同列的三个元素的乘积构成, 除去前面的符号, 每项的三个元素按它们在行列式中的行的顺序排成 $a_{1p_1}a_{2p_2}a_{3p_3}$, 其中第一个下标都是按标准顺序排成 123, 而第二个下标排成 $p_1p_2p_3$, 可以看出, 它是自然数 1, 2, 3 的某个排列.

(2) 各项所带的符号只与列标的排列有关: 如果列标是奇排列, 则前面是负号; 如果列标是偶排列, 则前面是正号.

(3) 因为 1, 2, 3 共有 6 个不同的排列, 所以三阶行列式对应的是 6 项的代数和.

故, 三阶行列式可以写成

$$D=\begin{vmatrix}a_{11} & a_{12} & a_{13}\\ a_{21} & a_{22} & a_{23}\\ a_{31} & a_{32} & a_{33}\end{vmatrix}=\sum(-1)^t a_{1p_1}a_{2p_2}a_{3p_3},$$

其中 t 为排列 $p_1p_2p_3$ 的逆序数, 即 $t=\tau(p_1p_2p_3)$, 上式表示对 1, 2, 3 三个数的所有排列 $p_1p_2p_3$ 求和.

仿此, 可以给出 n 阶行列式的定义.

1.2.3 n 阶行列式的定义

定义 1.2.1 称由 n^2 个数 a_{ij} $(i,j=1,2,\cdots,n)$ 排成 n 行 n 列的记号

$$D=\begin{vmatrix} a_{11} & a_{12} & \cdots & a_{1n} \\ a_{21} & a_{22} & \cdots & a_{2n} \\ \vdots & \vdots & & \vdots \\ a_{n1} & a_{n2} & \cdots & a_{nn} \end{vmatrix}$$

为 n 阶行列式. 简记为 $D=\det(a_{ij})$.

它表示所有可能取自不同行不同列的 n 个数乘积的代数和, 各项行标按标准排列后, 列标构成的排列为偶排时, 此项带正号, 为奇排列时, 此项带负号. 因此, 一般项可写为

$$(-1)^t a_{1p_1}a_{2p_2}\cdots a_{np_n},$$

其中 $p_1p_2\cdots p_n$ 为自然数 $1,2,\cdots,n$ 的一个 n 元排列, t 为此排列的逆序数, 当 $p_1p_2\cdots p_n$ 取遍所有 n 元排列时, 则得到 n 阶行列式表示的代数和中的所有项, 即 n 阶行列式可表示为

$$D=\det(a_{ij})=\begin{vmatrix} a_{11} & a_{12} & \cdots & a_{1n} \\ a_{21} & a_{22} & \cdots & a_{2n} \\ \vdots & \vdots & & \vdots \\ a_{n1} & a_{n2} & \cdots & a_{nn} \end{vmatrix}=\sum(-1)^t a_{1p_1}a_{2p_2}\cdots a_{np_n},$$

其中 $\sum$ 表示对 $1,2,\cdots,n$ 的所有排列取和, 数 a_{ij} 称为行列式的元素.

特别地, 当 $n=1$ 时, $|a|=a$.

定理 1.2.1 n 阶行列式也可定义为

$$D=\begin{vmatrix} a_{11} & a_{12} & \cdots & a_{1n} \\ a_{21} & a_{22} & \cdots & a_{2n} \\ \vdots & \vdots & & \vdots \\ a_{n1} & a_{n2} & \cdots & a_{nn} \end{vmatrix}=\sum(-1)^t a_{p_1 1}a_{p_2 2}\cdots a_{p_n n},$$

其中 t 为行标 $p_1p_2\cdots p_n$ 的逆序数.

证明 按行列式的定义有

$$D=\sum(-1)^t a_{1p_1}a_{2p_2}\cdots a_{np_n},$$

记 $D_1=\sum(-1)^t a_{p_1 1}a_{p_2 2}\cdots a_{p_n n}$, D 中任一项 $(-1)^{\tau(p_1p_2\cdots p_n)}a_{1p_1}a_{2p_2}\cdots a_{np_n}$, 当列标的排列 $p_1p_2\cdots p_n$ 经过 k 次对换后变成标准排列, 相应的行标的标准排列经相同次对换变成排列 $q_1q_2\cdots q_n$, 由于数的乘法是可交换的, 所以有

$$a_{1p_1}a_{2p_2}\cdots a_{np_n}=a_{q_1 1}a_{q_2 2}\cdots a_{q_n n}.$$

由定理 1.1.1 的推论 1.1.1 可知, 对换次数 k 与 $\tau(p_1p_2\cdots p_n)$ 有相同的奇偶性, 同理 k 与 $\tau(q_1q_2\cdots q_n)$ 也有相同的奇偶性, 从而 $\tau(p_1p_2\cdots p_n)$ 与 $\tau(q_1q_2\cdots q_n)$ 有相同的奇偶性, 所以有

$$(-1)^{\tau(p_1p_2\cdots p_n)}a_{1p_1}a_{2p_2}\cdots a_{np_n}=(-1)^{\tau(q_1q_2\cdots q_n)}a_{q_1 1}a_{q_2 2}\cdots a_{q_n n},$$

即 D 中的任一项总有且仅有 D_1 中的某一项与之对应并相等; 反之, 对于 D_1 中的任一项也总有且仅有 D 中的某一项与之对应并相等, 于是 D 与 D_1 中的项可以一一对应且相等, 从而 $D=D_1$.

仿此方法, n 阶行列式还可以定义为

$$D=\sum(-1)^{t+s}a_{p_1q_1}a_{p_2q_2}\cdots a_{p_nq_n},$$

其中 t 为行标排列 $p_1p_2\cdots p_n$ 的逆序数, s 为列标排列 $q_1q_2\cdots q_n$ 的逆序数.

例 1.2.3 证明对角行列式

$$\begin{vmatrix}\lambda_1 & & & \\ & \lambda_2 & & \\ & & \ddots & \\ & & & \lambda_n\end{vmatrix}=\lambda_1\lambda_2\cdots\lambda_n, \tag{1.2.6}$$

$$\begin{vmatrix} & & & \lambda_1 \\ & & \lambda_2 & \\ & \iddots & & \\ \lambda_n & & & \end{vmatrix}=(-1)^{\frac{n(n-1)}{2}}\lambda_1\lambda_2\cdots\lambda_n. \tag{1.2.7}$$

证明 (1.2.6) 式显然成立, 下证式 (1.2.7).

若记 $\lambda_i=a_{i,n-i+1}$, 则根据行列式的定义有

$$\begin{vmatrix} & & & \lambda_1 \\ & & \lambda_2 & \\ & \iddots & & \\ \lambda_n & & & \end{vmatrix}=\begin{vmatrix} & & & a_{1n} \\ & & a_{2,n-1} & \\ & \iddots & & \\ a_{n1} & & & \end{vmatrix}$$

$$= (-1)^t a_{1n}a_{2,n-1}\cdots a_{n1} = (-1)^t \lambda_1\lambda_2\cdots\lambda_n,$$

其中 t 为排列 $n(n-1)(n-2)\cdots 21$ 的逆序数, 故

$$t = \tau(n(n-1)\cdots 21) = 0+1+2+\cdots+(n-1) = \frac{n(n-1)}{2}.$$

证毕.

定义 1.2.2 对角线以下 (上) 的元素全部为 0 的行列式称为上 (下) 三角行列式. n 阶上 (下) 行列式如下

$$\begin{vmatrix} a_{11} & a_{12} & \cdots & a_{1n} \\ 0 & a_{22} & \cdots & a_{2n} \\ \vdots & \vdots & & \vdots \\ 0 & 0 & \cdots & a_{nn} \end{vmatrix} = \begin{vmatrix} a_{11} & 0 & \cdots & 0 \\ a_{21} & a_{22} & \cdots & 0 \\ \vdots & \vdots & & \vdots \\ a_{n1} & a_{n2} & \cdots & a_{nn} \end{vmatrix} = a_{11}a_{22}\cdots a_{nn},$$

$$\begin{vmatrix} a_{11} & \cdots & a_{1,n-1} & a_{1n} \\ a_{21} & \cdots & a_{2,n-1} & 0 \\ \vdots & & \vdots & \vdots \\ a_{n1} & \cdots & 0 & 0 \end{vmatrix} = \begin{vmatrix} 0 & \cdots & 0 & a_{1n} \\ 0 & \cdots & a_{2,n-1} & a_{11} \\ \vdots & & \vdots & \vdots \\ a_{n1} & \cdots & a_{n,n-1} & a_{nn} \end{vmatrix} = (-1)^{\frac{n(n-1)}{2}} a_{1n}a_{2,n-1}\cdots a_{n1}.$$

1.3 行列式的性质

用行列式定义计算一般行列式非常困难, 因为用定义计算一个 n 阶行列式需要 $(n-1)n!$ 次乘法、$n!-1$ 次加减法, 计算量非常大. 数学家们在研究如何能简化计算的过程中, 发现了本节所研究的一些行列式的性质. 具体地说就是对行列式的行或列进行一些变换, 即加倍变换、交换变换、消去变换、转置变换、裂项变换、展开变换等等, 通过这些变换达到简化计算的目的.

性质 1.3.1 转置变换 把一个行列式的行与列互换所得到的新的行列式与原行列式的值相等, 即 $D^{\mathrm{T}} = D$.

$$\begin{vmatrix} a_{11} & a_{12} & \cdots & a_{1n} \\ a_{21} & a_{22} & \cdots & a_{2n} \\ \vdots & \vdots & & \vdots \\ a_{n1} & a_{n2} & \cdots & a_{nn} \end{vmatrix} = \begin{vmatrix} a_{11} & a_{21} & \cdots & a_{n1} \\ a_{12} & a_{22} & \cdots & a_{n2} \\ \vdots & \vdots & & \vdots \\ a_{1n} & a_{2n} & \cdots & a_{nn} \end{vmatrix}.$$

证明 设 $D = \det(a_{ij})$ 的转置行列式为

$$D^{\mathrm{T}}=\begin{vmatrix} b_{11} & b_{12} & \cdots & b_{1n} \\ b_{21} & b_{22} & \cdots & b_{2n} \\ \vdots & \vdots & & \vdots \\ b_{n1} & b_{n2} & \cdots & b_{nn} \end{vmatrix},$$

即 $b_{ij}=a_{ji}\ (i,j=1,2,\cdots,n)$, 根据行列式的定义

$$\begin{aligned} D^{\mathrm{T}} &= \sum (-1)^{\tau(p_1p_2\cdots p_n)} b_{1p_1}b_{2p_2}\cdots b_{np_n} \\ &= \sum (-1)^{\tau(p_1p_2\cdots p_n)} a_{p_11}a_{p_22}\cdots a_{p_nn}, \end{aligned}$$

由定理 1.2.1 得 $D=\sum (-1)^{\tau(p_1p_2\cdots p_n)} a_{p_11}a_{p_22}\cdots a_{p_nn}$, 从而 $D^{\mathrm{T}}=D$.

该性质说明, 在行列式中行和列的地位是同等的, 因此, 凡是对行 (列) 成立的性质, 对列 (行) 也同样成立. 以下只说明行的情况.

性质 1.3.2　行交换变换　行交换变换之下行列式的值只改变符号.

$$\begin{vmatrix} a_{11} & a_{12} & \cdots & a_{1n} \\ a_{21} & a_{22} & \cdots & a_{2n} \\ \vdots & \vdots & & \vdots \\ a_{i1} & a_{i2} & \cdots & a_{in} \\ \vdots & \vdots & & \vdots \\ a_{j1} & a_{j2} & \cdots & a_{jn} \\ \vdots & \vdots & & \vdots \\ a_{n1} & a_{n2} & \cdots & a_{nn} \end{vmatrix} = -\begin{vmatrix} a_{11} & a_{12} & \cdots & a_{1n} \\ a_{21} & a_{22} & \cdots & a_{2n} \\ \vdots & \vdots & & \vdots \\ a_{j1} & a_{j2} & \cdots & a_{jn} \\ \vdots & \vdots & & \vdots \\ a_{i1} & a_{i2} & \cdots & a_{in} \\ \vdots & \vdots & & \vdots \\ a_{n1} & a_{n2} & \cdots & a_{nn} \end{vmatrix}.$$

证明　由行列式的定义可得

$$\begin{vmatrix} a_{11} & a_{12} & \cdots & a_{1n} \\ a_{21} & a_{22} & \cdots & a_{2n} \\ \vdots & \vdots & & \vdots \\ a_{i1} & a_{i2} & \cdots & a_{in} \\ \vdots & \vdots & & \vdots \\ a_{j1} & a_{j2} & \cdots & a_{jn} \\ \vdots & \vdots & & \vdots \\ a_{n1} & a_{n2} & \cdots & a_{nn} \end{vmatrix} = \sum (-1)^{\tau(p_1p_2\cdots p_i\cdots p_j\cdots p_n)} a_{1p_1}a_{2p_2}\cdots a_{ip_i}\cdots a_{jp_j}\cdots a_{np_n},$$

$$\begin{vmatrix} a_{11} & a_{12} & \cdots & a_{1n} \\ a_{21} & a_{22} & \cdots & a_{2n} \\ \vdots & \vdots & & \vdots \\ a_{j1} & a_{j2} & \cdots & a_{jn} \\ \vdots & \vdots & & \vdots \\ a_{i1} & a_{i2} & \cdots & a_{in} \\ \vdots & \vdots & & \vdots \\ a_{n1} & a_{n2} & \cdots & a_{nn} \end{vmatrix} = \sum (-1)^{\tau(p_1p_2\cdots p_j\cdots p_i\cdots p_n)} a_{1p_1}a_{2p_2}\cdots a_{jp_j}\cdots a_{ip_i}\cdots a_{np_n},$$

又因为

$$\begin{aligned} & \sum (-1)^{\tau(p_1p_2\cdots p_i\cdots p_j\cdots p_n)} a_{1p_1}a_{2p_2}\cdots a_{ip_i}\cdots a_{jp_j}\cdots a_{np_n} \\ = & -\sum (-1)^{\tau(p_1p_2\cdots p_j\cdots p_i\cdots p_n)} a_{1p_1}a_{2p_2}\cdots a_{jp_j}\cdots a_{ip_i}\cdots a_{np_n}, \end{aligned}$$

故等式得证.

性质 1.3.3 行消去变换 将行列式的某一行的各元素乘以同一数后加到另一行对应的元素上, 行列式的值不变. 即

$$\begin{vmatrix} a_{11} & a_{12} & \cdots & a_{1n} \\ a_{21} & a_{22} & \cdots & a_{2n} \\ \vdots & \vdots & & \vdots \\ a_{i1} & a_{i2} & \cdots & a_{in} \\ \vdots & \vdots & & \vdots \\ a_{j1}+ka_{i1} & a_{j2}+ka_{i2} & \cdots & a_{jn}+ka_{in} \\ \vdots & \vdots & & \vdots \\ a_{n1} & a_{n2} & \cdots & a_{nn} \end{vmatrix} = \begin{vmatrix} a_{11} & a_{12} & \cdots & a_{1n} \\ a_{21} & a_{22} & \cdots & a_{2n} \\ \vdots & \vdots & & \vdots \\ a_{i1} & a_{i2} & \cdots & a_{in} \\ \vdots & \vdots & & \vdots \\ a_{j1} & a_{j2} & \cdots & a_{jn} \\ \vdots & \vdots & & \vdots \\ a_{n1} & a_{n2} & \cdots & a_{nn} \end{vmatrix}.$$

证明 因左边的一般项为

$$\begin{aligned} & \sum (-1)^{\tau(p_1p_2\cdots p_i\cdots p_j\cdots p_n)} a_{1p_1}a_{2p_2}\cdots a_{ip_i}\cdots (a_{jp_j}+ka_{ip_j})\cdots a_{np_n} \\ = & \sum (-1)^{\tau(p_1p_2\cdots p_i\cdots p_j\cdots p_n)} a_{1p_1}a_{2p_2}\cdots a_{ip_i}\cdots a_{jp_j}\cdots a_{np_n} \\ & + \sum (-1)^{\tau(p_1p_2\cdots p_i\cdots p_j\cdots p_n)} a_{1p_1}a_{2p_2}\cdots a_{ip_i}\cdots ka_{ip_j}\cdots a_{np_n} \\ = & \sum (-1)^{\tau(p_1p_2\cdots p_i\cdots p_j\cdots p_n)} a_{1p_1}a_{2p_2}\cdots a_{ip_i}\cdots a_{jp_j}\cdots a_{np_n} \end{aligned}$$

$$+k\sum(-1)^{\tau(p_1p_2\cdots p_i\cdots p_j\cdots p_n)}a_{1p_1}a_{2p_2}\cdots a_{ip_i}\cdots a_{ip_j}\cdots a_{np_n},$$

由行列式的定义得

$$\begin{vmatrix} a_{11} & a_{12} & \cdots & a_{1n} \\ a_{21} & a_{22} & \cdots & a_{2n} \\ \vdots & \vdots & & \vdots \\ a_{i1} & a_{i2} & \cdots & a_{in} \\ \vdots & \vdots & & \vdots \\ a_{j1}+ka_{i1} & a_{j2}+ka_{i2} & \cdots & a_{jn}+ka_{in} \\ \vdots & \vdots & & \vdots \\ a_{n1} & a_{n2} & \cdots & a_{nn} \end{vmatrix}$$

$$=\sum(-1)^{\tau(p_1p_2\cdots p_i\cdots p_j\cdots p_n)}a_{1p_1}a_{2p_2}\cdots a_{ip_i}\cdots a_{jp_j}\cdots a_{np_n}$$
$$+k\sum(-1)^{\tau(p_1p_2\cdots p_i\cdots p_j\cdots p_n)}a_{1p_1}a_{2p_2}\cdots a_{ip_i}\cdots a_{ip_j}\cdots a_{np_n}$$

$$=\begin{vmatrix} a_{11} & a_{12} & \cdots & a_{1n} \\ a_{21} & a_{22} & \cdots & a_{2n} \\ \vdots & \vdots & & \vdots \\ a_{i1} & a_{i2} & \cdots & a_{in} \\ \vdots & \vdots & & \vdots \\ a_{j1} & a_{j2} & \cdots & a_{jn} \\ \vdots & \vdots & & \vdots \\ a_{n1} & a_{n2} & \cdots & a_{nn} \end{vmatrix}+k\begin{vmatrix} a_{11} & a_{12} & \cdots & a_{1n} \\ a_{21} & a_{22} & \cdots & a_{2n} \\ \vdots & \vdots & & \vdots \\ a_{i1} & a_{i2} & \cdots & a_{in} \\ \vdots & \vdots & & \vdots \\ a_{i1} & a_{i2} & \cdots & a_{in} \\ \vdots & \vdots & & \vdots \\ a_{n1} & a_{n2} & \cdots & a_{nn} \end{vmatrix}=\begin{vmatrix} a_{11} & a_{12} & \cdots & a_{1n} \\ a_{21} & a_{22} & \cdots & a_{2n} \\ \vdots & \vdots & & \vdots \\ a_{i1} & a_{i2} & \cdots & a_{in} \\ \vdots & \vdots & & \vdots \\ a_{j1} & a_{j2} & \cdots & a_{jn} \\ \vdots & \vdots & & \vdots \\ a_{n1} & a_{n2} & \cdots & a_{nn} \end{vmatrix}.$$

性质 1.3.4 行裂项变换 若行列式中某一行的元素都为两数之和, 则此行列式等于两个行列式的和, 即

$$D=\begin{vmatrix} a_{11} & a_{12} & \cdots & a_{1n} \\ \vdots & \vdots & & \vdots \\ a_{i1}+a'_{i1} & a_{i2}+a'_{i2} & \cdots & a_{in}+a'_{in} \\ \vdots & \vdots & & \vdots \\ a_{n1} & a_{n2} & \cdots & a_{nn} \end{vmatrix}$$

$$
= \begin{vmatrix} a_{11} & a_{12} & \cdots & a_{1n} \\ \vdots & \vdots & & \vdots \\ a_{i1} & a_{i2} & \cdots & a_{in} \\ \vdots & \vdots & & \vdots \\ a_{n1} & a_{n2} & \cdots & a_{nn} \end{vmatrix} + \begin{vmatrix} a_{11} & a_{12} & \cdots & a_{1n} \\ \vdots & \vdots & & \vdots \\ a'_{i1} & a'_{i2} & \cdots & a'_{in} \\ \vdots & \vdots & & \vdots \\ a_{n1} & a_{n2} & \cdots & a_{nn} \end{vmatrix}.
$$

证明 由行列式的定义

$$
\begin{aligned}
D &= \sum (-1)^{\tau(p_1\cdots p_i\cdots p_n)} a_{1p_1}\cdots(a_{ip_i}+a'_{ip_i})\cdots a_{np_n} \\
&= \sum (-1)^{\tau(p_1\cdots p_i\cdots p_n)} a_{1p_1}\cdots a_{ip_i}\cdots a_{np_n} \\
&\quad + \sum (-1)^{\tau(p_1\cdots p_i\cdots p_n)} a_{1p_1}\cdots a'_{ip_i}\cdots a_{np_n},
\end{aligned}
$$

上式恰好是等式右边两个行列式之和.

显然, 该性质可以推广到某一行 (列) 为多数组的情形.

性质 1.3.5 行倍乘变换 行列式的某一行的所有元素都乘以同一数 k, 则等于用数 k 乘此行列式.

证明 将行列式 $D=\det(a_{ij})$ 的第 i 行乘以同一数 k, 得

$$
D_1 = \begin{vmatrix} a_{11} & a_{12} & \cdots & a_{1n} \\ \vdots & \vdots & & \vdots \\ ka_{i1} & ka_{i2} & \cdots & ka_{in} \\ \vdots & \vdots & & \vdots \\ a_{n1} & a_{n2} & \cdots & a_{nn} \end{vmatrix},
$$

由行列式的定义

$$
\begin{aligned}
D_1 &= \sum (-1)^{\tau(p_1\cdots p_i\cdots p_n)} a_{1p_1}\cdots(ka_{ip_i})\cdots a_{np_n} \\
&= k\sum (-1)^{\tau(p_1\cdots p_i\cdots p_n)} a_{1p_1}\cdots a_{ip_i}\cdots a_{np_n} \\
&= kD.
\end{aligned}
$$

推论 1.3.1 若行列式中有两行的元素对应成比例, 则此行列式的值为 0.

推论 1.3.2 行列式有两行 (列) 相同, 则此行列式的值为 0.

推论 1.3.3 行列式的某一行 (列) 中的所有元素的公因子可以提到行列式符号的外面.

推论 1.3.4　行列式中有两行 (列) 的元素对应成比例, 则此行列式的值为 0.

为讨论的方便, 引进下述记号:

(1) 交换行列式的两行 (列) i 和 j, 记为 $r_i \leftrightarrow r_j$ $(c_i \leftrightarrow c_j)$;

(2) 第 i 行 (列) 乘以 k, 记作 $r_i \times k$ $(c_i \times k)$;

(3) 将行列式的第 i 行 (列) 乘 k 加到第 j 行 (列) 上, 记作 $r_j + kr_i$ $(c_j + kc_i)$.

例 1.3.1　计算行列式 $D = \begin{vmatrix} 1 & 2 & 0 & 1 \\ 1 & 3 & 5 & 0 \\ 0 & 1 & 5 & 6 \\ 1 & 2 & 3 & 4 \end{vmatrix}$.

解

$$D \xlongequal{r_2 - r_1} \begin{vmatrix} 1 & 2 & 0 & 1 \\ 0 & 1 & 5 & -1 \\ 0 & 1 & 5 & 6 \\ 1 & 2 & 3 & 4 \end{vmatrix} \xlongequal{r_4 - r_1} \begin{vmatrix} 1 & 2 & 0 & 1 \\ 0 & 1 & 5 & -1 \\ 0 & 1 & 5 & 6 \\ 0 & 0 & 3 & 3 \end{vmatrix}$$

$$\xlongequal{r_3 - r_2} \begin{vmatrix} 1 & 2 & 0 & 1 \\ 0 & 1 & 5 & -1 \\ 0 & 0 & 0 & 7 \\ 0 & 0 & 3 & 3 \end{vmatrix} \xlongequal{r_3 \leftrightarrow r_4} - \begin{vmatrix} 1 & 2 & 0 & 1 \\ 0 & 1 & 5 & -1 \\ 0 & 0 & 3 & 3 \\ 0 & 0 & 0 & 7 \end{vmatrix} = -21.$$

例 1.3.2　计算行列式 $D = \begin{vmatrix} 3 & 1 & 1 & 1 \\ 1 & 3 & 1 & 1 \\ 1 & 1 & 3 & 1 \\ 1 & 1 & 1 & 3 \end{vmatrix}$.

解　直接用消元法, 计算较繁. 利用特殊结构, 采取特殊技巧.

$$\begin{vmatrix} 3 & 1 & 1 & 1 \\ 1 & 3 & 1 & 1 \\ 1 & 1 & 3 & 1 \\ 1 & 1 & 1 & 3 \end{vmatrix} = \begin{vmatrix} 6 & 6 & 6 & 6 \\ 1 & 3 & 1 & 1 \\ 1 & 1 & 3 & 1 \\ 1 & 1 & 1 & 3 \end{vmatrix} = 6 \begin{vmatrix} 1 & 1 & 1 & 1 \\ 1 & 3 & 1 & 1 \\ 1 & 1 & 3 & 1 \\ 1 & 1 & 1 & 3 \end{vmatrix} = 6 \begin{vmatrix} 1 & 1 & 1 & 1 \\ 0 & 2 & 0 & 0 \\ 0 & 0 & 2 & 0 \\ 0 & 0 & 0 & 2 \end{vmatrix} = 48.$$

方法　如果行列式的列和 (或行和) 相同, 常使用上述技巧.

例 1.3.3　计算行列式 $D = \begin{vmatrix} a & b & c & d \\ a & a+b & a+b+c & a+b+c+d \\ a & 2a+b & 3a+2b+c & 4a+3b+2c+d \\ a & 3a+b & 6a+3b+c & 10a+6b+3c+d \end{vmatrix}$.

解 对行列式的行用性质 1.3.3. 消元法的常用路线是: 将第一行乘以常数 (例如: -1), 加到下面各行. 另一个路线是用下面一行减去它的上面一行. 当然, 此时必须从最下面开始.

$$\begin{vmatrix} a & b & c & d \\ a & a+b & a+b+c & a+b+c+d \\ a & 2a+b & 3a+2b+c & 4a+3b+2c+d \\ a & 3a+b & 6a+3b+c & 10a+6b+3c+d \end{vmatrix} = \begin{vmatrix} a & b & c & d \\ 0 & a & a+b & a+b+c \\ 0 & a & 2a+b & 3a+2b+c \\ 0 & a & 3a+b & 6a+3b+c \end{vmatrix}$$

$$= \begin{vmatrix} a & b & c & d \\ 0 & a & a+b & a+b+c \\ 0 & 0 & a & 2a+b \\ 0 & 0 & a & 3a+b \end{vmatrix} = \begin{vmatrix} a & b & c & d \\ 0 & a & a+b & a+b+c \\ 0 & 0 & a & 2a+b \\ 0 & 0 & 0 & a \end{vmatrix} = a^4.$$

对行列式的列用性质. 将第二列拆成和, 从第一列提取 a, 再消元, 当 $a \neq 0$ 时, 减去第一列的倍数.

在计算行列式时, 往往有多种方法. 考察各种路线, 选择最佳方案.

1.4 行列式按行 (列) 展开

一般来说, 低阶行列式比高阶行列式的计算要简单, 于是我们自然考虑到用低阶行列式来表示高阶行列式的问题. 为此, 先引进余子式和代数余子式的概念.

定义 1.4.1 假定已经定义了 $n-1$ 阶行列式, 考虑 n 阶行列式

$$D = \begin{vmatrix} a_{11} & a_{12} & \cdots & a_{1n} \\ a_{21} & a_{22} & \cdots & a_{2n} \\ \vdots & \vdots & & \vdots \\ a_{n1} & a_{n2} & \cdots & a_{nn} \end{vmatrix} = \sum (-1)^{\tau(p_1p_2\cdots p_n)} a_{1p_1}a_{2p_2}\cdots a_{np_n}.$$

将行列式的元素 a_{ij} 所在的行与列删除 (其余元素保持原来的相对位置), 得到的 $n-1$ 阶行列式称为元素 a_{ij} 的余子式, 记作 M_{ij}. 而称 $A_{ij} = (-1)^{i+j}M_{ij}$ 为元素 a_{ij} 的代数余子式.

注 左上角元素 a_{11} 的代数余子式 A_{11} 取正号, 其余正负相间. 特别地, 主对角线上元素 a_{ii} 的代数余子式 A_{ii} 全取正号.

引理 1.4.1 如果一个 n 阶行列式的第 i 行中只有 a_{ij} 不等于 0, 则这个行列式等于 a_{ij} 与其代数余子式 A_{ij} 的乘积, 即

$$D = \begin{vmatrix} a_{11} & \cdots & a_{1j} & \cdots & a_{1n} \\ \vdots & & \vdots & & \vdots \\ 0 & \cdots & a_{ij} & \cdots & 0 \\ \vdots & & \vdots & & \vdots \\ a_{n1} & \cdots & a_{nj} & \cdots & a_{nn} \end{vmatrix} = a_{ij}A_{ij}.$$

定理 1.4.1 对于 n 阶行列式 D, 有

$$D = a_{i1}A_{i1} + a_{i2}A_{i2} + \cdots + a_{in}A_{in} \quad (i = 1, 2, \cdots, n)$$

或

$$D = a_{1j}A_{1j} + a_{2j}A_{2j} + \cdots + a_{nj}A_{nj} \quad (j = 1, 2, \cdots, n).$$

证明 用加法性质, 将一个行列式写成 n 个行列式的和.

$$D = \begin{vmatrix} a_{11} & a_{12} & \cdots & a_{1n} \\ \vdots & \vdots & & \vdots \\ a_{i1} + 0 + \cdots + 0 & a_{i2} + 0 + \cdots + 0 & \cdots & a_{in} + 0 + \cdots + 0 \\ \vdots & \vdots & & \vdots \\ a_{n1} & a_{n2} & \cdots & a_{nn} \end{vmatrix}$$

$$= \begin{vmatrix} a_{11} & a_{12} & \cdots & a_{1n} \\ \vdots & \vdots & & \vdots \\ a_{i1} & 0 & \cdots & 0 \\ \vdots & \vdots & & \vdots \\ a_{n1} & a_{n2} & \cdots & a_{nn} \end{vmatrix} + \begin{vmatrix} a_{11} & a_{12} & \cdots & a_{1n} \\ \vdots & \vdots & & \vdots \\ 0 & a_{i2} & \cdots & 0 \\ \vdots & \vdots & & \vdots \\ a_{n1} & a_{n2} & \cdots & a_{nn} \end{vmatrix}$$

$$+ \cdots + \begin{vmatrix} a_{11} & a_{12} & \cdots & a_{1n} \\ \vdots & \vdots & & \vdots \\ 0 & 0 & \cdots & a_{in} \\ \vdots & \vdots & & \vdots \\ a_{n1} & a_{n2} & \cdots & a_{nn} \end{vmatrix}$$

$$= D = a_{i1}A_{i1} + a_{i2}A_{i2} + \cdots + a_{in}A_{in} \quad (i = 1, 2, \cdots, n).$$

类似地, 若按列证明, 可得

$$D = a_{i1}A_{i1} + a_{i2}A_{i2} + \cdots + a_{in}A_{in} \quad (j = 1, 2, \cdots, n).$$

此定理也称为行列式按行 (列) 展开定理 (法则). 实际上, 它是将高阶行列式用低阶行列式来表示 (降阶), 再结合行列式的性质, 可以简化行列式的计算. 行列式的按行 (列) 展开提供了计算行列式的方法. 不过, 当行列式的阶数较大时, 计算量相当大. 除非在行列式中有很多元素等于 0.

例 1.4.1 计算行列式 $D=\begin{vmatrix} 0 & 3 & 4 & 2 \\ 0 & 0 & 7 & 6 \\ 2 & 4 & 3 & 1 \\ 0 & 0 & 5 & 0 \end{vmatrix}$.

解 按第 4 行展开, 有

$$D=(-1)^{4+3}\times 5\times\begin{vmatrix} 0 & 3 & 2 \\ 0 & 0 & 6 \\ 2 & 4 & 1 \end{vmatrix}=-180.$$

例 1.4.2 计算 n 阶行列式 $D=\begin{vmatrix} 0 & 1 & 1 & \cdots & 1 \\ 1 & 0 & 1 & \cdots & 1 \\ 1 & 1 & 0 & \cdots & 1 \\ \vdots & \vdots & \vdots & & \vdots \\ 1 & 1 & 1 & \cdots & 0 \end{vmatrix}$.

解 将 D 的各行都加到第 1 行, 之后将第 1 行的公因式提出, 得

$$D=\begin{vmatrix} n-1 & n-1 & n-1 & \cdots & n-1 \\ 1 & 0 & 1 & \cdots & 1 \\ 1 & 1 & 0 & \cdots & 1 \\ \vdots & \vdots & \vdots & & \vdots \\ 1 & 1 & 1 & \cdots & 0 \end{vmatrix}=(n-1)\begin{vmatrix} 1 & 1 & 1 & \cdots & 1 \\ 1 & 0 & 1 & \cdots & 1 \\ 1 & 1 & 0 & \cdots & 1 \\ \vdots & \vdots & \vdots & & \vdots \\ 1 & 1 & 1 & \cdots & 0 \end{vmatrix},$$

再将第 1 行乘以 -1 加到各行得到一个上三角行列式, 进而得到结果.

$$D=(n-1)\begin{vmatrix} 1 & 1 & 1 & \cdots & 1 \\ 0 & -1 & 0 & \cdots & 0 \\ 0 & 0 & -1 & \cdots & 0 \\ \vdots & \vdots & \vdots & & \vdots \\ 0 & 0 & 0 & \cdots & -1 \end{vmatrix}=(-1)^{n-1}(n-1).$$

例 1.4.3　计算行列式 $D_{2n} = \begin{vmatrix} a & & & & & b \\ & \ddots & & & \iddots & \\ & & a & b & & \\ & & c & d & & \\ & \iddots & & & \ddots & \\ c & & & & & d \end{vmatrix}$.

解　按照第一行展开, 得

$$D_{2n} = a\begin{vmatrix} a & & & & & b & 0 \\ & \ddots & & & \iddots & & \\ & & a & b & & & \\ & & c & d & & & \\ & \iddots & & & \ddots & & \\ c & & & & & d & 0 \\ 0 & & & & & 0 & d \end{vmatrix} + (-1)^{1+2n} b \begin{vmatrix} 0 & a & & & & & b \\ & & \ddots & & & \iddots & \\ & & & a & b & & \\ & & & c & d & & \\ & & \iddots & & & \ddots & \\ 0 & c & & & & & d \\ c & 0 & & & & & 0 \end{vmatrix}$$

$$= adD_{2(n-1)} - bcD_{2(n-1)} = (ad-bc)D_{2(n-1)},$$

以此作递推公式, 得

$$\begin{aligned} D_{2n} &= (ad-bc)D_{2(n-1)} = (ad-bc)^2 D_{2(n-2)} = \cdots \\ &= (ad-bc)^{n-1}D_2 = (ad-bc)^{n-1}\begin{vmatrix} a & b \\ c & d \end{vmatrix} = (ad-bc)^n. \end{aligned}$$

例 1.4.4　证明范德蒙德 (Vandermonde) 行列式

$$D_n = \begin{vmatrix} 1 & 1 & \cdots & 1 \\ x_1 & x_2 & \cdots & x_n \\ x_1^2 & x_2^2 & \cdots & x_n^2 \\ \vdots & \vdots & & \vdots \\ x_1^{n-1} & x_2^{n-1} & \cdots & x_n^{n-1} \end{vmatrix} = \prod_{1 \leqslant j < i \leqslant n} (x_i - x_j) \quad (n \geqslant 2).$$

解　使用数学归纳法.

当 $n = 2$ 时,

$$\begin{vmatrix} 1 & 1 \\ x_1 & x_2 \end{vmatrix} = x_2 - x_1,$$

结论成立. 假设对 $n-1$ 阶的范德蒙德行列式结论成立.

从第 n 行开始, 后行减去前行的 x_1 倍, 得

$$D_n=\begin{vmatrix}1 & 1 & 1 & \cdots & 1\\ 0 & x_2-x_1 & x_3-x_1 & \cdots & x_n-x_1\\ 0 & x_2(x_2-x_1) & x_3(x_3-x_1) & \cdots & x_n(x_n-x_1)\\ \vdots & \vdots & \vdots & & \vdots\\ 0 & x_2^{n-2}(x_2-x_1) & x_3^{n-2}(x_3-x_1) & \cdots & x_n^{n-2}(x_n-x_1)\end{vmatrix},$$

按第 1 列展开, 并提出每一列的公因子 (x_i-x_1), 有

$$D_n=(x_2-x_1)(x_3-x_1)\cdots(x_n-x_1)\begin{vmatrix}1 & 1 & \cdots & 1\\ x_2 & x_3 & \cdots & x_n\\ x_2^2 & x_3^2 & \cdots & x_n^2\\ \vdots & \vdots & & \vdots\\ x_2^{n-2} & x_3^{n-2} & \cdots & x_n^{n-2}\end{vmatrix},$$

上面等式右端后一行列式是一个 $n-1$ 阶范德蒙德行列式, 故由归纳假设得

$$D_n=(x_2-x_1)(x_3-x_1)\cdots(x_n-x_1)\prod_{2\leqslant j<i\leqslant n}(x_i-x_j)=\prod_{1\leqslant j<i\leqslant n}(x_i-x_j).$$

例 1.4.5 计算行列式 $D_n=\begin{vmatrix}1+a_1^2 & a_1a_2 & \cdots & a_1a_n\\ a_2a_1 & 2+a_2^2 & \cdots & a_2a_n\\ \vdots & \vdots & & \vdots\\ a_na_1 & a_na_2 & \cdots & n+a_n^2\end{vmatrix}$.

解 按照最后一行分成两个行列式的和.

$$D_n=\begin{vmatrix}1+a_1^2 & a_1a_2 & \cdots & a_1a_n\\ a_2a_1 & 2+a_2^2 & \cdots & a_2a_n\\ \vdots & \vdots & & \vdots\\ a_na_1 & a_na_2 & \cdots & a_n^2\end{vmatrix}+\begin{vmatrix}1+a_1^2 & a_1a_2 & \cdots & a_1a_n\\ a_2a_1 & 2+a_2^2 & \cdots & a_2a_n\\ \vdots & \vdots & & \vdots\\ 0 & 0 & \cdots & n\end{vmatrix}$$

$$=(n-1)!a_n^2+nD_{n-1}=n!\left(1+\sum_{k=1}^{n}\frac{a_k^2}{k}\right).$$

一般地, 计算高阶行列式通常以行列式的定义和 6 条基本性质为基础, 将所求的行列式转化为三角行列式, 或对所求行列式进行降阶、升阶 (加边), 或利用数学归纳法、递推公式等方法解决. 具体计算行列式时应注意选择自己熟悉的方法或往自己熟知的例子上转化.

几种计算行列式的方法:

在具体计算行列式时, 不是从方法的角度去进行分析, 而是从所求行列式的具体特征去进行分析归纳, 掌握了行列式的特征, 也就找到了求解的方法. 以下是几种常见类型的行列式:

(1) 非零元素特别少 (一般不多于 $2n$ 个), 可以直接利用行列式的定义计算;

(2) 对于每行 (列) 所有元素之和均相等的行列式, 可将第 2 行至第 n 行 (或列) 加第 1 行 (列), 提取公因式后再化简计算;

(3) 除第 1 行、第 1 列及主对角线元素外, 其他元素全为 0 的行列式, 此行列式也称为爪形行列式, 一般采用升阶 (加边) 的方法化为上三角行列式来计算;

(4) 除主对角线上的元素外, 上三角各元素相等, 下三角各元素也相等, 一般可采用拆分的方法或数学归纳法求解;

(5) 所求行列式的某一行 (列) 至多有两个非零元素, 一般按此行 (列) 展开, 有时会得到一个递推公式, 找出递推规律, 再用数学归纳法证明.

根据所给行列式所具有的特性, 一般常用以下的方法进行计算:

(1) 直接利用行列式的定义进行计算;

(2) 利用行列式的性质化为三角行列式计算;

(3) 降阶法——利用按行 (列) 展开定理, 化行列式为较低阶行列式计算;

(4) 递推公式法——应用行列式的性质, 将一个 n 阶行列式表示为具有相同结构的较低阶行列式的线性关系, 再根据此关系递推, 求得所给 n 阶行列式的值;

(5) 用数学归纳法进行计算或证明;

(6) 利用已知行列式进行计算, 其中最重要的已知行列式是范德蒙德行列式.

以上方法中, 前三种方法是最基本的方法, 应熟练掌握. 但需要注意的是, 一个行列式的计算往往不是使用一种方法, 有时甚至需要把多种方法交叉使用.

例 1.4.6 求 $D_n = \begin{vmatrix} x_1 + a_1^2 & a_1a_2 & \cdots & a_1a_n \\ a_1a_2 & x_2 + a_2^2 & \cdots & a_2a_n \\ \vdots & \vdots & & \vdots \\ a_1a_n & a_2a_n & \cdots & x_n + a_n^2 \end{vmatrix}$.

解 利用加边法, 得

$$D_n = \begin{vmatrix} 1 & a_1 & a_2 & \cdots & a_n \\ 0 & x_1 + a_1^2 & a_1 a_2 & \cdots & a_1 a_n \\ 0 & a_1 a_2 & x_2 + a_2^2 & \cdots & a_2 a_n \\ \vdots & \vdots & \vdots & & \vdots \\ 0 & a_1 a_n & a_2 a_n & \cdots & x_n + a_n^2 \end{vmatrix}.$$

将第 1 行分别乘以 $-a_i\ (i = 1, 2, \cdots, n)$ 加到第 2, 3, $\cdots$, $n+1$ 行上, 得

$$\begin{vmatrix} 1 & a_1 & a_2 & \cdots & a_n \\ -a_1 & x_1 & 0 & \cdots & 0 \\ -a_2 & 0 & x_2 & \cdots & 0 \\ \vdots & \vdots & \vdots & & \vdots \\ -a_n & 0 & 0 & \cdots & x_n \end{vmatrix},$$

将第 j 列 $(j = 2, 3, \cdots, n+1)$ 分别乘以 $\dfrac{a_{j-1}}{x_{j-1}}$ 加到第 1 列上, 得

$$\begin{vmatrix} 1 + \sum\limits_{i=1}^{n} \dfrac{a_i^2}{x_i} & a_1 & a_2 & \cdots & a_n \\ 0 & x_1 & 0 & \cdots & 0 \\ 0 & 0 & x_2 & \cdots & 0 \\ \vdots & \vdots & \vdots & & \vdots \\ 0 & 0 & 0 & \cdots & x_n \end{vmatrix} = \prod_{j=1}^{n} x_j \left(1 + \sum_{i=1}^{n} \frac{a_i^2}{x_i}\right).$$

注 加边法适用于某一列 (行) 有一个相同的字母外, 也可用于第 i 行 (列) 的元素分别为 $(n-1)$ 个元素 $a_1, a_2, \cdots, a_{n-1}$ 的倍数的情况. 加边时要求: 第一, 原行列式的值不变; 第二, 新行列式易于计算.

例 1.4.7 计算 $D_n = \begin{vmatrix} x_1 & a & a & \cdots & a \\ b & x_2 & a & \cdots & a \\ b & b & x_3 & \cdots & a \\ \vdots & \vdots & \vdots & & \vdots \\ b & b & b & \cdots & x_n \end{vmatrix} (a \neq b).$

$$\text{解}\quad D_n=\begin{vmatrix} b & a & a & \cdots & a \\ b & x_2 & a & \cdots & a \\ b & b & x_3 & \cdots & a \\ \vdots & \vdots & \vdots & & \vdots \\ b & b & b & \cdots & x_n \end{vmatrix}+\begin{vmatrix} x_1-b & a & a & \cdots & a \\ 0 & x_2 & a & \cdots & a \\ 0 & b & x_3 & \cdots & a \\ \vdots & \vdots & \vdots & & \vdots \\ 0 & b & b & \cdots & x_n \end{vmatrix}$$

$$=\begin{vmatrix} b & a & a & \cdots & a \\ 0 & x_2-a & 0 & \cdots & 0 \\ 0 & b-a & x_3-a & \cdots & 0 \\ \vdots & \vdots & \vdots & & \vdots \\ 0 & b-a & b-a & \cdots & x_n-a \end{vmatrix}+(x_1-b)D_{n-1}$$

$$=b(x_2-a)\cdots(x_n-a)+(x_1-b)D_{n-1},$$

把 a 与 b 互换, 行列式的值不变, 故有

$$D_n=a(x_2-b)\cdots(x_n-b)+(x_1-a)D_{n-1}.$$

又由于 $a\neq b$, 所以得

$$D_n=\frac{a\prod_{i=1}^{n}(x_i-b)-b\prod_{i=1}^{n}(x_i-a)}{a-b}.$$

例 1.4.8 试证: 当 $\alpha\neq n\pi$ 时, 有

$$D_n=\begin{vmatrix} 2\cos\alpha & 1 & 0 & \cdots & 0 & 0 \\ 1 & 2\cos\alpha & 1 & \cdots & 0 & 0 \\ 0 & 1 & 2\cos\alpha & \cdots & 0 & 0 \\ \vdots & \vdots & \vdots & & \vdots & \vdots \\ 0 & 0 & 0 & \cdots & 2\cos\alpha & 1 \\ 0 & 0 & 0 & \cdots & 1 & 2\cos\alpha \end{vmatrix}=\frac{\sin(n+1)\alpha}{\sin\alpha}.$$

证明 用数学归纳法证明.

当 $n=1,2$ 时, 结果显然成立, 假设 $n=k$ 时也成立.

当 $n=k+1$ 时, 对 D_n 按第一行展开有

$$D_{k+1}=2\cos\alpha D_k-D_{k-1}$$

$$
\begin{aligned}
&= 2\cos\alpha\frac{\sin(k+1)\alpha}{\sin\alpha} - \frac{\sin k\alpha}{\sin\alpha} \\
&= \frac{1}{\sin\alpha}[2\sin(k+1)\alpha\cos\alpha - \sin k\alpha] \\
&= \frac{1}{\sin\alpha}[\sin(k+2)\alpha + \sin k\alpha - \sin k\alpha] \\
&= \frac{\sin(k+2)\alpha}{\sin\alpha}.
\end{aligned}
$$

证毕.

1.5 克拉默法则

行列式有许多的实际应用, 本节研究含有 n 个未知数, n 个方程的线性方程组的行列式解法.

$$
\begin{cases}
a_{11}x_1 + a_{12}x_2 + \cdots + a_{1n}x_n = b_1, \\
a_{21}x_1 + a_{22}x_2 + \cdots + a_{2n}x_n = b_2, \\
\qquad\cdots\cdots \\
a_{n1}x_1 + a_{n2}x_2 + \cdots + a_{nn}x_n = b_n,
\end{cases}
\tag{1.5.1}
$$

上式左边未知数的系数按照原来的相对位置组成的行列式 D 称为它的系数行列式.

定理 1.5.1 克拉默法则 如果线性方程组 (1.5.1) 的系数行列式 D 不等于 0, 则方程组唯一解

$$
x_k = \frac{D_k}{D} \quad (k = 1, 2, \cdots, n),
\tag{1.5.2}
$$

其中 D_k 是用常数列 b 代替 D 的第 k 列所得的行列式.

证明 先证唯一性. 假设有解, 用 D 中第 j 列的代数余子式分别乘以方程组中各方程, 再相加, 得

$$
\left(\sum_{k=1}^{n} a_{k1}A_{kj}\right)x_1 + \cdots + \left(\sum_{k=1}^{n} a_{kj}A_{kj}\right)x_j + \cdots + \left(\sum_{k=1}^{n} a_{kn}A_{kj}\right)x_n = \sum_{k=1}^{n} b_k A_{kj}.
$$

根据 1.4 节定理, 有 $Dx_j = \sum\limits_{k=1}^{n} b_k A_{kj}$, 记 $D_j = \sum\limits_{k=1}^{n} b_k A_{kj}$, 即得 $D_j = Dx_j$.

再证存在性. 即证 $\sum\limits_{k=1}^{n} a_{ik}\dfrac{D_k}{D} = b_i$, $i = 1, 2, \cdots, n$. 为此, 考虑有两个相同行

的 $n+1$ 阶行列式

$$\begin{vmatrix} b_i & a_{i1} & \cdots & a_{in} \\ b_1 & a_{11} & \cdots & a_{1n} \\ \vdots & \vdots & & \vdots \\ b_n & a_{n1} & \cdots & a_{nn} \end{vmatrix} = 0,$$

按照第一行展开, 即为所求.

如果线性方程组的右边常数都等于 0, 即

$$\begin{cases} a_{11}x_1 + a_{12}x_2 + \cdots + a_{1n}x_n = 0, \\ a_{21}x_1 + a_{22}x_2 + \cdots + a_{2n}x_n = 0, \\ \qquad\qquad\cdots\cdots \\ a_{n1}x_1 + a_{n2}x_2 + \cdots + a_{nn}x_n = 0, \end{cases} \tag{1.5.3}$$

则称其为齐次线性方程组, 当常数项不全为 0 的时候, 称方程组为非齐次线性方程组.

显然, 方程组 (1.5.3) 必然有解 $x_1 = x_2 = \cdots = x_n = 0$, 称为零解, 若解 $x_1, x_2, \cdots, x_n$ 不全为零, 则称为非零解.

克拉默法则可以叙述成下面定理.

定理 1.5.2 如果非齐次线性方程组的系数行列式不等于 0, 则有唯一解; 如果非齐次线性方程组无解, 或者有两个以上的不同的解, 则系数行列式等于 0.

定理 1.5.3 如果齐次线性方程组的系数行列式不等于 0, 则没有非零解; 如果齐次线性方程组有非零解, 则它的系数行列式等于 0.

例 1.5.1 解线性方程组 $\begin{cases} x_1 + x_2 + 2x_3 + 3x_4 = 1, \\ 3x_1 - x_2 - x_3 - 2x_4 = -4, \\ 2x_1 + 3x_2 - x_3 - x_4 = -6, \\ x_1 + 2x_2 + 3x_3 - x_4 = -4. \end{cases}$

解 用克拉默法则, 计算系数行列式, 得 $D = -153$.

根据克拉默法则, 方程组有唯一解. 再计算行列式.

最后, 得 $x_1 = -1, x_2 = -1, x_3 = 0, x_4 = 1$.

例 1.5.2 已知齐次方程组有非零解, 求 k 的可能取值.

$$\begin{cases} (5-k)x + 2z = 0, \\ 2x + (6-k)y = 0, \\ x + (4-k)z = 0. \end{cases}$$

解 由定理 1.5.3 可知, 系数行列式

$$D=\begin{vmatrix}5-k & 0 & 2\\ 2 & 6-k & 0\\ 1 & 0 & 4-k\end{vmatrix}=(6-k)(k-3)(k-6)=0.$$

于是, 当 $k=6, k=3$ 时, 方程组有非零解.

克拉默法则提供了解线性方程组的一个方法. 但是, 需要计算许多行列式, 计算量非常大. 今后, 将介绍更为实用的消元法. 另一方面, 从这个法则导出的定理却很有用. 于是, 克拉默法则的意义主要不是在计算上, 而是在理论分析上.

克拉默法则只适用于求解方程个数与未知数个数相等的线性方程组, 但也只局限于理论讨论, 当求高阶方程组的解时, 却不适用, 因为当 n 比较大时, 计算量非常大, 是没有实际意义的.

n 元非齐次线性方程组, 当系数行列式的值不等于 0 时, 有唯一解; 当系数行列式的值等于 0 时, 克拉默法则失效, 方程组可能有解也可能无解. n 元齐次线性方程组, 当系数行列式的值不等于 0 时, 只有零解; 当系数行列式的值等于 0 时, 有非零解.

1.6 行列式的简单应用

1.6.1 多项式方程的重根与公共根

例 1.6.1 已知两个多项式方程 $x^3-2x+a=0, x^2-bx+1=0$, 问当参数 a, b 满足什么关系时它们有公共解?

解 对这个问题如果采用通常的方法就是先求出两个方程的根, 然后再来判断它们是否有公共根显然是不可行的.

故现在用构造方程组的方法来解决这个问题. 事实上, 这两个多项式有公共根, 等价于下列方程组

$$\begin{cases}x^4-2x^2+ax=0,\\ x^3-2x+a=0,\\ x^4-bx^3+x^2=0,\\ x^3-bx^2+x=0,\\ x^2-bx+1=0\end{cases}\tag{1.6.1}$$

有解. 两个多项式方程的次数分别是 3 次和 2 次, 所以对第一个 3 次方程两边累次同乘 x, 将它重复写了 2 次; 而对另外一个 2 次方程两边累次同乘 x, 并重复写

了 3 次. 设这样构成的方程组的解为 x, 并记为 $x^4 \triangleq x_4, x^3 \triangleq x_3, x^2 \triangleq x_2, x^1 \triangleq x_1, x^0 \triangleq x_0(=1)$, 则如此构成一个 5 元齐次方程组如下:

$$\begin{cases} x_4 - 2x_2 + ax_1 = 0, \\ x_3 - 2x_1 + ax_0 = 0, \\ x_4 - bx_3 + x_2 = 0, \\ x_3 - bx_2 + x_1 = 0, \\ x_2 - bx_1 + x_0 = 0. \end{cases} \tag{1.6.2}$$

它有非零解 $(x_4, x_3, x_2, x_1, x_0) = (x^4, x^3, x^2, x, 1)$. 而该齐次方程组的系数行列式

$$D = \begin{vmatrix} 1 & 0 & -2 & a & 0 \\ 0 & 1 & 0 & -2 & a \\ 1 & -b & 1 & 0 & 0 \\ 0 & 1 & -b & 1 & 0 \\ 0 & 0 & 1 & -b & 1 \end{vmatrix} = \begin{vmatrix} 1 & 0 & -2 & a & 0 \\ 0 & 1 & 0 & -2 & a \\ 0 & -b & 3 & -a & 0 \\ 0 & 1 & -b & 1 & 0 \\ 0 & 0 & 1 & -b & 1 \end{vmatrix}$$

$$= \begin{vmatrix} 1 & 0 & -2 & a \\ -b & 3 & -a & 0 \\ 1 & -b & 1 & 0 \\ 0 & 1 & -b & 1 \end{vmatrix} = \begin{vmatrix} 1 & 0 & -2 & a \\ 0 & 3 & -a-2b & ab \\ 0 & -b & 3 & -a \\ 0 & 1 & -b & 1 \end{vmatrix}$$

$$= \begin{vmatrix} 3 & -a-2b & ab \\ -b & 3 & -a \\ 1 & -b & 1 \end{vmatrix} = ab^3 - 5ab + a^2 - 2b^2 + 9, \tag{1.6.3}$$

由克拉默法则的相关结论可知, 若两个方程有公共根, 则上述行列式值必为零, 即参数 a, b 要满足关系

$$ab^3 - 5ab + a^2 - 2b^2 + 9 = 0, \tag{1.6.4}$$

形如式 (1.6.3) 的行列式 (注意其构造方式) 我们通常称之为两个多项式的**结式**. 可以证明两个多项式的结式等于零是这两个多项式有公共根的充要条件.

如果大家有兴趣, 完全可以把它推广到一元三次以上的多项式方程什么时候有重根等类似的问题上去, 甚至于可以把结式的作用加以推广.

例 1.6.2 多项式方程 $x^5 - 3x^4 + 3x^3 + x^2 - 4x + 2 = 0$ 有没有重根? 有几个实根? 几个虚根?

解 因为 5 次以上的多项式方程没有求根公式, 所以求其根是有一定的难度的. 而该多项式方程是实系数多项式方程, 故其若有虚数根, 则其虚数根一定是成对共轭出现的.

现仍然使用构造的方法去解决这一问题. 记方程中的 5 次多项式为 $f(x) = x^5 - 3x^4 + 3x^3 + x^2 - 4x + 2$, 其导数为 $f'(x) = 0x^5 + 5x^4 - 12x^3 + 9x^2 + 2x - 4$, 则由它们的系数可以构成下列 10 阶的行列式:

$$\begin{vmatrix} 1 & -3 & 3 & 1 & -4 & 2 & 0 & 0 & 0 & 0 \\ 0 & 5 & -12 & 9 & 2 & -4 & 0 & 0 & 0 & 0 \\ 0 & 1 & -3 & 3 & 1 & -4 & 2 & 0 & 0 & 0 \\ 0 & 0 & 5 & -12 & 9 & 2 & -4 & 0 & 0 & 0 \\ 0 & 0 & 1 & -3 & 3 & 1 & -4 & -2 & 0 & 0 \\ 0 & 0 & 0 & 5 & -12 & 9 & 2 & -4 & 0 & 0 \\ 0 & 0 & 0 & 1 & -3 & 3 & 1 & -4 & 2 & 0 \\ 0 & 0 & 0 & 0 & 5 & -12 & 9 & 2 & -4 & 0 \\ 0 & 0 & 0 & 0 & 1 & -3 & 3 & 1 & -4 & 2 \\ 0 & 0 & 0 & 0 & 0 & 5 & -12 & 9 & 2 & -4 \end{vmatrix}. \tag{1.6.5}$$

这是把多项式函数及其导数的系数行一起重复了 5 次, 而每一次重复在系数前面就多添加一列零元素. 这样构成的行列式称为西尔维斯特结式.

若记该结式行列式中的最前面 2 行与最前面 2 列的元素构成的二阶子行列式为 S_2, 有

$$S_2 = \begin{vmatrix} 1 & -3 \\ 0 & 5 \end{vmatrix} = 5,$$

而结式的最前面 4 行与前面 4 列的元素构成的四阶行列式

$$S_4 = \begin{vmatrix} 1 & -3 & 3 & 1 \\ 0 & 5 & -12 & 9 \\ 0 & 1 & -3 & 3 \\ 0 & 0 & 5 & -12 \end{vmatrix} = 6.$$

同理可得 $S_6 = -156, S_8 = -800, S_{10} = 0$, 于是可得到结式的偶数阶子式序列为 $(S_2, S_4, S_6, S_8, S_{10}) = (5, 6, -156, -800, 0)$.

因为该结式行列式的值为 0, 所以上述多项式方程与其导数方程必有公共根, 即原多项式方程必有重根; 其次上述结式子式序列数组的符号数 (正数、负数、零的符号数分别记为 1, -1, 0) 构成的数组为 $F = (1, 1, -1, -1, 0)$, 其前面的非零元素长度为 4, 而且该符号数组的变号数为 1, 于是可知该多项式方程有 1 对不同虚根, 有 2 个不同的实根.

又因为原多项式方程为 5 次方程, 所以它应该有 5 个根, 因此还可以得到, 该方程的 2 个实根中必有一个根是 2 重根.

上述方法可以推广到任意次数的实系数的多项式方程根的情况分类问题. 这在符号运算与计算机机器证明等学科中有着重要的作用. 当行列式的阶数比较高的时候, 求值一般比较复杂. 这个问题可以交给数学软件去完成.

1.6.2　行列式在初等代数中的应用

1. 用行列式分解因式

利用行列式分解因式的关键是把所给的多项式写成行列式的形式, 同时要注意排列方式.

例 1.6.3　分解因式 $ab^2c^3+bc^2a^3+ca^2b^3-cb^2a^3-ba^2c^3-ac^2b^3$.

解　原式 $=abc\left[(bc^2-b^2c)+(a^2c-ac^2)+(ab^2-a^2b)\right]$

$$=abc\left[bc(c-b)+ac(a-c)+ab(b-a)\right]$$

$$=abc\left|bc\begin{vmatrix} c & 1 \\ b & 1 \end{vmatrix}+ac\begin{vmatrix} a & 1 \\ c & 1 \end{vmatrix}-ab\begin{vmatrix} a & 1 \\ b & 1 \end{vmatrix}\right|$$

$$=abc\begin{vmatrix} bc & a & 1 \\ ab & c & 1 \\ ac & b & 1 \end{vmatrix}=abc\begin{vmatrix} bc & a & 1 \\ ab-bc & c-a & 0 \\ ac-bc & b-a & 0 \end{vmatrix}$$

$$=abc\left|(ab-bc)(b-a)-(ac-bc)(c-a)\right|$$

$$=abc\left|b(a-c)(b-a)-c(a-b)(c-a)\right|$$

$$=abc(a-b)(c-a)(b-c).$$

例 1.6.4　分解因式 $(cd-ab)^2-4ac(a-c)(b-d)$.

解　原式 $=\begin{vmatrix} cd-ab & 2(ab-bc) \\ 2(bc-cd) & cd-ab \end{vmatrix}$

$$=\begin{vmatrix} cd-ab & ab+cd-2bc \\ 2(bc-cd) & -(ab+cd-2bc) \end{vmatrix}$$

$$=(ab+cd-2bc)\begin{vmatrix} cd-ab & 1 \\ 2(bc-cd) & -1 \end{vmatrix}$$

$$=(ab+cd-2bc)^2.$$

2. 用行列式证明不等式和恒等式

由行列式的性质可知, 把行列式的某一行 (列) 的元素乘以一个常数加到另一行 (列) 的对应元素上, 行列式的值不变; 如果行列式的某一行 (列) 的元素全为零, 则行列式的值为零. 利用行列式的性质我们可以构造某些不等式和恒等式的证明.

例 1.6.5 已知 $a+b+c=0$, 求证 $a^3+b^3+c^3=3abc$.

证明 令 $D=a^3+b^3+c^3-3abc$, 则

$$D=\begin{vmatrix} a & b & c \\ c & a & b \\ b & c & a \end{vmatrix} \xlongequal{r_1+r_2+r_3} \begin{vmatrix} a+b+c & a+b+c & a+b+c \\ c & a & b \\ b & c & a \end{vmatrix}=\begin{vmatrix} 0 & 0 & 0 \\ c & a & b \\ b & c & a \end{vmatrix}=0.$$

例 1.6.6 已知 $a \geqslant b \geqslant c \geqslant 0$, 求证 $b^3a+c^3b+a^3c \leqslant a^3b+b^3c+c^3a$.

证明 令

$$D=\begin{vmatrix} ab & bc & ca \\ c^2 & b^2 & a^2 \\ 1 & 1 & 1 \end{vmatrix}=\begin{vmatrix} ab & bc-ab & ca-ab \\ c^2 & a^2-c^2 & b^2-c^2 \\ 1 & 0 & 0 \end{vmatrix}=\begin{vmatrix} bc-ab & ca-ab \\ a^2-c^2 & b^2-c^2 \end{vmatrix}$$

$$=b(c-a)(b+c)(b-c)-a(c-b)(a+c)(a-c)$$

$$=(c-a)(b-c)(b-a)(a+b+c),$$

而 $a \geqslant b \geqslant c \geqslant 0$, 则 $D \geqslant 0$, 故命题得证.

3. 三点共线的问题

平面内的三点 $P(x_1,y_1), Q(x_2,y_2), R(x_3,y_3)$ 在一条直线上的充要条件是

$$\begin{vmatrix} x_1 & y_1 & 1 \\ x_2 & y_2 & 1 \\ x_3 & y_3 & 1 \end{vmatrix}=0.$$

例 1.6.7 平面上给出三条不重合的直线:

$$L_1: a_1x+b_1y+c_1=0, \quad L_2: a_2x+b_2y+c_2=0, \quad L_3: a_3x+b_3y+c_3=0,$$

若

$$\begin{vmatrix} a_1 & b_1 & c_1 \\ a_2 & b_2 & c_2 \\ a_3 & b_3 & c_3 \end{vmatrix}=0,$$

则这三条直线不能组成三角形.

证明 设 L_1 与 L_2 的交点为 $P(x_1,y_1)$, 因为

$$\begin{vmatrix} a_1 & b_1 & c_1 \\ a_2 & b_2 & c_2 \\ a_3 & b_3 & c_3 \end{vmatrix} = 0,$$

将第一列乘以 x_1, 第二列乘以 y_1, 全部加到第三列上可得

$$\begin{vmatrix} a_1 & b_1 & a_1x_1+b_1y_1+c_1 \\ a_2 & b_2 & a_2x_1+b_2y_1+c_2 \\ a_3 & b_3 & a_3x_1+b_3y_1+c_3 \end{vmatrix} = 0.$$

因为 P 在 L_1 与 L_2 上, 所以 $a_1x_1+b_1y_1+c_1=0$, 且

$$\begin{aligned} a_2x_1+b_2y_1+c_2=0 \Rightarrow (a_3x_1+b_3y_1+c_3)\begin{vmatrix} a_1 & b_1 \\ a_2 & b_2 \end{vmatrix} \\ = \begin{vmatrix} a_1 & b_1 & 0 \\ a_2 & b_2 & 0 \\ a_3 & b_3 & a_3x_1+b_3y_1+c_3 \end{vmatrix} = 0. \end{aligned}$$

若 $\begin{vmatrix} a_1 & b_1 \\ a_2 & b_2 \end{vmatrix}=0$, 则 $\dfrac{a_1}{a_2}=\dfrac{b_1}{b_2} \Rightarrow L_1$ 与 L_2 平行. 若 $a_3x_1+b_3y_1+c_3=0 \Rightarrow P$ 也在 L_3 上, 那么 L_1,L_2,L_3 交于一点, 但无论如何, 都构不成三角形.

这说明由题设得到三条直线或两两平行或交于一点, 也就是说这三条直线不能构成三角形.

实际上, 行列式在各个学科领域中都有着不错的应用, 本节只是给出了在多项式重根和在初等代数中的一些应用, 有兴趣的读者可以查阅相关资料对其加以更深的了解.

1.7 MATLAB 在行列式计算中的实现

1.7.1 排列的逆序数

方法: 首先得到排列的长度, 其次计算排列中各数的后面比它小的数的数量并求和, 具体见例子.

例 1.7.1 求排列的 6754312 逆序数.

程序如下:

```
clear,clc
N=6754312; %输入整数,排列长度不超过9时有效
init=N;
n=0;   %初始化, 存放输入整数的位数
while(init>0)
    init=floor(init/10);
    n =n+1;
end
digit=zeros(1,n);  %初始化, 存放整数各位上的数字
for i=n:-1:1
    digit(n-i+1)=floor(N/10^(i-1));
    N=rem(N,10^(i-1));
end
inv_num=0; %逆序数
for i=1:n-1
    tmp=digit(i)-digit(i+1:end);
    inv_num=inv_num+length(find(tmp>0));
end
inv_num
```

运行结果如下:

```
inv_num=19
```

1.7.2 方阵的行列式

例 1.7.2 求数值矩阵 $\boldsymbol{A}$ 和符号元素矩阵 $\boldsymbol{B}$ 的行列式:

$$\boldsymbol{A}=\begin{pmatrix}1&2&3\\4&5&6\\7&2&1\end{pmatrix},\quad \boldsymbol{B}=\begin{pmatrix}a&b\\c&d\end{pmatrix}.$$

程序如下:

```
A=[1,2,3;4,5,6;7,2,1]
B=str2sym ('[a,b;c,d]') %或syms a b c d;B=[a,b;c,d]
Da=det(A)
Db=det(B)
```

运行结果如下:

```
Da=-12.0000
Db=a*d-b*c
```

1.7.3　余子式与代数余子式

例 1.7.3　求数值矩阵 $\boldsymbol{A}$ 的元素 6 的余子式和代数余子式.

$$\boldsymbol{A}=\begin{pmatrix}1&2&3\\4&5&6\\7&2&1\end{pmatrix}.$$

程序如下:

```
A=[1,2,3;4,5,6;7,2,1]
B=A;
B(2,:)=[];
B(:,3)=[];
M23=det(B)
A23=(-1)^(2+3)*M23
```

运行结果如下:

```
M23=-12
A23=12
```

习　题　1

1. 利用对角线法计算下列三阶行列式:

(1) $\begin{vmatrix}2&0&1\\1&-4&-1\\-1&8&3\end{vmatrix}$;　　(2) $\begin{vmatrix}a&b&c\\b&c&a\\c&a&b\end{vmatrix}$;

(3) $\begin{vmatrix}1&1&1\\a&b&c\\a^2&b^2&c^2\end{vmatrix}$;　　(4) $\begin{vmatrix}x&y&x+y\\y&x+y&x\\x+y&x&y\end{vmatrix}$.

2. 求下列各排列的逆序数:

(1) 1234;　(2) 52341;　(3) 6237154;　(4) 2413;

(5) $13\cdots(2n-1)24\cdots(2n)$;　(6) $13\cdots(2n-1)(2n)(2n-2)\cdots2$.

3. 计算下列各行列式:

(1) $\begin{vmatrix}1&2&0&1\\1&3&5&0\\0&1&5&6\\1&2&3&4\end{vmatrix}$;　　(2) $\begin{vmatrix}1&1&1&1\\1&-1&1&1\\1&1&-1&1\\1&1&1&-1\end{vmatrix}$;

(3) $\begin{vmatrix}a&1&0&0\\-1&b&1&0\\0&-1&c&1\\0&0&-1&d\end{vmatrix}$;　　(4) $\begin{vmatrix}-ab&ac&ae\\bd&-cd&de\\bf&cf&-ef\end{vmatrix}$.

4. 证明:

(1) $\begin{vmatrix} a^2 & ab & b^2 \\ 2a & a+b & 2b \\ 1 & 1 & 1 \end{vmatrix} = (a-b)^3$;

(2) $\begin{vmatrix} ax+by & ay+bz & az+bx \\ ay+bz & az+bx & ax+by \\ az+bx & ax+by & ay+bz \end{vmatrix} = (a^3+b^3)\begin{vmatrix} x & y & z \\ y & z & x \\ z & x & y \end{vmatrix}$;

(3) $\begin{vmatrix} 1 & 1 & 1 & 1 \\ a & b & c & d \\ a^2 & b^2 & c^2 & d^2 \\ a^4 & b^4 & c^4 & d^4 \end{vmatrix} = (a-b)(a-c)(a-d)(b-c)(b-d)(c-d)(a+b+c+d)$;

(4) $\begin{vmatrix} x & -1 & 0 & \cdots & 0 & 0 \\ 0 & x & -1 & \cdots & 0 & 0 \\ \vdots & \vdots & \vdots & & \vdots & \vdots \\ 0 & 0 & 0 & \cdots & x & -1 \\ a_n & a_{n-1} & a_{n-2} & \cdots & a_2 & a_1 \end{vmatrix} = a_1x^{n-1}+\cdots+a_{n-1}x+a_n$;

(5) 当 $\alpha \neq \beta$ 时,

$$D_n = \begin{vmatrix} \alpha+\beta & \alpha\beta & & & \\ 1 & \alpha+\beta & \alpha\beta & & \\ & 1 & \ddots & \ddots & \\ & & \ddots & \ddots & \alpha\beta \\ & & & 1 & \alpha+\beta \end{vmatrix} = \frac{\alpha^{n+1}-\beta^{n+1}}{\alpha-\beta}.$$

5. 计算下行列式:

(1) $D_n = \begin{vmatrix} a & & & 1 \\ & \ddots & \cdot^{\cdot^{\cdot}} & \\ & \cdot^{\cdot^{\cdot}} & \ddots & \\ 1 & & & a \end{vmatrix}$, 其中主对角线上的元素都是 a, 未写出的元素都是 0;

(2) $D_n = \begin{vmatrix} x+a_1 & a_2 & \cdots & a_n \\ a_1 & x+a_2 & \cdots & a_n \\ \vdots & \vdots & & \vdots \\ a_1 & a_2 & \cdots & x+a_n \end{vmatrix}$;

(3) $D_n = \det(a_{ij})$, 其中 $a_{ij} = |i-j|$;

(4) $D_{n+1} = \begin{vmatrix} a_0 & 1 & 1 & \cdots & 1 & 1 \\ 1 & a_1 & 0 & \cdots & 0 & 0 \\ 1 & 0 & a_2 & \cdots & 0 & 0 \\ \vdots & \vdots & \vdots & & \vdots & \vdots \\ 1 & 0 & 0 & \cdots & a_{n-1} & 0 \\ 1 & 0 & 0 & \cdots & 0 & a_n \end{vmatrix}$;

(5) $D_n = \begin{vmatrix} 1+a & -a & & & \\ -1 & 1+a & -a & & \\ & -1 & \ddots & \ddots & \\ & & \ddots & \ddots & -a \\ & & & -1 & 1+a \end{vmatrix}$;

(6) $D_n = \begin{vmatrix} y+1 & y & y & \cdots & y \\ y & y+b & y & \cdots & y \\ y & y & y+b^2 & \cdots & y \\ \vdots & \vdots & \vdots & & \vdots \\ y & y & y & \cdots & y+b^n \end{vmatrix}$, 其中 $b \neq 0$.

6. 四阶行列式的第三行元素为 3, 2, −1, 3, 它们的余子式分别为 1, 1, −2, 3. 求此行列式的值.

7. 已知行列式 $\begin{vmatrix} 1 & 2 & 0 & 1 \\ 1 & 3 & 5 & 0 \\ 0 & 1 & 5 & 6 \\ 1 & 2 & 3 & 4 \end{vmatrix}$, 求

(1) $A_{31} + 2A_{32} + A_{34}$; (2) $M_{21} + M_{22} + 2M_{23} - M_{24}$.

8. 用克拉默法则解下列方程组:

(1) $\begin{cases} x_1 + x_2 - 2x_3 = -2, \\ x_2 + 2x_3 = 1, \\ x_1 - x_2 = 2; \end{cases}$

(2) $\begin{cases} x_1 + x_2 + x_3 + x_4 = 5, \\ x_1 + 2x_2 - x_3 + 4x_4 = -2, \\ 2x_1 - 3x_2 - x_3 - 5x_4 = -2, \\ 3x_1 + x_2 + 2x_3 + 11x_4 = 0. \end{cases}$

9. 问 λ 取何值时, 下列齐次线性方程组有非零解?

(1) $\begin{cases} \lambda x + y + z = 0, \\ x + \lambda y - z = 0, \\ 2x - y + z = 0; \end{cases}$

(2) $\begin{cases} (5-\lambda)x_1 + 2x_2 + 2x_3 = 0, \\ 2x_1 + (6-\lambda)x_2 = 0, \\ 2x_1 + (4-\lambda)x_3 = 0. \end{cases}$

10. 问 λ, μ 取何值时, 齐次线性方程组

$$\begin{cases} \lambda x_1 + x_2 + x_3 = 0, \\ x_1 + \mu x_2 + x_3 = 0, \\ x_1 + 2\mu x_2 + x_3 = 0 \end{cases}$$

有非零解?

11. 求三次多项式 $f(x) = a_0 + a_1 x + a_2 x^2 + a_3 x^3$, 使得 $f(-1) = 0, f(1) = 4, f(2) = 3, f(3) = 16$.

第 2 章　矩　　阵

矩阵是很重要的数学工具之一, 是线性代数的一个最基本的概念, 矩阵的运算是线性代数的基本内容, 它的应用是多方面的, 矩阵的理论和方法在许多科学技术领域中都有重要的作用.

在这一章, 我们将引入矩阵的概念, 并系统地讨论矩阵的运算、逆矩阵及初等矩阵的基本理论.

2.1　矩阵的概念

2.1.1　矩阵的定义

矩阵概念和理论的创立及发展与行列式和线性方程组理论有密切关系. 事实上, 在矩阵概念出现之前, 矩阵的初等变换已经在线性方程组的消元法中使用, 而矩阵的许多基本性质也是在行列式理论的发展中建立起来的. 近代的矩阵概念直到 19 世纪才逐渐形成. 1850 年, 英国数学家西尔维斯特 (J. J. Sylvester,1814—1897) 首先使用了 “矩阵” (matrix) 这个名词. 1858 年, 英国数学家凯莱 (A. Cayley, 1821—1895) 发表了关于矩阵的一篇重要文章《矩阵论的研究报告》, 在这篇文章中给出了矩阵相等、零矩阵、单位矩阵的概念, 定义了矩阵的和、数乘、矩阵乘法、转置和逆矩阵, 并从行列式理论引入了方阵的特征方程的概念. 虽然凯莱当时并没有使用这一术语, 但由于凯莱首先将矩阵作为一个独立的数学对象加以研究, 并得到许多重要成果, 他被认为是矩阵论的创立者. 凯莱明确指出, 矩阵的概念 “或是直接从行列式的概念而来, 或是作为表达一个线性方程组的便利方法而来的”. 他始终认为, 在逻辑上, 矩阵的概念先于行列式的概念, 而在历史上次序正相反.

矩阵概念及其运算的引入, 推动了线性代数及其他数学分支的发展, 矩阵论也成为数学的一个重要工具和分支. 在经济管理、计算机科学等诸多领域有重要应用.

定义 2.1.1　将 $m\times n$ 个数 a_{ij} $(i=1,2,\cdots,m;j=1,2,\cdots,n)$ 按一定次序排成一个 m 行 n 列的数表, 用圆括号 (或方括号) 围起来, 称为 $m\times n$ 矩阵, 记为

$$\boldsymbol{A}=\begin{pmatrix} a_{11} & \cdots & a_{1n} \\ \vdots & & \vdots \\ a_{m1} & \cdots & a_{mn} \end{pmatrix},$$

简记 $\boldsymbol{A}=(a_{ij})_{m\times n}$, 也记为 $\boldsymbol{A}_{m\times n}$, 其中 a_{ij} 表示位于第 i 行第 j 列的数.

一般用大写的英文字母表示矩阵, 元素为实数的矩阵称为实矩阵. 元素中含有复数的矩阵称为复矩阵. 若无特别说明, 本书中的矩阵都是实矩阵.

2.1.2 几种特殊的矩阵

我们利用矩阵解决问题时, 经常遇到下面几种特殊矩阵.

(1) n 阶方阵 (n 阶矩阵): 当 $m=n$ 时, 即矩阵的行数与列数都是 n 时, 矩阵称为 n 阶方阵, 即

$$\boldsymbol{A}_{n\times n}=\begin{pmatrix} a_{11} & a_{12} & \cdots & a_{1n} \\ a_{21} & a_{22} & \cdots & a_{2n} \\ \vdots & \vdots & & \vdots \\ a_{n1} & a_{n2} & \cdots & a_{nn} \end{pmatrix}.$$

在 n 阶方阵 $\boldsymbol{A}$ 中元素 $a_{ii}\ (i=1,2,\cdots,n)$ 排成的对角线称为方阵的主对角线.

(2) 行矩阵 (行向量): 当 $m=1$ 时, 得到一个 1 行 n 列的矩阵, 称为行矩阵.

$$\boldsymbol{A}_{1\times n}=(a_{11},a_{12},\cdots,a_{1n}),$$

有时也记成 $\boldsymbol{A}=(a_{11},a_{12},\cdots,a_{1n})$.

(3) 列矩阵 (列向量): 当 $n=1$ 时, 得到一个 m 行 1 列的矩阵, 称为列矩阵.

记为 $\boldsymbol{A}_{m\times 1}=\begin{pmatrix} a_{11} \\ a_{21} \\ \vdots \\ a_{m1} \end{pmatrix}$, 有时也记成 $\boldsymbol{A}=\begin{pmatrix} a_{11} \\ a_{21} \\ \vdots \\ a_{m1} \end{pmatrix}$.

(4) 零矩阵: 所有元素全为零的矩阵称为零矩阵, 记为 $\boldsymbol{O}$.

(5) n 阶对角阵: 若一个 n 阶方阵除主对角线上的元素之外, 其余元素全部为零, 则此矩阵称为对角阵, 即 $a_{ij}=0\ (i\neq j;i,j=1,2,\cdots,n)$, 记为

$$\boldsymbol{\Lambda}=\mathrm{diag}(a_{11},a_{22},\cdots,a_{nn})=\begin{pmatrix} a_{11} & & & \\ & a_{22} & & \\ & & \ddots & \\ & & & a_{nn} \end{pmatrix}.$$

(6) n 阶单位矩阵: 若主对角线上的元素全部为 1, 其他元素全部为零的 n 阶方阵称为 n 阶单位矩阵, 记为

$$E = E_n = \begin{pmatrix} 1 & & & \\ & 1 & & \\ & & \ddots & \\ & & & 1 \end{pmatrix}.$$

(7) n 阶三角阵: 若一方阵的主对角线下 (上) 的元素全为零, 则此矩阵称为上 (下) 三角矩阵, 把 n 阶上、下三角阵统称为 n 阶三角阵.

$$\text{上三角阵:} \begin{pmatrix} a_{11} & a_{12} & \cdots & a_{1n} \\ & a_{22} & \cdots & a_{2n} \\ & & \ddots & \vdots \\ & & & a_{nn} \end{pmatrix}; \quad \text{下三角阵:} \begin{pmatrix} a_{11} & & & \\ a_{21} & a_{22} & & \\ \vdots & \vdots & \ddots & \\ a_{n1} & a_{n2} & \cdots & a_{nn} \end{pmatrix}.$$

(8) n 阶数量矩阵: 若一个 n 阶对角阵的对角线上的元素全部相等且等于某一非零数 a 时, 即 $a_{11} = a_{22} = \cdots = a_{nn} = a \neq 0$, 称其为 n 阶数量矩阵, 记为

$$A = \begin{pmatrix} a & 0 & \cdots & 0 \\ 0 & a & \cdots & 0 \\ \vdots & \vdots & & \vdots \\ 0 & 0 & \cdots & a \end{pmatrix}.$$

(9) 同型矩阵: 两个矩阵的行数和列数都相等时, 则称它们是同型矩阵.

定义 2.1.2 相等矩阵: 若 $A = (a_{ij})$ 与 $B = (b_{ij})$ 是同型矩阵, 且它们的对应元素相等, 即 $a_{ij} = b_{ij}$ $(i = 1, 2, \cdots, m; j = 1, 2, \cdots, n)$. 则称矩阵 A 与矩阵 B 相等, 记作 $A = B$.

2.2 矩阵的运算

2.2.1 矩阵的加法与数乘

定义 2.2.1 设 $A = (a_{ij})_{m\times n}$, $B = (b_{ij})_{m\times n}$, 则它们的和是指矩阵 $(a_{ij} + b_{ij})_{m\times n}$, 记作 $A + B = (a_{ij} + b_{ij})_{m\times n}$, 称为 A 与 B 的加法运算, 即

$$A + B = \begin{pmatrix} a_{11} + b_{11} & a_{12} + b_{12} & \cdots & a_{1n} + b_{1n} \\ a_{21} + b_{21} & a_{22} + b_{22} & \cdots & a_{2n} + b_{2n} \\ \vdots & \vdots & & \vdots \\ a_{m1} + b_{m1} & a_{m2} + b_{m2} & \cdots & a_{mn} + b_{mn} \end{pmatrix}.$$

由于矩阵的加法就是矩阵的对应元素的和, 容易证明, 矩阵的加法满足下列运算规则.

设 $\boldsymbol{A},\boldsymbol{B},\boldsymbol{C}$ 都是 $m\times n$ 矩阵, 则

(1) $\boldsymbol{A}+\boldsymbol{B}=\boldsymbol{B}+\boldsymbol{A}$;

(2) $(\boldsymbol{A}+\boldsymbol{B})+\boldsymbol{C}=\boldsymbol{A}+(\boldsymbol{B}+\boldsymbol{C})$.

矩阵 $(-a_{ij})_{m\times n}$ 称为矩阵 $\boldsymbol{A}=(a_{ij})_{m\times n}$ 的负矩阵, 记作 $-\boldsymbol{A}$.

显然, 零矩阵与负矩阵有下列性质:

(1) $\boldsymbol{A}+\boldsymbol{O}=\boldsymbol{A}$;

(2) $\boldsymbol{A}-\boldsymbol{A}=\boldsymbol{A}+(-\boldsymbol{A})=\boldsymbol{O}$.

利用负矩阵, 矩阵 $\boldsymbol{A}$ 与 $\boldsymbol{B}$ 的减法可定义为

$$\boldsymbol{A}-\boldsymbol{B}=\boldsymbol{A}+(-\boldsymbol{B})=\begin{pmatrix} a_{11}-b_{11} & a_{12}-b_{12} & \cdots & a_{1n}-b_{1n} \\ a_{21}-b_{21} & a_{22}-b_{22} & \cdots & a_{2n}-b_{2n} \\ \vdots & \vdots & & \vdots \\ a_{m1}-b_{m1} & a_{m2}-b_{m2} & \cdots & a_{mn}-b_{mn} \end{pmatrix}.$$

定义 2.2.2 设矩阵 $\boldsymbol{A}=(a_{ij})_{m\times n}$, k 是一个数, 矩阵 $(ka_{ij})_{m\times n}$ 称为数 k 与矩阵 $\boldsymbol{A}$ 的数量乘积, 简称为数乘, 记作 $k\boldsymbol{A}=(ka_{ij})_{m\times n}$, 即

$$k\boldsymbol{A}=\begin{pmatrix} ka_{11} & ka_{12} & \cdots & ka_{1n} \\ ka_{21} & ka_{22} & \cdots & ka_{2n} \\ \vdots & \vdots & & \vdots \\ ka_{m1} & ka_{m2} & \cdots & ka_{mn} \end{pmatrix}.$$

根据这个定义, 容易验证, 数乘满足下列运算规律.

设 $\boldsymbol{A},\boldsymbol{B}$ 都是 $m\times n$ 矩阵, k,l 为任意实数, 则

(1) $(kl)\boldsymbol{A}=k(l\boldsymbol{A})=l(k\boldsymbol{A})$;

(2) $(k+l)\boldsymbol{A}=k\boldsymbol{A}+l\boldsymbol{A}$;

(3) $k(\boldsymbol{A}+\boldsymbol{B})=k\boldsymbol{A}+k\boldsymbol{B}$;

(4) $1\boldsymbol{A}=\boldsymbol{A},\ 0\boldsymbol{A}=\boldsymbol{O}$.

矩阵的加法和数乘运算统称为矩阵的线性运算.

例 2.2.1 设 $\boldsymbol{A}=\begin{pmatrix} 5 & 2 & -1 \\ 3 & 0 & 2 \end{pmatrix}$, $\boldsymbol{B}=\begin{pmatrix} -1 & 4 & 0 \\ 2 & 8 & 1 \end{pmatrix}$, 求 $3\boldsymbol{A}-2\boldsymbol{B}$.

解 $3\boldsymbol{A}-2\boldsymbol{B}=\begin{pmatrix} 3\times 5 & 3\times 2 & 3\times(-1) \\ 3\times 3 & 3\times 0 & 3\times 2 \end{pmatrix}-\begin{pmatrix} 2\times(-1) & 2\times 4 & 2\times 0 \\ 2\times 2 & 2\times 8 & 2\times 1 \end{pmatrix}$

$$=\begin{pmatrix} 17 & -2 & -3 \\ 5 & -16 & 4 \end{pmatrix}.$$

例 2.2.2 求矩阵 $\boldsymbol{X}$, 使 $\begin{pmatrix} 1 & -1 & 0 & 3 \\ 2 & 1 & -1 & 0 \\ 3 & 2 & 1 & 1 \end{pmatrix}+2\boldsymbol{X}=3\begin{pmatrix} 5 & 3 & 2 & -1 \\ 4 & 1 & -1 & 2 \\ 1 & 2 & 1 & -1 \end{pmatrix}$.

解 由题意, 得

$$\begin{aligned} 2\boldsymbol{X} &= 3\begin{pmatrix} 5 & 3 & 2 & -1 \\ 4 & 1 & -1 & 2 \\ 1 & 2 & 1 & -1 \end{pmatrix}-\begin{pmatrix} 1 & -1 & 0 & 3 \\ 2 & 1 & -1 & 0 \\ 3 & 2 & 1 & -1 \end{pmatrix} \\ &= \begin{pmatrix} 15 & 9 & 6 & -3 \\ 12 & 3 & -3 & 6 \\ 3 & 6 & 3 & -3 \end{pmatrix}-\begin{pmatrix} 1 & -1 & 0 & 3 \\ 2 & 1 & -1 & 0 \\ 3 & 2 & 1 & 1 \end{pmatrix} \\ &= \begin{pmatrix} 14 & 10 & 6 & -6 \\ 10 & 2 & -2 & 6 \\ 0 & 4 & 2 & -4 \end{pmatrix}, \end{aligned}$$

所以, $\boldsymbol{X}=\begin{pmatrix} 7 & 5 & 3 & -3 \\ 5 & 1 & -1 & 3 \\ 0 & 2 & 1 & -2 \end{pmatrix}$.

2.2.2 矩阵的乘法

先研究下面的例子: 设 3 个部门销售 3 种商品, 某月的销售数量如表 2.2.1; 3 种商品的单价及单个重量 (单重) 如表 2.2.2 所示.

表 2.2.1

部门	商品		
	1	2	3
1	4	5	7
2	6	2	8
3	3	9	1

表 2.2.2

商品	单价	单重
1	2	100
2	3	200
3	4	300

求 3 个部门该月的销售总额和销售出的总的重量.

已知销售量及单价 (单重), 求总价 (总重), 显然是一个乘法问题, 而运算对象是数表, 即矩阵, 根据常识应该如表 2.2.3 进行运算.

表 2.2.3

部门	总额	总重
1	$4\times 2+5\times 3+7\times 4=51$	$4\times 100+5\times 200+7\times 300=3500$
2	$6\times 2+2\times 3+8\times 4=50$	$6\times 100+2\times 200+8\times 300=3400$
3	$3\times 2+9\times 3+1\times 4=37$	$3\times 100+9\times 200+1\times 300=2400$

用矩阵形式表示

$$\boldsymbol{A}=\begin{pmatrix}4&5&7\\6&2&8\\3&9&1\end{pmatrix},\quad \boldsymbol{B}=\begin{pmatrix}2&100\\3&200\\4&300\end{pmatrix},\quad \boldsymbol{AB}=\begin{pmatrix}51&3500\\50&3400\\37&2400\end{pmatrix}$$

这种运算是采用前矩阵的行元素与后矩阵的列元素对应相乘之和的算法, 由此引入一般的矩阵乘法运算.

定义 2.2.3 设 $\boldsymbol{A}=(a_{ij})_{m\times s},\boldsymbol{B}=(b_{ij})_{s\times n}$, 矩阵 $\boldsymbol{A}$ 与 $\boldsymbol{B}$ 的乘积定义为 $m\times n$ 矩阵:

$$\boldsymbol{C}=(c_{ij})_{m\times n},$$

其中 $c_{ij}=a_{i1}b_{1j}+a_{i2}b_{2j}+\cdots+a_{is}b_{sj}=\sum\limits_{t=1}^{s}a_{it}b_{tj}(i=1,2,\cdots,m;j=1,2,\cdots,n)$, 记作 $\boldsymbol{C}=\boldsymbol{AB}$.

对乘积 $\boldsymbol{AB}=(c_{ij})_{m\times n}$ 的定义要注意以下三点:

(1) $\boldsymbol{A}$ 的列数必须等于 $\boldsymbol{B}$ 的行数, 乘积 $\boldsymbol{AB}$ 才有意义;

(2) 乘积 $\boldsymbol{AB}$ 的行数等于 $\boldsymbol{A}$ 的行数, 列数等于 $\boldsymbol{B}$ 的列数;

(3) 乘积 $\boldsymbol{AB}$ 的 i 行 j 列元素 c_{ij}, 是由 $\boldsymbol{A}$ 的第 i 行与 $\boldsymbol{B}$ 的第 j 列对应元素相乘之和.

例 2.2.3 设 $\boldsymbol{A}=\begin{pmatrix}1&-1&0\\2&1&-1\\-1&0&1\end{pmatrix},\boldsymbol{B}=\begin{pmatrix}0&1\\-1&2\\1&0\end{pmatrix}$, 求 $\boldsymbol{AB}$.

解 $\boldsymbol{AB}=\begin{pmatrix}1\times 0+(-1)\times(-1)+0\times 1 & 1\times 1+(-1)\times 2+0\times 0\\2\times 0+1\times(-1)+(-1)\times 1 & 2\times 1+1\times 2+(-1)\times 0\\(-1)\times 0+0\times(-1)+1\times 1 & (-1)\times 1+0\times 2+1\times 0\end{pmatrix}=$

$$\begin{pmatrix} 1 & -1 \\ -2 & 4 \\ 1 & -1 \end{pmatrix}.$$

例 2.2.4 设矩阵 $\boldsymbol{A}=\begin{pmatrix} -2 & 4 \\ 1 & -2 \end{pmatrix}, \boldsymbol{B}=\begin{pmatrix} 2 & 4 \\ -3 & -6 \end{pmatrix}$, 求 $\boldsymbol{AB}$ 及 $\boldsymbol{BA}$.

解 $\boldsymbol{AB}=\begin{pmatrix} -2 & 4 \\ 1 & -2 \end{pmatrix}\begin{pmatrix} 2 & 4 \\ -3 & -6 \end{pmatrix}=\begin{pmatrix} -16 & -32 \\ 8 & 16 \end{pmatrix}$,

$$\boldsymbol{BA}=\begin{pmatrix} 2 & 4 \\ -3 & -6 \end{pmatrix}\begin{pmatrix} -2 & 4 \\ 1 & -2 \end{pmatrix}=\begin{pmatrix} 0 & 0 \\ 0 & 0 \end{pmatrix}.$$

例 2.2.5 设 $\boldsymbol{A}=(a_1, a_2, \cdots, a_n), \boldsymbol{B}=\begin{pmatrix} b_1 \\ b_2 \\ \vdots \\ b_n \end{pmatrix}$, 求 $\boldsymbol{AB}$ 及 $\boldsymbol{BA}$.

解 $\boldsymbol{AB}=(a_1, a_2, \cdots, a_n)\begin{pmatrix} b_1 \\ b_2 \\ \vdots \\ b_n \end{pmatrix}=a_1b_1+a_2b_2+\cdots+a_nb_n=\sum_{i=1}^{n} a_ib_i$,

$$\boldsymbol{BA}=\begin{pmatrix} b_1 \\ b_2 \\ \vdots \\ b_n \end{pmatrix}(a_1, a_2, \cdots, a_n)=\begin{pmatrix} b_1a_1 & b_1a_2 & \cdots & b_1a_n \\ b_2a_1 & b_2a_2 & \cdots & b_2a_n \\ \vdots & \vdots & & \vdots \\ b_na_1 & b_na_2 & \cdots & b_na_n \end{pmatrix}.$$

由上面例题可以看出, 矩阵乘法有以下三点与数的乘法不同:

(1) 一般 $\boldsymbol{AB} \neq \boldsymbol{BA}$, 即矩阵乘法不满足交换律.

(2) 由 $\boldsymbol{AB}=\boldsymbol{O}$, 一般不能推出 $\boldsymbol{A}=\boldsymbol{O}$ 或 $\boldsymbol{B}=\boldsymbol{O}$. 例 2.2.4 中有 $\boldsymbol{BA}=\boldsymbol{O}$ 成立, 但 $\boldsymbol{B}, \boldsymbol{A}$ 都不是零矩阵.

(3) 若 $\boldsymbol{A} \neq \boldsymbol{O}, \boldsymbol{AB}=\boldsymbol{AC}$, 不能推出 $\boldsymbol{B}=\boldsymbol{C}$, 即消去律不成立.

若对某两个矩阵 $\boldsymbol{A}, \boldsymbol{B}$ 有 $\boldsymbol{AB}=\boldsymbol{BA}$, 满足交换律, 则称 $\boldsymbol{A}$ 与 $\boldsymbol{B}$ 是可交换矩阵.

矩阵乘法与数的乘法也有若干类似的性质 (假设运算都是可行的).

矩阵乘法的运算规律为 (设 $\boldsymbol{A}, \boldsymbol{B}, \boldsymbol{C}$ 为矩阵, k 为数, 运算有意义):

(1) 结合律: $(\boldsymbol{AB})\boldsymbol{C}=\boldsymbol{A}(\boldsymbol{BC})$.

(2) 左分配律: $\boldsymbol{A}(\boldsymbol{B}+\boldsymbol{C})=\boldsymbol{AB}+\boldsymbol{AC}$; 右分配律: $(\boldsymbol{B}+\boldsymbol{C})\boldsymbol{A}=\boldsymbol{BA}+\boldsymbol{CA}$.

(3) $k(\boldsymbol{AB})=(k\boldsymbol{A})\boldsymbol{B}=\boldsymbol{A}(k\boldsymbol{B})$.

(4) $\boldsymbol{E}_m\boldsymbol{A}_{m\times n}=\boldsymbol{A}_{m\times n}, \boldsymbol{A}_{m\times n}\boldsymbol{E}_n=\boldsymbol{A}_{m\times n}$, 特别地, 若 $\boldsymbol{A}$ 为 n 阶方阵, $\boldsymbol{E}$ 为同阶单位阵, 则恒有 $\boldsymbol{AE}=\boldsymbol{EA}=\boldsymbol{A}$.

定义 2.2.4 方阵 $\boldsymbol{A}$ 的 n 次幂定义为 n 个方阵的连乘积, 即

$$\boldsymbol{A}^n=\boldsymbol{AA}\cdots\boldsymbol{A}\quad (n\text{ 个 }\boldsymbol{A}\text{ 相乘}),$$

其中 n 为正整数, 规定 $\boldsymbol{A}^0=\boldsymbol{E}$.

矩阵的幂有以下性质:

(1) $\boldsymbol{A}^{k+l}=\boldsymbol{A}^k\boldsymbol{A}^l$;

(2) $(\boldsymbol{A}^k)^l=\boldsymbol{A}^{kl}$.

其中 k,l 为正整数.

(3) 当且仅当 $\boldsymbol{AB}=\boldsymbol{BA}$ 时, 下面三个等式成立,

$$(\boldsymbol{AB})^n=\boldsymbol{A}^n\boldsymbol{B}^n,\quad (\boldsymbol{A}\pm\boldsymbol{B})^2=\boldsymbol{A}^2\pm 2\boldsymbol{AB}+\boldsymbol{B}^2,\quad (\boldsymbol{A}+\boldsymbol{B})(\boldsymbol{A}-\boldsymbol{B})=\boldsymbol{A}^2-\boldsymbol{B}^2.$$

例 2.2.6 设矩阵 $\boldsymbol{A}=\begin{pmatrix}1&-1&-1&-1\\-1&1&-1&-1\\-1&-1&1&-1\\-1&-1&-1&1\end{pmatrix}$, 求 $\boldsymbol{A}^n$.

解 因

$$\boldsymbol{A}^2=\begin{pmatrix}1&-1&-1&-1\\-1&1&-1&-1\\-1&-1&1&-1\\-1&-1&-1&1\end{pmatrix}\begin{pmatrix}1&-1&-1&-1\\-1&1&-1&-1\\-1&-1&1&-1\\-1&-1&-1&1\end{pmatrix}$$

$$=\begin{pmatrix}4&&&\\&4&&\\&&4&\\&&&4\end{pmatrix}=2^2\boldsymbol{E}_4,$$

$$\boldsymbol{A}^3=\boldsymbol{A}^2\boldsymbol{A}=2^2\boldsymbol{A},$$

所以当 n 为偶数时

$$\boldsymbol{A}^n=(\boldsymbol{A}^2)^{\frac{n}{2}}=(2^2\boldsymbol{E}_4)^{\frac{n}{2}}=2^n\boldsymbol{E}_4;$$

当 n 为奇数时

$$\boldsymbol{A}^n=\boldsymbol{A}^{n-1}\boldsymbol{A}=(2^{n-1}\boldsymbol{E}_4)\boldsymbol{A}=2^{n-1}\boldsymbol{A}.$$

2.2.3　矩阵的转置

定义 2.2.5　将矩阵 $\boldsymbol{A}=\begin{pmatrix} a_{11} & a_{12} & \cdots & a_{1n} \\ a_{21} & a_{22} & \cdots & a_{2n} \\ \vdots & \vdots & & \vdots \\ a_{m1} & a_{m2} & \cdots & a_{mn} \end{pmatrix}$ 的各行换作相同序数的列, 所得的矩阵记为 $\boldsymbol{A}^{\mathrm{T}}$, 称为 $\boldsymbol{A}$ 的转置矩阵, 即

$$\boldsymbol{A}^{\mathrm{T}}=\begin{pmatrix} a_{11} & a_{21} & \cdots & a_{m1} \\ a_{12} & a_{22} & \cdots & a_{m2} \\ \vdots & \vdots & & \vdots \\ a_{1n} & a_{2n} & \cdots & a_{mn} \end{pmatrix}.$$

由定义知, $\boldsymbol{A}^{\mathrm{T}}$ 的第 i 行第 j 列的元素为 $\boldsymbol{A}$ 的第 j 行第 i 列的元素.

转置矩阵有以下性质 (设 $\boldsymbol{A}$, $\boldsymbol{B}$ 为矩阵, k 为数, 运算可行):

(1) $(\boldsymbol{A}^{\mathrm{T}})^{\mathrm{T}}=\boldsymbol{A}$;

(2) $(\boldsymbol{A}+\boldsymbol{B})^{\mathrm{T}}=\boldsymbol{A}^{\mathrm{T}}+\boldsymbol{B}^{\mathrm{T}}$;

(3) $(k\boldsymbol{A})^{\mathrm{T}}=k\boldsymbol{A}^{\mathrm{T}}$;

(4) $(\boldsymbol{A}\boldsymbol{B})^{\mathrm{T}}=\boldsymbol{B}^{\mathrm{T}}\boldsymbol{A}^{\mathrm{T}}$.

例 2.2.7　设 $\boldsymbol{A}=\begin{pmatrix} 1 & 4 & 2 \\ 3 & 8 & 5 \\ 2 & 0 & 1 \end{pmatrix}$, $\boldsymbol{B}=\begin{pmatrix} 4 & 7 \\ 0 & 2 \\ 1 & 0 \end{pmatrix}$, 求 $\boldsymbol{B}^{\mathrm{T}}\boldsymbol{A}$.

解　$\boldsymbol{B}^{\mathrm{T}}=\begin{pmatrix} 4 & 0 & 1 \\ 7 & 2 & 0 \end{pmatrix}$,

$$\boldsymbol{B}^{\mathrm{T}}\boldsymbol{A}=\begin{pmatrix} 4 & 0 & 1 \\ 7 & 2 & 0 \end{pmatrix}\begin{pmatrix} 1 & 4 & 2 \\ 3 & 8 & 5 \\ 2 & 0 & 1 \end{pmatrix}=\begin{pmatrix} 6 & 16 & 9 \\ 13 & 44 & 24 \end{pmatrix}.$$

例 2.2.8　已知 $\boldsymbol{A}=(1,\ 2,\ 3)$, $\boldsymbol{B}=(1,\ 2,\ 1)$, 求 (1) $\boldsymbol{C}=\boldsymbol{A}^{\mathrm{T}}\boldsymbol{B}$; (2) $\boldsymbol{C}^{10}$.

解　(1) $\boldsymbol{C}=\boldsymbol{A}^{\mathrm{T}}\boldsymbol{B}=\begin{pmatrix} 1 \\ 2 \\ 3 \end{pmatrix}(1,\ 2,\ 1)=\begin{pmatrix} 1 & 2 & 1 \\ 2 & 4 & 2 \\ 3 & 6 & 3 \end{pmatrix}$;

(2) $\boldsymbol{C}^{10} = \underbrace{(\boldsymbol{A}^{\mathrm{T}}\boldsymbol{B})(\boldsymbol{A}^{\mathrm{T}}\boldsymbol{B})\cdots(\boldsymbol{A}^{\mathrm{T}}\boldsymbol{B})}_{10个} = \boldsymbol{A}^{\mathrm{T}}\underbrace{(\boldsymbol{B}\boldsymbol{A}^{\mathrm{T}})\cdots(\boldsymbol{B}\boldsymbol{A}^{\mathrm{T}})}_{9个}\boldsymbol{B}$, 而 $\boldsymbol{B}\boldsymbol{A}^{\mathrm{T}} = (1,\ 2,\ 1)\begin{pmatrix}1\\2\\3\end{pmatrix} = 8$, 所以 $\boldsymbol{C}^{10} = 8^9\boldsymbol{A}^{\mathrm{T}}\boldsymbol{B} = 8^9\begin{pmatrix}1&2&1\\2&4&2\\3&6&3\end{pmatrix}$.

例 2.2.9 已知 $\boldsymbol{A} = \begin{pmatrix}1&1&0\\0&1&1\\0&0&1\end{pmatrix}$, 求 $\boldsymbol{A}^n$.

解 设 $\boldsymbol{A} = \begin{pmatrix}1&1&0\\0&1&1\\0&0&1\end{pmatrix} = \begin{pmatrix}1&0&0\\0&1&0\\0&0&1\end{pmatrix} + \begin{pmatrix}0&1&0\\0&0&1\\0&0&0\end{pmatrix} = \boldsymbol{E}+\boldsymbol{B}$,

$$\boldsymbol{A}^n = (\boldsymbol{E}+\boldsymbol{B})^n = \boldsymbol{E}^n + \mathrm{C}_n^1\boldsymbol{B} + \mathrm{C}_n^2\boldsymbol{B}^2 + \mathrm{C}_n^3\boldsymbol{B}^3 + \cdots + \mathrm{C}_n^n\boldsymbol{B}^n,$$

而 $\boldsymbol{B}^2 = \begin{pmatrix}0&1&0\\0&0&1\\0&0&0\end{pmatrix}\begin{pmatrix}0&1&0\\0&0&1\\0&0&0\end{pmatrix} = \begin{pmatrix}0&0&1\\0&0&0\\0&0&0\end{pmatrix}$,

$$\boldsymbol{B}^3 = \begin{pmatrix}0&0&1\\0&0&0\\0&0&0\end{pmatrix}\begin{pmatrix}0&1&0\\0&0&1\\0&0&0\end{pmatrix} = \boldsymbol{O},$$

所以 $\boldsymbol{B}^4 = \cdots = \boldsymbol{B}^n = \boldsymbol{O}$,

$$\begin{aligned}\boldsymbol{A}^n &= (\boldsymbol{E}+\boldsymbol{B})^n = \boldsymbol{E}^n + \mathrm{C}_n^1\boldsymbol{B} + \mathrm{C}_n^2\boldsymbol{B}^2\\ &= \begin{pmatrix}1&0&0\\0&1&0\\0&0&1\end{pmatrix} + \begin{pmatrix}0&n&0\\0&0&n\\0&0&0\end{pmatrix} + \begin{pmatrix}0&0&n(n-1)/2\\0&0&0\\0&0&0\end{pmatrix}\\ &= \begin{pmatrix}1&n&n(n-1)/2\\0&1&n\\0&0&1\end{pmatrix}.\end{aligned}$$

定义 2.2.6 对于 n 阶矩阵 $\boldsymbol{A}$, 若 $\boldsymbol{A} = \boldsymbol{A}^{\mathrm{T}}$, 则称 $\boldsymbol{A}$ 为对称阵; 若 $\boldsymbol{A} = -\boldsymbol{A}^{\mathrm{T}}$, 则称 $\boldsymbol{A}$ 为反对称阵.

设 $\boldsymbol{A} = (a_{ij})_{n\times n}$, 则 $\boldsymbol{A} = \boldsymbol{A}^{\mathrm{T}} \Leftrightarrow a_{ji} = a_{ij}\ (i,j = 1,2,\cdots,n)$, 即在对称矩阵 $\boldsymbol{A}$ 中, 每一对关于主对角线相对称的元素相等.

行列式是转置不变的. 但是, 矩阵的转置一般产生不同的矩阵. 只有对称阵才是转置不变的.

对称矩阵的性质: 若 $\boldsymbol{A}$ 和 $\boldsymbol{B}$ 为同阶矩阵, k 为实数, 则有

(1) 若 $\boldsymbol{A}, \boldsymbol{B}$ 都是 n 阶对称矩阵, 则 $\boldsymbol{A}\pm\boldsymbol{B}$ 及 $k\boldsymbol{A}$ 也是对称矩阵;

(2) 若 $\boldsymbol{A}, \boldsymbol{B}$ 都是 n 阶对称矩阵, 则 $\boldsymbol{AB}$ 仍为对称矩阵的充分必要条件是 $\boldsymbol{A}$ 与 $\boldsymbol{B}$ 可交换 (即 $\boldsymbol{AB}=\boldsymbol{BA}$).

证明 (1) $(\boldsymbol{A}\pm\boldsymbol{B})^{\mathrm{T}}=\boldsymbol{A}^{\mathrm{T}}\pm\boldsymbol{B}^{\mathrm{T}}=\boldsymbol{A}\pm\boldsymbol{B}$, $(k\boldsymbol{A})^{\mathrm{T}}=k\boldsymbol{A}^{\mathrm{T}}=k\boldsymbol{A}$, 故结论成立. 但当 $\boldsymbol{A}, \boldsymbol{B}$ 都是 n 阶对称矩阵时, 乘积 $\boldsymbol{AB}$ 不一定为对称矩阵. 例如, $\boldsymbol{A}=\begin{pmatrix}1&1\\1&2\end{pmatrix}$ 及 $\boldsymbol{B}=\begin{pmatrix}2&1\\1&1\end{pmatrix}$ 都是对称矩阵, 但 $\boldsymbol{AB}=\begin{pmatrix}3&2\\4&3\end{pmatrix}$ 不是对称矩阵.

(2) 因为 $(\boldsymbol{AB})^{\mathrm{T}}=\boldsymbol{B}^{\mathrm{T}}\boldsymbol{A}^{\mathrm{T}}=\boldsymbol{BA}$, 所以 $(\boldsymbol{AB})^{\mathrm{T}}=\boldsymbol{AB}\Leftrightarrow\boldsymbol{BA}=\boldsymbol{AB}$.

n 阶方阵与对称阵和反对称阵的关系为: 任何一个 n 阶方阵总可以表示成一个对称阵与一个反对称阵之和.

因为任何一个 n 阶方阵都可以表示为

$$\boldsymbol{A}=\frac{\boldsymbol{A}+\boldsymbol{A}^{\mathrm{T}}}{2}+\frac{\boldsymbol{A}-\boldsymbol{A}^{\mathrm{T}}}{2},$$

其中 $\dfrac{\boldsymbol{A}+\boldsymbol{A}^{\mathrm{T}}}{2}$ 为对称阵, 而 $\dfrac{\boldsymbol{A}-\boldsymbol{A}^{\mathrm{T}}}{2}$ 为反对称阵.

2.2.4 方阵的行列式

定义 2.2.7 由 n 阶方阵 $\boldsymbol{A}$ 的所有元素按原来位置构成的行列式称为方阵 $\boldsymbol{A}$ 的行列式, 记为 $|\boldsymbol{A}|$ 或 $\det\boldsymbol{A}$, 即

$$|\boldsymbol{A}|=\det\boldsymbol{A}=\begin{vmatrix}a_{11}&a_{12}&\cdots&a_{1n}\\a_{21}&a_{22}&\cdots&a_{2n}\\\vdots&\vdots&&\vdots\\a_{n1}&a_{n2}&\cdots&a_{nn}\end{vmatrix}.$$

其性质为

(1) $\left|\boldsymbol{A}^{\mathrm{T}}\right|=|\boldsymbol{A}|$;

(2) $|\lambda\boldsymbol{A}|=\lambda^n|\boldsymbol{A}|$;

(3) $|\boldsymbol{AB}|=|\boldsymbol{BA}|=|\boldsymbol{A}||\boldsymbol{B}|$ ($\boldsymbol{A}, \boldsymbol{B}$ 均为方阵).

例 2.2.10 求证: 奇数阶反对称阵的行列式等于零.

证明 由题意, 设 $\boldsymbol{A}$ 为 n 阶反对称阵, 其中 n 为奇数, 所以有 $\boldsymbol{A}^{\mathrm{T}}=-\boldsymbol{A}$, 则 $\left|\boldsymbol{A}^{\mathrm{T}}\right|=|-\boldsymbol{A}|=(-1)^n|\boldsymbol{A}|=-|\boldsymbol{A}|$, 又有 $\left|\boldsymbol{A}^{\mathrm{T}}\right|=|\boldsymbol{A}|$, 所以 $|\boldsymbol{A}|=0$.

2.2.5 线性变换

定义 2.2.8 n 个变量 $x_1, x_2, \cdots, x_n$ 与 m 个变量 $y_1, y_2, \cdots, y_m$ 之间的关系式

$$\begin{cases} y_1 = a_{11}x_1 + a_{12}x_2 + \cdots + a_{1n}x_n, \\ y_2 = a_{21}x_1 + a_{22}x_2 + \cdots + a_{2n}x_n, \\ \qquad \cdots\cdots \\ y_m = a_{m1}x_1 + a_{m2}x_2 + \cdots + a_{mn}x_n \end{cases} \tag{2.2.1}$$

表示一个从变量 $x_1, x_2, \cdots, x_n$ 到变量 $y_1, y_2, \cdots, y_m$ 的线性变换, 其中 a_{ij} 为常数. 设

$$\boldsymbol{Y} = \begin{pmatrix} y_1 \\ y_2 \\ \vdots \\ y_m \end{pmatrix}, \quad \boldsymbol{A} = \begin{pmatrix} a_{11} & a_{12} & \cdots & a_{1n} \\ a_{21} & a_{22} & \cdots & a_{2n} \\ \vdots & \vdots & & \vdots \\ a_{m1} & a_{m2} & \cdots & a_{mn} \end{pmatrix}, \quad \boldsymbol{X} = \begin{pmatrix} x_1 \\ x_2 \\ \vdots \\ x_n \end{pmatrix},$$

则线性变换 (2.2.1) 可以表示为矩阵的乘法形式:

$$\boldsymbol{Y} = \boldsymbol{A}\boldsymbol{X}.$$

如果给定了线性变换, 它的系数所构成的系数矩阵也就确定. 反之, 如果给出一个矩阵作为线性变换的系数矩阵, 则线性变换也就确定. 在这个意义上, 线性变换和矩阵之间存在一一对应的关系.

例如: 线性变换

$$\begin{cases} y_1 = x_1, \\ y_2 = x_2, \\ \cdots\cdots \\ y_m = x_n \end{cases}$$

称作恒等变换, 它对应一个 n 阶单位方阵

$$\boldsymbol{E} = \begin{pmatrix} 1 & 0 & \cdots & 0 \\ 0 & 1 & \cdots & 0 \\ \vdots & \vdots & & \vdots \\ 0 & 0 & \cdots & 1 \end{pmatrix}.$$

例 2.2.11　已知 $\begin{cases} x_1 = 2y_1 - y_2 + y_3, \\ x_2 = y_1 + 3y_2 - y_3 \end{cases}$ 及 $\begin{cases} y_1 = 3z_1 + z_2, \\ y_2 = -z_1 - z_2, \\ y_3 = z_1 + 2z_2, \end{cases}$ 求变量 z_1, z_2 到变量 x_1, x_2 的线性变换.

解　将已知记为 $\boldsymbol{X} = \boldsymbol{AY}$ 及 $\boldsymbol{Y} = \boldsymbol{BZ}$, 其中

$$\boldsymbol{A} = \begin{pmatrix} 2 & -1 & 1 \\ 1 & 3 & -1 \end{pmatrix}, \quad \boldsymbol{B} = \begin{pmatrix} 3 & 1 \\ -1 & -1 \\ 1 & 2 \end{pmatrix},$$

则

$$\boldsymbol{X} = \boldsymbol{AY} = (\boldsymbol{AB})\boldsymbol{Z} = \begin{pmatrix} 2 & -1 & 1 \\ 1 & 3 & -1 \end{pmatrix} \begin{pmatrix} 3 & 1 \\ -1 & -1 \\ 1 & 2 \end{pmatrix} \boldsymbol{Z} = \begin{pmatrix} 8 & 5 \\ -1 & -4 \end{pmatrix} \boldsymbol{Z},$$

即 z_1, z_2 到 x_1, x_2 的线性变换为 $\begin{cases} x_1 = 8z_1 + 5z_2, \\ x_2 = -z_1 - 4z_2. \end{cases}$

2.3　逆　矩　阵

在数集中有加、减、乘、除四则运算. 对于矩阵, 我们在上节中给出了矩阵的加法、减法、乘法等运算. 那么, 矩阵是否有类似的除法运算, 如果有, 它的含义是什么?

在数运算中, 有 $aa^{-1} = a^{-1}a = 1$. 当 $a \neq 0$ 时, 有 $a^{-1} = \dfrac{1}{a}$.

在矩阵乘法中单位矩阵 $\boldsymbol{E}$ 相当于数的乘法运算中的 1. 我们很自然地想到, 对于一个矩阵 $\boldsymbol{A}$, 是否能找到一个与 a^{-1} 地位相似的矩阵记为 $\boldsymbol{A}^{-1}$, 使得 $\boldsymbol{AA}^{-1} = \boldsymbol{A}^{-1}\boldsymbol{A} = \boldsymbol{E}$ 成立? 例如

$$\boldsymbol{A} = \begin{pmatrix} 1 & 2 \\ 0 & 1 \end{pmatrix}, \quad \boldsymbol{B} = \begin{pmatrix} 1 & -2 \\ 0 & 1 \end{pmatrix},$$

有

$$\boldsymbol{AB} = \begin{pmatrix} 1 & 2 \\ 0 & 1 \end{pmatrix} \begin{pmatrix} 1 & -2 \\ 0 & 1 \end{pmatrix} = \begin{pmatrix} 1 & 0 \\ 0 & 1 \end{pmatrix} = \boldsymbol{E},$$

$$\boldsymbol{BA} = \begin{pmatrix} 1 & -2 \\ 0 & 1 \end{pmatrix} \begin{pmatrix} 1 & 2 \\ 0 & 1 \end{pmatrix} = \begin{pmatrix} 1 & 0 \\ 0 & 1 \end{pmatrix} = \boldsymbol{E}.$$

下面给出一般定义.

2.3.1 逆矩阵的定义及其性质

定义 2.3.1 设 $\boldsymbol{A}$ 是一个 n 阶方阵, 若存在一个 n 阶方阵 $\boldsymbol{B}$, 使得 $\boldsymbol{AB}=\boldsymbol{BA}=\boldsymbol{E}$ ($\boldsymbol{E}$ 为 n 阶单位矩阵), 则称 $\boldsymbol{A}$ 为可逆矩阵 (非奇异矩阵), $\boldsymbol{B}$ 称为 $\boldsymbol{A}$ 的逆矩阵.

若 $\boldsymbol{A}$ 可逆, 则 $\boldsymbol{A}$ 的逆矩阵是唯一的. 这是因为若 $\boldsymbol{B}$ 和 $\boldsymbol{C}$ 都是 $\boldsymbol{A}$ 的逆矩阵, 则有 $\boldsymbol{AB}=\boldsymbol{BA}=\boldsymbol{E}, \boldsymbol{AC}=\boldsymbol{CA}=\boldsymbol{E}$, 那么就有 $\boldsymbol{B}=\boldsymbol{BE}=\boldsymbol{B}(\boldsymbol{AC})=(\boldsymbol{BA})\boldsymbol{C}=\boldsymbol{EC}=\boldsymbol{C}$, 所以 $\boldsymbol{A}$ 的逆矩阵是唯一的. $\boldsymbol{A}$ 的逆矩阵记为 $\boldsymbol{A}^{-1}$.

只有方阵才可能有逆矩阵.

显然 $\boldsymbol{E}$ 是可逆的, 其逆矩阵是其本身, 即 $\boldsymbol{E}^{-1}=\boldsymbol{E}$.

可逆的矩阵具有如下性质:

(1) 若 $\boldsymbol{A}$ 可逆, 则其逆矩阵 $\boldsymbol{A}^{-1}$ 也可逆, 且 $(\boldsymbol{A}^{-1})^{-1}=\boldsymbol{A}$;

(2) 若 $\boldsymbol{A}$ 可逆, 则 $(\boldsymbol{A}^{\mathrm{T}})^{-1}=(\boldsymbol{A}^{-1})^{\mathrm{T}}$;

(3) 若 $\boldsymbol{A}$ 可逆, λ 为非零常数, 则 $\lambda\boldsymbol{A}$ 也可逆, 且 $(\lambda\boldsymbol{A})^{-1}=\dfrac{1}{\lambda}\boldsymbol{A}^{-1}$;

(4) 若 $\boldsymbol{A}$ 和 $\boldsymbol{B}$ 为同阶可逆矩阵, 则 $\boldsymbol{AB}$ 也可逆, 且 $(\boldsymbol{AB})^{-1}=\boldsymbol{B}^{-1}\boldsymbol{A}^{-1}$.

下面证明 (4). 因为

$$(\boldsymbol{AB})(\boldsymbol{B}^{-1}\boldsymbol{A}^{-1})=\boldsymbol{A}(\boldsymbol{BB}^{-1})\boldsymbol{A}^{-1}=\boldsymbol{AA}^{-1}=\boldsymbol{E},$$

$$(\boldsymbol{B}^{-1}\boldsymbol{A}^{-1})(\boldsymbol{AB})=\boldsymbol{B}^{-1}(\boldsymbol{A}^{-1}\boldsymbol{A})\boldsymbol{B}=\boldsymbol{B}^{-1}\boldsymbol{B}=\boldsymbol{E},$$

所以 $(\boldsymbol{AB})^{-1}=\boldsymbol{B}^{-1}\boldsymbol{A}^{-1}$.

该性质也可推广到有限个可逆矩阵乘积的情形:

$$(\boldsymbol{A}_1\boldsymbol{A}_2\cdots\boldsymbol{A}_n)^{-1}=\boldsymbol{A}_n^{-1}\cdots\boldsymbol{A}_2^{-1}\boldsymbol{A}_1^{-1}.$$

当且仅当方阵 $\boldsymbol{A}$ 可逆时, 若 $\boldsymbol{AB}=\boldsymbol{AC}$, 则 $\boldsymbol{B}=\boldsymbol{C}$ (满足消去律).

2.3.2 方阵 $\boldsymbol{A}$ 可逆的充要条件及 $\boldsymbol{A}^{-1}$ 的求法

定义 2.3.2 由 n 阶方阵 $\boldsymbol{A}$ 的所有元素的代数余子式构成的如下矩阵称为 $\boldsymbol{A}$ 的伴随矩阵, 记作 $\boldsymbol{A}^*$, 即

$$\boldsymbol{A}^*=\begin{pmatrix} A_{11} & A_{12} & \cdots & A_{1n} \\ A_{21} & A_{22} & \cdots & A_{2n} \\ \vdots & \vdots & & \vdots \\ A_{n1} & A_{n2} & \cdots & A_{nn} \end{pmatrix}^{\mathrm{T}}=\begin{pmatrix} A_{11} & A_{21} & \cdots & A_{n1} \\ A_{12} & A_{22} & \cdots & A_{n2} \\ \vdots & \vdots & & \vdots \\ A_{1n} & A_{2n} & \cdots & A_{nn} \end{pmatrix}.$$

n 阶方阵与其伴随矩阵的关系有:

定理 2.3.1 设 $\boldsymbol{A}$ 是 n 阶方阵, $\boldsymbol{A}^*$ 为 $\boldsymbol{A}$ 的伴随矩阵, 则

$$\boldsymbol{A}\boldsymbol{A}^* = \boldsymbol{A}^*\boldsymbol{A} = |\boldsymbol{A}|\,\boldsymbol{E}.$$

证明

$$\boldsymbol{A}\boldsymbol{A}^* = \begin{pmatrix} a_{11} & a_{12} & \cdots & a_{1n} \\ a_{21} & a_{22} & \cdots & a_{2n} \\ \vdots & \vdots & & \vdots \\ a_{n1} & a_{n2} & \cdots & a_{nn} \end{pmatrix} \begin{pmatrix} A_{11} & A_{21} & \cdots & A_{n1} \\ A_{12} & A_{22} & \cdots & A_{n2} \\ \vdots & \vdots & & \vdots \\ A_{1n} & A_{2n} & \cdots & A_{nn} \end{pmatrix}$$

$$= \begin{pmatrix} \sum\limits_{k=1}^{n} a_{1k}A_{1k} & \sum\limits_{k=1}^{n} a_{1k}A_{2k} & \cdots & \sum\limits_{k=1}^{n} a_{1k}A_{nk} \\ \sum\limits_{k=1}^{n} a_{2k}A_{1k} & \sum\limits_{k=1}^{n} a_{2k}A_{2k} & \cdots & \sum\limits_{k=1}^{n} a_{2k}A_{nk} \\ \vdots & \vdots & & \vdots \\ \sum\limits_{k=1}^{n} a_{nk}A_{1k} & \sum\limits_{k=1}^{n} a_{nk}A_{2k} & \cdots & \sum\limits_{k=1}^{n} a_{nk}A_{nk} \end{pmatrix}.$$

利用按行 (列) 展开的性质: $\sum\limits_{k=1}^{n} a_{ik}A_{jk} = \begin{cases} |\boldsymbol{A}|, & i=j, \\ 0, & i \neq j, \end{cases}$ 得 $\boldsymbol{A}\boldsymbol{A}^* = |\boldsymbol{A}|\,\boldsymbol{E}$. 同理可证 $\boldsymbol{A}^*\boldsymbol{A} = |\boldsymbol{A}|\,\boldsymbol{E}$.

定理 2.3.2 n 阶方阵 $\boldsymbol{A}$ 可逆的充要条件是 $|\boldsymbol{A}| \neq 0$, 且 $\boldsymbol{A}^{-1} = \dfrac{1}{|\boldsymbol{A}|}\boldsymbol{A}^*$.

证明 必要性: 因 $\boldsymbol{A}$ 可逆, 由定义, 存在 $\boldsymbol{A}^{-1}$, 使得 $\boldsymbol{A}\boldsymbol{A}^{-1} = \boldsymbol{A}^{-1}\boldsymbol{A} = \boldsymbol{E}$, 由方阵行列式的运算可知 $\left|\boldsymbol{A}\boldsymbol{A}^{-1}\right| = |\boldsymbol{A}|\left|\boldsymbol{A}^{-1}\right| = 1$, 所以 $|\boldsymbol{A}| \neq 0$.

充分性: 因 $|\boldsymbol{A}| \neq 0$, 作方阵 $\dfrac{\boldsymbol{A}^*}{|\boldsymbol{A}|}$, 由定理 2.3.1 可知

$$\boldsymbol{A}\frac{\boldsymbol{A}^*}{|\boldsymbol{A}|} = \frac{\boldsymbol{A}^*}{|\boldsymbol{A}|}\boldsymbol{A} = \boldsymbol{E},$$

所以 $\boldsymbol{A}$ 可逆, 且 $\boldsymbol{A}^{-1} = \dfrac{\boldsymbol{A}^*}{|\boldsymbol{A}|}$.

定理 2.3.2 提供了求逆矩阵的一个方法: 伴随矩阵法.

例 2.3.1 设 $\boldsymbol{A}=\begin{pmatrix} a & b \\ c & d \end{pmatrix}$, 求 $\boldsymbol{A}^{-1}$.

解 因为 $|\boldsymbol{A}|=ad-bc, \boldsymbol{A}^*=\begin{pmatrix} d & -b \\ -c & a \end{pmatrix}$, 当 $|\boldsymbol{A}|\neq 0$ 时, $\boldsymbol{A}$ 可逆,

$$\boldsymbol{A}^{-1}=\frac{\boldsymbol{A}^*}{|\boldsymbol{A}|}=\frac{1}{ad-bc}\begin{pmatrix} d & -b \\ -c & a \end{pmatrix}.$$

例 2.3.2 设 $\boldsymbol{A}=\begin{pmatrix} 0 & 2 & -1 \\ 1 & 1 & 2 \\ -1 & -1 & -1 \end{pmatrix}$, 求 $\boldsymbol{A}^{-1}$.

解 $|\boldsymbol{A}|=\begin{vmatrix} 0 & 2 & -1 \\ 1 & 1 & 2 \\ -1 & -1 & -1 \end{vmatrix}=-2\neq 0$, 所以 $\boldsymbol{A}$ 可逆.

下面计算各元素的代数余子式:

$$A_{11}=\begin{vmatrix} 1 & 2 \\ -1 & -1 \end{vmatrix}=1,\quad A_{12}=-\begin{vmatrix} 1 & 2 \\ -1 & -1 \end{vmatrix}=-1,\quad A_{13}=\begin{vmatrix} 1 & 1 \\ -1 & -1 \end{vmatrix}=0,$$

$$A_{21}=-\begin{vmatrix} 2 & -1 \\ -1 & -1 \end{vmatrix}=3,\quad A_{22}=\begin{vmatrix} 0 & -1 \\ -1 & -1 \end{vmatrix}=-1,\quad A_{23}=-\begin{vmatrix} 0 & 2 \\ -1 & -1 \end{vmatrix}=-2,$$

$$A_{31}=\begin{vmatrix} 2 & -1 \\ 1 & 2 \end{vmatrix}=5,\quad A_{32}=-\begin{vmatrix} 0 & -1 \\ 1 & -2 \end{vmatrix}=-1,\quad A_{33}=\begin{vmatrix} 0 & 2 \\ 1 & 1 \end{vmatrix}=-2.$$

$\boldsymbol{A}$ 的伴随矩阵为

$$\boldsymbol{A}^*=\begin{pmatrix} A_{11} & A_{12} & A_{13} \\ A_{21} & A_{22} & A_{23} \\ A_{31} & A_{32} & A_{33} \end{pmatrix}^{\mathrm{T}}=\begin{pmatrix} A_{11} & A_{21} & A_{31} \\ A_{12} & A_{22} & A_{32} \\ A_{13} & A_{23} & A_{33} \end{pmatrix}=\begin{pmatrix} 1 & 3 & 5 \\ -1 & -1 & -1 \\ 0 & -2 & -2 \end{pmatrix},$$

$$\boldsymbol{A}^{-1}=\frac{\boldsymbol{A}^*}{|\boldsymbol{A}|}=-\frac{1}{2}\begin{pmatrix} 1 & 3 & 5 \\ -1 & -1 & -1 \\ 0 & -2 & -2 \end{pmatrix}.$$

例 2.3.3 已知线性变换 $\begin{cases} x_1 = 2y_1 + 2y_2 + y_3, \\ x_2 = 3y_1 + y_2 + 5y_3, \\ x_3 = 3y_1 + 2y_2 + 3y_3, \end{cases}$ 求其逆变换, 即求变量 x_1, x_2, x_3 到变量 y_1, y_2, y_3 的线性变换.

解 令 $\boldsymbol{X} = \begin{pmatrix} x_1 \\ x_2 \\ x_3 \end{pmatrix}$, $\boldsymbol{A} = \begin{pmatrix} 2 & 2 & 1 \\ 3 & 1 & 5 \\ 3 & 2 & 3 \end{pmatrix}$, $\boldsymbol{Y} = \begin{pmatrix} y_1 \\ y_2 \\ y_3 \end{pmatrix}$, 有 $\boldsymbol{X} = \boldsymbol{AY}$, 然后等式两边同时左乘 $\boldsymbol{A}^{-1}$, $\boldsymbol{A}^{-1}\boldsymbol{X} = \boldsymbol{A}^{-1}\boldsymbol{AY} = \boldsymbol{EY} = \boldsymbol{Y}$, 即

$$\boldsymbol{Y} = \boldsymbol{A}^{-1}\boldsymbol{X}.$$

按照伴随矩阵法求出 $\boldsymbol{A}$ 的逆矩阵为

$$\boldsymbol{A}^{-1} = \begin{pmatrix} -7 & -4 & 9 \\ 6 & 3 & -7 \\ 3 & 2 & -4 \end{pmatrix},$$

于是有 $\begin{pmatrix} y_1 \\ y_2 \\ y_3 \end{pmatrix} = \begin{pmatrix} -7 & -4 & 9 \\ 6 & 3 & -7 \\ 3 & 2 & -4 \end{pmatrix}\begin{pmatrix} x_1 \\ x_2 \\ x_3 \end{pmatrix}$, 即 $\begin{cases} y_1 = -7x_1 - 4x_2 + 9x_3, \\ y_2 = 6x_1 + 3x_2 - 7x_3, \\ y_3 = 3x_1 + 2x_2 - 4x_3. \end{cases}$

推论 2.3.1 若 $\boldsymbol{AB} = \boldsymbol{E}$, 则 $\boldsymbol{A}, \boldsymbol{B}$ 都可逆, 且 $\boldsymbol{A}^{-1} = \boldsymbol{B}$, $\boldsymbol{B}^{-1} = \boldsymbol{A}$.

证明 $\boldsymbol{AB} = \boldsymbol{E}$, 则 $|\boldsymbol{A}||\boldsymbol{B}| = 1$, 所以 $|\boldsymbol{A}| \neq 0$, $|\boldsymbol{B}| \neq 0$, 由定理 2.3.2, $\boldsymbol{A}, \boldsymbol{B}$ 都可逆, $\boldsymbol{AB} = \boldsymbol{E}$ 的两边左乘 $\boldsymbol{A}^{-1}$ 得 $\boldsymbol{A}^{-1} = \boldsymbol{B}$; $\boldsymbol{AB} = \boldsymbol{E}$ 的两边右乘 $\boldsymbol{B}^{-1}$ 得 $\boldsymbol{B}^{-1} = \boldsymbol{A}$. 利用此推论判断 $\boldsymbol{A}$ 是否可逆及求逆矩阵比用定义的方法简单.

例 2.3.4 设方阵 $\boldsymbol{A}$ 满足 $\boldsymbol{A}^2 - 3\boldsymbol{A} - 10\boldsymbol{E} = \boldsymbol{O}$, 证明: $\boldsymbol{A}$ 和 $\boldsymbol{A} - 4\boldsymbol{E}$ 都可逆, 并求其逆矩阵.

证明 由 $\boldsymbol{A}^2 - 3\boldsymbol{A} - 10\boldsymbol{E} = \boldsymbol{O}$, 得 $\boldsymbol{A}(\boldsymbol{A} - 3\boldsymbol{E}) = 10\boldsymbol{E}$, 即 $\boldsymbol{A}\left(\dfrac{1}{10}(\boldsymbol{A} - 3\boldsymbol{E})\right) = \boldsymbol{E}$, 所以 $\boldsymbol{A}$ 可逆, 且 $\boldsymbol{A}^{-1} = \dfrac{1}{10}(\boldsymbol{A} - 3\boldsymbol{E})$; 又由 $\boldsymbol{A}^2 - 3\boldsymbol{A} - 10\boldsymbol{E} = \boldsymbol{O}$, 得 $(\boldsymbol{A} + \boldsymbol{E})(\boldsymbol{A} - 4\boldsymbol{E}) = 6\boldsymbol{E}$, 所以 $\boldsymbol{A} - 4\boldsymbol{E}$ 可逆, 且 $(\boldsymbol{A} - 4\boldsymbol{E})^{-1} = \dfrac{1}{6}(\boldsymbol{A} + \boldsymbol{E})$.

推论 2.3.2 (1) 若 $\boldsymbol{A}$ 可逆, 则 $\left|\boldsymbol{A}^{-1}\right| = \dfrac{1}{|\boldsymbol{A}|}$;

(2) 设 $\boldsymbol{A}$ 为 n 阶可逆方阵, 则 $|\boldsymbol{A}^*| = |\boldsymbol{A}|^{n-1}$.

只证 (2): 因为 $\boldsymbol{AA}^* = |\boldsymbol{A}|\,\boldsymbol{E}$, $\boldsymbol{A}$ 可逆, 所以 $\boldsymbol{A}^* = |\boldsymbol{A}|\,\boldsymbol{A}^{-1}$, 两边取行列式 $|\boldsymbol{A}^*| = \left||\boldsymbol{A}|\,\boldsymbol{A}^{-1}\right| = |\boldsymbol{A}|^n\left|\boldsymbol{A}^{-1}\right| = |\boldsymbol{A}|^{n-1}$.

例 2.3.5 设 $\boldsymbol{A}$ 为三阶方阵, $|\boldsymbol{A}|=2$, 求 $\left|(2\boldsymbol{A})^{-1}-\boldsymbol{A}^*\right|$.

解
$$\left|(2\boldsymbol{A})^{-1}-\boldsymbol{A}^*\right|=\left|\frac{1}{2}\boldsymbol{A}^{-1}-\boldsymbol{A}^*\right|=\left|\frac{1}{2}\frac{\boldsymbol{A}^*}{|\boldsymbol{A}|}-\boldsymbol{A}^*\right|=\left|-\frac{3}{4}\boldsymbol{A}^*\right|$$
$$=\left(-\frac{3}{4}\right)^3|\boldsymbol{A}^*|=-\frac{27}{64}|\boldsymbol{A}|^2=-\frac{27}{16}.$$

2.4 分块矩阵

2.4.1 分块矩阵的定义

对于行数和列数较高的矩阵, 为了简化运算, 常用分块的方法, 使大矩阵的运算化成若干个小矩阵之间的运算, 同时也使原矩阵的结构显得简单而清晰.

定义 2.4.1 将矩阵 $\boldsymbol{A}$ 用若干条纵线和横线分成一些小矩阵, 每个小矩阵称为 $\boldsymbol{A}$ 的子块, 以子块为元素的矩阵称为矩阵 $\boldsymbol{A}$ 的分块.

矩阵的分块有多种方式, 可根据具体情况而定, 如

$$\boldsymbol{A}=\left(\begin{array}{cc:cc}1&0&-1&1\\-1&0&1&0\\\hdashline 0&0&2&-1\\0&0&0&-3\end{array}\right)=\begin{pmatrix}\boldsymbol{A}_{11}&\boldsymbol{A}_{12}\\\boldsymbol{A}_{21}&\boldsymbol{A}_{22}\end{pmatrix},$$

$$\boldsymbol{A}=\left(\begin{array}{c:c:c:c}1&0&-1&1\\-1&0&1&0\\0&0&2&-1\\0&0&0&-3\end{array}\right)=\begin{pmatrix}\boldsymbol{B}_1&\boldsymbol{B}_2&\boldsymbol{B}_3&\boldsymbol{B}_4\end{pmatrix}.$$

特点: 同行上的子矩阵有相同的 “行数”; 同列上的子矩阵有相同的 “列数”.

一个矩阵也可看作以 $m\times n$ 个元素为一阶子块的分块矩阵.

2.4.2 分块矩阵的运算

分块矩阵的运算与普通矩阵的运算规则相似. 需要注意的是, 我们在分块的时候要使两个矩阵可以按块进行运算, 并且参与运算的子块也能运算, 即内外都能运算.

1. *加法*

设分块矩阵 $\boldsymbol{A}=(\boldsymbol{A}_{kl})_{s\times r}$, $\boldsymbol{B}=(\boldsymbol{B}_{kl})_{s\times r}$, 如果 $\boldsymbol{A}$ 与 $\boldsymbol{B}$ 的对应子块 $\boldsymbol{A}_{kl}$ 和 $\boldsymbol{B}_{kl}$ 都是同型矩阵, 则 $\boldsymbol{A}+\boldsymbol{B}=(\boldsymbol{A}_{kl}+\boldsymbol{A}_{kl})_{s\times r}$. 即

$$\boldsymbol{A}_{m\times n}=\begin{pmatrix}\boldsymbol{A}_{11} & \cdots & \boldsymbol{A}_{1r}\\ \vdots & & \vdots\\ \boldsymbol{A}_{s1} & \cdots & \boldsymbol{A}_{sr}\end{pmatrix},\quad \boldsymbol{B}_{m\times n}=\begin{pmatrix}\boldsymbol{B}_{11} & \cdots & \boldsymbol{B}_{1r}\\ \vdots & & \vdots\\ \boldsymbol{B}_{s1} & \cdots & \boldsymbol{B}_{sr}\end{pmatrix},$$

$$\boldsymbol{A}+\boldsymbol{B}=\begin{pmatrix}\boldsymbol{A}_{11}+\boldsymbol{B}_{11} & \cdots & \boldsymbol{A}_{1r}+\boldsymbol{B}_{1r}\\ \vdots & & \vdots\\ \boldsymbol{A}_{s1}+\boldsymbol{B}_{s1} & \cdots & \boldsymbol{A}_{sr}+\boldsymbol{B}_{sr}\end{pmatrix}.$$

2. 数乘

设分块矩阵 $\boldsymbol{A}=(\boldsymbol{A}_{kl})_{s\times r}$, k 是一个数, 则 $k\boldsymbol{A}=(k\boldsymbol{A}_{kl})_{s\times r}$. 即

$$k\boldsymbol{A}_{m\times n}=\begin{pmatrix}k\boldsymbol{A}_{11} & \cdots & k\boldsymbol{A}_{1r}\\ \vdots & & \vdots\\ k\boldsymbol{A}_{s1} & \cdots & k\boldsymbol{A}_{sr}\end{pmatrix}.$$

3. 乘法

设 $\boldsymbol{A}_{m\times l}=\begin{pmatrix}\boldsymbol{A}_{11} & \cdots & \boldsymbol{A}_{1t}\\ \vdots & & \vdots\\ \boldsymbol{A}_{s1} & \cdots & \boldsymbol{A}_{st}\end{pmatrix}$, $\boldsymbol{B}_{l\times n}=\begin{pmatrix}\boldsymbol{B}_{11} & \cdots & \boldsymbol{B}_{1r}\\ \vdots & & \vdots\\ \boldsymbol{B}_{t1} & \cdots & \boldsymbol{B}_{tr}\end{pmatrix}$, $\boldsymbol{A}$ 的列分块与 $\boldsymbol{B}$ 的行分块相同, 则 $\boldsymbol{AB}=(\boldsymbol{C}_{ij})_{s\times r}$, 其中,

$$\begin{aligned}\boldsymbol{C}_{ij}&=\begin{pmatrix}\boldsymbol{A}_{i1} & \cdots & \boldsymbol{A}_{it}\end{pmatrix}\begin{pmatrix}\boldsymbol{B}_{1j}\\ \vdots\\ \boldsymbol{B}_{tj}\end{pmatrix}\\ &=\boldsymbol{A}_{i1}\boldsymbol{B}_{1j}+\cdots+\boldsymbol{A}_{it}\boldsymbol{B}_{tj}\quad (i=1,2,\cdots,s;j=1,2,\cdots,r).\end{aligned}$$

即 $\boldsymbol{AB}=\begin{pmatrix}\boldsymbol{C}_{11} & \cdots & \boldsymbol{C}_{1r}\\ \vdots & & \vdots\\ \boldsymbol{C}_{s1} & \cdots & \boldsymbol{C}_{sr}\end{pmatrix}$.

例 2.4.1 设 $\boldsymbol{A}=\left(\begin{array}{cc:cc}1 & 0 & 0 & 0\\ 0 & 1 & 0 & 0\\ \hdashline -1 & 2 & 1 & 0\\ 1 & 1 & 0 & 1\end{array}\right)=\begin{pmatrix}\boldsymbol{E} & \boldsymbol{O}\\ \boldsymbol{A}_{21} & \boldsymbol{E}\end{pmatrix}$,

$$\boldsymbol{B}=\left(\begin{array}{cc:cc}1&0&1&0\\-1&2&0&1\\\hdashline 1&0&4&1\\-1&-1&2&0\end{array}\right)=\begin{pmatrix}\boldsymbol{B}_{11}&\boldsymbol{E}\\\boldsymbol{B}_{21}&\boldsymbol{B}_{22}\end{pmatrix}.$$

则

$$\boldsymbol{AB}=\begin{pmatrix}\boldsymbol{B}_{11}&\boldsymbol{E}\\\boldsymbol{A}_{21}\boldsymbol{B}_{11}+\boldsymbol{B}_{21}&\boldsymbol{A}_{21}+\boldsymbol{B}_{22}\end{pmatrix}=\left(\begin{array}{cc:cc}1&0&1&0\\-1&2&0&1\\\hdashline -2&4&3&3\\-1&1&3&1\end{array}\right).$$

例 2.4.2 设 $\boldsymbol{A}_{m\times n}$ 与 $\boldsymbol{B}_{n\times s}$, 将 $\boldsymbol{A}$ 行分块为 $\boldsymbol{A}_{m\times n}=\begin{pmatrix}\boldsymbol{A}_1\\\boldsymbol{A}_2\\\vdots\\\boldsymbol{A}_m\end{pmatrix}$, 则 $\boldsymbol{AB}=\begin{pmatrix}\boldsymbol{A}_1\\\boldsymbol{A}_2\\\vdots\\\boldsymbol{A}_m\end{pmatrix}\boldsymbol{B}=\begin{pmatrix}\boldsymbol{A}_1\boldsymbol{B}\\\boldsymbol{A}_2\boldsymbol{B}\\\vdots\\\boldsymbol{A}_m\boldsymbol{B}\end{pmatrix}$; 将 $\boldsymbol{B}$ 列分块为 $\boldsymbol{B}=\begin{pmatrix}\boldsymbol{B}_1&\boldsymbol{B}_2&\cdots&\boldsymbol{B}_s\end{pmatrix}$, 则

$$\boldsymbol{AB}=\boldsymbol{A}\begin{pmatrix}\boldsymbol{B}_1&\boldsymbol{B}_2&\cdots&\boldsymbol{B}_s\end{pmatrix}=\begin{pmatrix}\boldsymbol{AB}_1&\boldsymbol{AB}_2&\cdots&\boldsymbol{AB}_s\end{pmatrix},$$

$$\boldsymbol{AB}=\begin{pmatrix}\boldsymbol{A}_1\\\boldsymbol{A}_2\\\vdots\\\boldsymbol{A}_m\end{pmatrix}\begin{pmatrix}\boldsymbol{B}_1&\boldsymbol{B}_2&\cdots&\boldsymbol{B}_s\end{pmatrix}=\begin{pmatrix}\boldsymbol{A}_1\boldsymbol{B}_1&\boldsymbol{A}_1\boldsymbol{B}_2&\cdots&\boldsymbol{A}_1\boldsymbol{B}_s\\\boldsymbol{A}_2\boldsymbol{B}_1&\boldsymbol{A}_2\boldsymbol{B}_2&\cdots&\boldsymbol{A}_2\boldsymbol{B}_s\\\vdots&\vdots&&\vdots\\\boldsymbol{A}_m\boldsymbol{B}_1&\boldsymbol{A}_m\boldsymbol{B}_2&\cdots&\boldsymbol{A}_m\boldsymbol{B}_s\end{pmatrix}.$$

注 $\boldsymbol{AB}=\begin{pmatrix}\boldsymbol{A}_1&\boldsymbol{A}_2&\cdots&\boldsymbol{A}_n\end{pmatrix}\boldsymbol{B}=\begin{pmatrix}\boldsymbol{A}_1\boldsymbol{B}&\boldsymbol{A}_2\boldsymbol{B}&\cdots&\boldsymbol{A}_n\boldsymbol{B}\end{pmatrix}$ 是错误的！因为列矩阵乘以 $\boldsymbol{B}_{n\times s}$ 是不可乘的！同样对 $\boldsymbol{B}_{n\times s}$ 行分块也是不行的.

4. 转置

分块矩阵转置时, 不但行列互换, 而且行列互换后各子块都应转置.

设 $\boldsymbol{A}_{m\times n}=\begin{pmatrix}\boldsymbol{A}_{11}&\cdots&\boldsymbol{A}_{1r}\\\vdots&&\vdots\\\boldsymbol{A}_{s1}&\cdots&\boldsymbol{A}_{sr}\end{pmatrix}$, 则 $\boldsymbol{A}^{\mathrm{T}}=\begin{pmatrix}\boldsymbol{A}_{11}^{\mathrm{T}}&\cdots&\boldsymbol{A}_{s1}^{\mathrm{T}}\\\vdots&&\vdots\\\boldsymbol{A}_{1r}^{\mathrm{T}}&\cdots&\boldsymbol{A}_{sr}^{\mathrm{T}}\end{pmatrix}$.

5. 准对角矩阵

设 $\boldsymbol{A}_1, \boldsymbol{A}_2, \cdots, \boldsymbol{A}_s$ 都是方阵, 记 $\boldsymbol{A} = \begin{pmatrix} \boldsymbol{A}_1 & & & \\ & \boldsymbol{A}_2 & & \\ & & \ddots & \\ & & & \boldsymbol{A}_s \end{pmatrix} = \mathrm{diag}(\boldsymbol{A}_1, \boldsymbol{A}_2, \cdots, \boldsymbol{A}_s)$, 称为准对角矩阵.

准对角矩阵具有如下性质:

(1) $\det \boldsymbol{A} = (\det \boldsymbol{A}_1)(\det \boldsymbol{A}_2)\cdots(\det \boldsymbol{A}_s)$, 即 $|\boldsymbol{A}| = |\boldsymbol{A}_1|\cdot|\boldsymbol{A}_2|\cdot\cdots\cdot|\boldsymbol{A}_s|$;

(2) $\boldsymbol{A}$ 可逆当且仅当 $\boldsymbol{A}_i\ (i = 1, 2, \cdots, s)$ 可逆, 且

$$\boldsymbol{A}^{-1} = \begin{pmatrix} \boldsymbol{A}_1^{-1} & & & \\ & \boldsymbol{A}_2^{-1} & & \\ & & \ddots & \\ & & & \boldsymbol{A}_s^{-1} \end{pmatrix}.$$

例 2.4.3 设 $\boldsymbol{A} = \begin{pmatrix} 5 & 0 & 0 \\ 0 & 3 & 1 \\ 0 & 2 & 1 \end{pmatrix}$, 求 $\boldsymbol{A}^{-1}$.

解 $\boldsymbol{A} = \begin{pmatrix} 5 & 0 & 0 \\ 0 & 3 & 1 \\ 0 & 2 & 1 \end{pmatrix} = \begin{pmatrix} \boldsymbol{A}_1 & \boldsymbol{0} \\ \boldsymbol{0} & \boldsymbol{A}_2 \end{pmatrix}$, 又 $\boldsymbol{A}_1^{-1} = 1/5$, $\boldsymbol{A}_2^{-1} = \begin{pmatrix} 1 & -1 \\ -2 & 3 \end{pmatrix}$, 所以 $\boldsymbol{A}^{-1} = \begin{pmatrix} 1/5 & 0 & 0 \\ 0 & 1 & -1 \\ 0 & -2 & 3 \end{pmatrix}$.

例 2.4.4 $\boldsymbol{A} = \begin{pmatrix} & & & \boldsymbol{A}_1 \\ & & \boldsymbol{A}_2 & \\ & \iddots & & \\ \boldsymbol{A}_s & & & \end{pmatrix}$ 是准负对角矩阵, 则

$$\boldsymbol{A}^{-1} = \begin{pmatrix} & & & \boldsymbol{A}_s^{-1} \\ & & \iddots & \\ & \boldsymbol{A}_2^{-1} & & \\ \boldsymbol{A}_1^{-1} & & & \end{pmatrix}.$$

例 2.4.5 设 $\boldsymbol{A}_{m\times m}$ 与 $\boldsymbol{B}_{n\times n}$ 都可逆, $\boldsymbol{C}_{n\times m}$, $\boldsymbol{M}=\begin{pmatrix}\boldsymbol{A}&\boldsymbol{O}\\\boldsymbol{C}&\boldsymbol{B}\end{pmatrix}$, 求 $\boldsymbol{M}^{-1}$.

解 因为 $\det\boldsymbol{M}=(\det\boldsymbol{A})(\det\boldsymbol{B})\neq 0 \Rightarrow \boldsymbol{M}$ 可逆,

$$\boldsymbol{M}^{-1}=\begin{pmatrix}\boldsymbol{X}_1&\boldsymbol{X}_2\\\boldsymbol{X}_3&\boldsymbol{X}_4\end{pmatrix},\quad \begin{pmatrix}\boldsymbol{A}&\boldsymbol{O}\\\boldsymbol{C}&\boldsymbol{B}\end{pmatrix}\begin{pmatrix}\boldsymbol{X}_1&\boldsymbol{X}_2\\\boldsymbol{X}_3&\boldsymbol{X}_4\end{pmatrix}=\begin{pmatrix}\boldsymbol{E}_m&\boldsymbol{O}\\\boldsymbol{O}&\boldsymbol{E}_n\end{pmatrix},$$

$$\begin{cases}\boldsymbol{A}\boldsymbol{X}_1=\boldsymbol{E}_m,\\\boldsymbol{A}\boldsymbol{X}_2=\boldsymbol{O},\\\boldsymbol{C}\boldsymbol{X}_1+\boldsymbol{B}\boldsymbol{X}_3=\boldsymbol{O},\\\boldsymbol{C}\boldsymbol{X}_2+\boldsymbol{B}\boldsymbol{X}_4=\boldsymbol{E}_n\end{cases}\Longrightarrow\begin{cases}\boldsymbol{X}_1=\boldsymbol{A}^{-1},\\\boldsymbol{X}_2=\boldsymbol{O},\\\boldsymbol{X}_3=-\boldsymbol{B}^{-1}\boldsymbol{C}\boldsymbol{A}^{-1},\\\boldsymbol{X}_4=\boldsymbol{B}^{-1}.\end{cases}$$

所以 $\boldsymbol{M}^{-1}=\begin{pmatrix}\boldsymbol{A}^{-1}&\boldsymbol{O}\\-\boldsymbol{B}^{-1}\boldsymbol{C}\boldsymbol{A}&\boldsymbol{B}^{-1}\end{pmatrix}$.

例 2.4.6 设 $\boldsymbol{A}=\begin{pmatrix}1&0&0&0\\0&1&0&0\\-1&2&1&0\\1&1&0&1\end{pmatrix}$, $\boldsymbol{B}=\begin{pmatrix}1&0&3&2\\-1&2&0&1\\1&0&4&1\\-1&-1&2&0\end{pmatrix}$, 求 $\boldsymbol{A}+\boldsymbol{B}$, $\boldsymbol{A}\boldsymbol{B}$, $\boldsymbol{A}^{-1}$.

解 用若干条纵线和横线将矩阵 $\boldsymbol{A}$, $\boldsymbol{B}$ 分成一些小块:

$$\boldsymbol{A}=\left(\begin{array}{cc:cc}1&0&0&0\\0&1&0&0\\\hdashline -1&2&1&0\\1&1&0&1\end{array}\right)=\begin{pmatrix}\boldsymbol{E}_2&\boldsymbol{O}\\\boldsymbol{A}_1&\boldsymbol{E}_2\end{pmatrix},$$

$$\boldsymbol{B}=\left(\begin{array}{cc:cc}1&0&3&2\\-1&2&0&1\\\hdashline 1&0&4&1\\-1&-1&2&0\end{array}\right)=\begin{pmatrix}\boldsymbol{B}_{11}&\boldsymbol{B}_{12}\\\boldsymbol{B}_{21}&\boldsymbol{B}_{22}\end{pmatrix},$$

其中 $\boldsymbol{E}_2$ 为二阶单位矩阵, $\boldsymbol{O}$ 为二阶零矩阵, $\boldsymbol{A}_1=\begin{pmatrix}-1&2\\1&1\end{pmatrix}$,

$$\boldsymbol{B}_{11}=\begin{pmatrix}1&0\\-1&2\end{pmatrix},\quad \boldsymbol{B}_{12}=\begin{pmatrix}3&2\\0&1\end{pmatrix},$$

$$\boldsymbol{B}_{21}=\begin{pmatrix}1&0\\-1&-1\end{pmatrix},\quad \boldsymbol{B}_{22}=\begin{pmatrix}4&1\\2&0\end{pmatrix}.$$

将小块矩阵当作元素进行运算, 则有

$$\boldsymbol{A}+\boldsymbol{B}=\begin{pmatrix}\boldsymbol{E}_2+\boldsymbol{B}_{11}&\boldsymbol{B}_{12}\\\boldsymbol{A}_1+\boldsymbol{B}_{21}&\boldsymbol{E}_2+\boldsymbol{B}_{22}\end{pmatrix}=\begin{pmatrix}2&0&3&2\\-1&3&0&1\\0&2&5&1\\0&0&2&1\end{pmatrix},$$

$$\boldsymbol{AB}=\begin{pmatrix}\boldsymbol{E}_2&\boldsymbol{O}\\\boldsymbol{A}_1&\boldsymbol{E}_2\end{pmatrix}\begin{pmatrix}\boldsymbol{B}_{11}&\boldsymbol{B}_{12}\\\boldsymbol{B}_{21}&\boldsymbol{B}_{22}\end{pmatrix}=\begin{pmatrix}\boldsymbol{B}_{11}&\boldsymbol{B}_{12}\\\boldsymbol{A}_1\boldsymbol{B}_{11}+\boldsymbol{B}_{21}&\boldsymbol{A}_1\boldsymbol{B}_{12}+\boldsymbol{B}_{22}\end{pmatrix},$$

其中

$$\begin{aligned}\boldsymbol{A}_1\boldsymbol{B}_{11}+\boldsymbol{B}_{21}&=\begin{pmatrix}-1&2\\1&1\end{pmatrix}\begin{pmatrix}1&0\\-1&2\end{pmatrix}+\begin{pmatrix}1&0\\-1&-1\end{pmatrix}\\&=\begin{pmatrix}-3&4\\0&2\end{pmatrix}+\begin{pmatrix}1&0\\-1&-1\end{pmatrix}=\begin{pmatrix}-2&4\\-1&1\end{pmatrix},\end{aligned}$$

$$\begin{aligned}\boldsymbol{A}_1\boldsymbol{B}_{12}+\boldsymbol{B}_{22}&=\begin{pmatrix}-1&2\\1&1\end{pmatrix}\begin{pmatrix}3&2\\0&1\end{pmatrix}+\begin{pmatrix}4&1\\2&0\end{pmatrix}\\&=\begin{pmatrix}-3&0\\3&3\end{pmatrix}+\begin{pmatrix}4&1\\2&0\end{pmatrix}=\begin{pmatrix}1&1\\5&3\end{pmatrix}.\end{aligned}$$

所以

$$\boldsymbol{AB}=\begin{pmatrix}1&0&3&2\\-1&2&0&1\\-2&4&1&1\\-1&1&5&3\end{pmatrix}.$$

即用分块矩阵来作加法和乘法时与直接按四阶矩阵作加法和乘法结果一样.

若再设 $\boldsymbol{A}^{-1}=\begin{pmatrix}\boldsymbol{X}_{11} & \boldsymbol{X}_{12}\\ \boldsymbol{X}_{21} & \boldsymbol{X}_{22}\end{pmatrix}$, 则由

$$\begin{pmatrix}\boldsymbol{E}_2 & \boldsymbol{O}\\ \boldsymbol{A}_1 & \boldsymbol{E}_2\end{pmatrix}\begin{pmatrix}\boldsymbol{X}_{11} & \boldsymbol{X}_{12}\\ \boldsymbol{X}_{21} & \boldsymbol{X}_{22}\end{pmatrix}=\begin{pmatrix}\boldsymbol{X}_{11} & \boldsymbol{X}_{12}\\ \boldsymbol{A}_1\boldsymbol{X}_{11}+\boldsymbol{X}_{21} & \boldsymbol{A}_1\boldsymbol{X}_{12}+\boldsymbol{X}_{22}\end{pmatrix}=\begin{pmatrix}\boldsymbol{E}_2 & \boldsymbol{O}\\ \boldsymbol{O} & \boldsymbol{E}_2\end{pmatrix},$$

得 $\begin{cases}\boldsymbol{X}_{11}=\boldsymbol{E}_2,\\ \boldsymbol{X}_{12}=\boldsymbol{O},\\ \boldsymbol{A}_1\boldsymbol{X}_{11}+\boldsymbol{X}_{21}=\boldsymbol{O},\\ \boldsymbol{A}_1\boldsymbol{X}_{12}+\boldsymbol{X}_{22}=\boldsymbol{E}_2\end{cases}\Rightarrow\begin{cases}\boldsymbol{X}_{11}=\boldsymbol{E}_2,\\ \boldsymbol{X}_{12}=\boldsymbol{O},\\ \boldsymbol{X}_{21}=-\boldsymbol{A}_1,\\ \boldsymbol{X}_{22}=\boldsymbol{E}_2,\end{cases}$ 即

$$\boldsymbol{A}^{-1}=\begin{pmatrix}\boldsymbol{E}_2 & \boldsymbol{O}\\ -\boldsymbol{A}_1 & \boldsymbol{E}_2\end{pmatrix}=\begin{pmatrix}1 & 0 & 0 & 0\\ 0 & 1 & 0 & 0\\ 1 & -2 & 1 & 0\\ -1 & -1 & 0 & 1\end{pmatrix}.$$

不仅结果相同, 而且比直接求逆矩阵要简单得多.

2.5　初等变换与初等矩阵

矩阵的初等变换起源于线性方程组的消元法求解过程, 利用初等变换将矩阵 $\boldsymbol{A}$ 化为“形式简单”的矩阵 $\boldsymbol{B}$, 再通过矩阵 $\boldsymbol{B}$ 来研究矩阵 $\boldsymbol{A}$ 的问题. 这种方法在求矩阵的逆矩阵、矩阵的秩以及解线性方程组等问题中起到了非常重要的作用.

2.5.1　矩阵的初等变换

定义 2.5.1　矩阵的初等行变换是指以下三种变换:

(1) 用一个非零数乘矩阵的某一行;

(2) 把矩阵的某一行的 k 倍加到另一行;

(3) 互换矩阵中两行的位置.

矩阵的初等行变换和初等列变换统称为初等变换.

当矩阵 $\boldsymbol{A}$ 经过初等行变换变成矩阵 $\boldsymbol{B}$ 时, 我们写成 $\boldsymbol{A}\to\boldsymbol{B}$.

定义 2.5.2　满足下列条件的矩阵称为行阶梯形矩阵 (简称阶梯形):

(1) 任一非零行的第一个非零元素所在的下方元素全为零; 若有零行, 则零行位于矩阵的最下面.

(2) 非零行的第一个非零元素的列标递增.

例 2.5.1 设矩阵 $\boldsymbol{A}=\begin{pmatrix}0&0&-1&-1&2\\1&4&-1&0&2\\-1&-4&2&-1&0\\2&8&1&1&0\end{pmatrix}$, 则有

$$\boldsymbol{A}\xrightarrow{r_1\leftrightarrow r_2}\begin{pmatrix}1&4&-1&0&2\\0&0&-1&-1&2\\-1&-4&2&-1&0\\2&8&1&1&0\end{pmatrix}\xrightarrow{r_3+r_1,r_4-2r_1}\begin{pmatrix}1&4&-1&0&2\\0&0&-1&-1&2\\0&0&1&-1&2\\0&0&3&1&-4\end{pmatrix}$$

$$\xrightarrow{r_3+r_2,r_4+3r_2}\begin{pmatrix}1&4&-1&0&2\\0&0&-1&-1&2\\0&0&0&-2&4\\0&0&0&-2&2\end{pmatrix}\xrightarrow{r_4-r_3}\begin{pmatrix}1&4&-1&0&2\\0&0&-1&-1&2\\0&0&0&-2&4\\0&0&0&0&-2\end{pmatrix}=\boldsymbol{B}.$$

例如, 例 2.5.1 中的矩阵 $\boldsymbol{B}$ 和下列矩阵均为阶梯形矩阵:

$$\begin{pmatrix}3&-2&0\\0&2&-1\\0&0&1\end{pmatrix},\quad\begin{pmatrix}1&0&-1&2\\0&1&3&0\\0&0&-1&4\end{pmatrix},\quad\begin{pmatrix}0&1&-1&2\\0&0&3&0\\0&0&0&0\end{pmatrix}.$$

2.5.2 等价矩阵

定义 2.5.3 如果矩阵 $\boldsymbol{B}$ 可以由矩阵 $\boldsymbol{A}$ 经过一系列初等变换而得到, 则称矩阵 $\boldsymbol{A}$ 与 $\boldsymbol{B}$ 是等价的, 记为 $\boldsymbol{A}\cong\boldsymbol{B}$. 这种矩阵间的关系具有下列性质.

(1) 自反性: $\boldsymbol{A}\cong\boldsymbol{A}$.

(2) 对称性: 若 $\boldsymbol{A}\cong\boldsymbol{B}$, 则 $\boldsymbol{B}\cong\boldsymbol{A}$.

(3) 传递性: 若 $\boldsymbol{A}\cong\boldsymbol{B}$, $\boldsymbol{B}\cong\boldsymbol{C}$, 则 $\boldsymbol{A}\cong\boldsymbol{C}$.

通过例 2.5.1 可以看到, 任何一个 $m\times n$ 矩阵都可以经过一系列的初等行变换化为阶梯形矩阵, 即任何一个 $m\times n$ 矩阵都等价于一个阶梯形矩阵.

定义 2.5.4 满足下列条件的阶梯形矩阵称为行最简形矩阵:

(1) 各非零行的第一个非零元素为 1;

(2) 各非零行的首个非零元所在列的其余元素都是零.

对例 2.5.1 中的矩阵 $\boldsymbol{B}$ 再作初等行变换:

$$\boldsymbol{B}\xrightarrow{(-1)r_2,\left(-\frac{1}{2}\right)r_3,\left(-\frac{1}{2}\right)r_4}\begin{pmatrix}1&4&-1&0&2\\0&0&1&1&-2\\0&0&0&1&-2\\0&0&0&0&1\end{pmatrix}$$

$$\xrightarrow{r_1+r_2, r_1-r_3, r_2-r_3, r_1-2r_4, r_3+2r_4} \begin{pmatrix} 1 & 4 & 0 & 0 & 0 \\ 0 & 0 & 1 & 0 & 0 \\ 0 & 0 & 0 & 1 & 0 \\ 0 & 0 & 0 & 0 & 1 \end{pmatrix} = \boldsymbol{C}.$$

把矩阵 $\boldsymbol{B}$ 化为行最简形矩阵 $\boldsymbol{C}$.

例如, 下列矩阵均为行最简形矩阵:

$$\begin{pmatrix} 1 & 0 & 0 \\ 0 & 1 & 0 \\ 0 & 0 & 1 \end{pmatrix}, \quad \begin{pmatrix} 1 & 0 & 0 & 2 \\ 0 & 1 & 0 & 1 \\ 0 & 0 & 1 & 4 \end{pmatrix}, \quad \begin{pmatrix} 0 & 1 & 0 & 2 \\ 0 & 0 & 1 & 0 \\ 0 & 0 & 0 & 0 \end{pmatrix}.$$

再对矩阵 $\boldsymbol{C}$ 作初等列变换:

$$\boldsymbol{C} = \begin{pmatrix} 1 & 4 & 0 & 0 & 0 \\ 0 & 0 & 1 & 0 & 0 \\ 0 & 0 & 0 & 1 & 0 \\ 0 & 0 & 0 & 0 & 1 \end{pmatrix} \xrightarrow{c_2-4c_1, c_2\leftrightarrow c_3, c_3\leftrightarrow c_4, c_4\leftrightarrow c_5} \begin{pmatrix} 1 & 0 & 0 & 0 & 0 \\ 0 & 1 & 0 & 0 & 0 \\ 0 & 0 & 1 & 0 & 0 \\ 0 & 0 & 0 & 1 & 0 \end{pmatrix} = \boldsymbol{D},$$

把矩阵 $\boldsymbol{D}$ 化为原矩阵 $\boldsymbol{A}$ 的标准形. 它具有如下特点.

左上角是一个单位矩阵, 其余元素全为 0.

定理 2.5.1 任意 $m \times n$ 矩阵 $\boldsymbol{A}$ 都与一形如

$$\begin{pmatrix} 1 & 0 & \cdots & 0 & 0 & \cdots & 0 \\ 0 & 1 & \cdots & 0 & 0 & \cdots & 0 \\ \vdots & \vdots & & \vdots & \vdots & & \vdots \\ 0 & 0 & \cdots & 1 & 0 & \cdots & 0 \\ 0 & 0 & \cdots & 0 & 0 & \cdots & 0 \\ \vdots & \vdots & & \vdots & \vdots & & \vdots \\ 0 & 0 & \cdots & 0 & 0 & \cdots & 0 \end{pmatrix} = \begin{pmatrix} \boldsymbol{E}_r & \boldsymbol{O} \\ \boldsymbol{O} & \boldsymbol{O} \end{pmatrix}_{m\times n}$$

的矩阵等价, 它称为矩阵 $\boldsymbol{A}$ 的标准形.

证明 若 $\boldsymbol{A} = \boldsymbol{O}$, 结论成立.

若 $\boldsymbol{A} \neq \boldsymbol{O}$, 不妨设 $a_{11} \neq 0$ (否则, 经过初等变换可将 $\boldsymbol{A}$ 化为左上角元素不为零的矩阵). 把第 i 行 $(i = 2, 3, \cdots, m)$ 减去第一行的 $\dfrac{a_{i1}}{a_{11}}$ 倍; 把第 j 列 $(j = 2, 3, \cdots, n)$ 减去第一列的 $\dfrac{a_{1j}}{a_{11}}$ 倍后, 再用 $\dfrac{1}{a_{11}}$ 乘第 1 行.

$\boldsymbol{A}$ 就变成 $\begin{pmatrix} 1 & 0 & \cdots & 0 \\ 0 & & & \\ \vdots & & \boldsymbol{A}_1 & \\ 0 & & & \end{pmatrix}$, 其中 $\boldsymbol{A}_1$ 是一个 $(m-1)\times(n-1)$ 矩阵. 对 $\boldsymbol{A}_1$ 再重复以上步骤, 这样继续变换下去就可以得到所要的标准形.

定理 2.5.1 的证明也说明, 任一矩阵 $\boldsymbol{A}$ 总可以经过有限次初等行变换化为阶梯形矩阵, 进而化为行最简形矩阵.

推论 2.5.1 如果 $\boldsymbol{A}$ 为 n 阶可逆矩阵, 则矩阵 $\boldsymbol{A}$ 经过有限次初等变换可以化为单位矩阵 $\boldsymbol{E}$, 即 $\boldsymbol{A}\cong\boldsymbol{E}$.

例 2.5.2 把矩阵 $\boldsymbol{A}=\begin{pmatrix} 0 & 0 & 3 & 1 \\ 2 & 1 & -1 & 2 \\ 4 & 2 & 3 & 1 \\ -2 & -1 & 4 & -3 \end{pmatrix}$ 化为标准形.

解

$$\boldsymbol{A}\xrightarrow{r_3-2r_2,r_4+r_2}\begin{pmatrix} 0 & 0 & 3 & 1 \\ 2 & 1 & -1 & 2 \\ 0 & 0 & 5 & -3 \\ 0 & 0 & 3 & -1 \end{pmatrix}\xrightarrow{c_2-\frac{1}{2}c_1,c_3+\frac{1}{2}c_1,c_4-c_1}\begin{pmatrix} 0 & 0 & 3 & 1 \\ 2 & 0 & 0 & 0 \\ 0 & 0 & 5 & -3 \\ 0 & 0 & 3 & -1 \end{pmatrix}$$

$$\xrightarrow{\frac{1}{2}r_2,r_3-\frac{5}{3}r_1,r_4-r_1}\begin{pmatrix} 0 & 0 & 3 & 1 \\ 1 & 0 & 0 & 0 \\ 0 & 0 & 0 & -\dfrac{14}{3} \\ 0 & 0 & 0 & -2 \end{pmatrix}\xrightarrow{\frac{1}{3}r_1,-\frac{3}{14}r_3,-\frac{1}{2}r_4}\begin{pmatrix} 0 & 0 & 1 & \dfrac{1}{3} \\ 1 & 0 & 0 & 0 \\ 0 & 0 & 0 & 1 \\ 0 & 0 & 0 & 1 \end{pmatrix}$$

$$\xrightarrow{r_4-r_3,r_1-\frac{1}{3}r_3}\begin{pmatrix} 0 & 0 & 1 & 0 \\ 1 & 0 & 0 & 0 \\ 0 & 0 & 0 & 1 \\ 0 & 0 & 0 & 0 \end{pmatrix}\xrightarrow{c_2\leftrightarrow c_3,c_1\leftrightarrow c_2,c_3\leftrightarrow c_4}\begin{pmatrix} 1 & 0 & 0 & 0 \\ 0 & 1 & 0 & 0 \\ 0 & 0 & 1 & 0 \\ 0 & 0 & 0 & 0 \end{pmatrix}.$$

2.5.3 初等矩阵

运用矩阵的初等变换可将任何一个矩阵化为标准形. 那么, 矩阵的初等变换与矩阵的乘法有何联系? 能否通过初等变换来求可逆矩阵的逆矩阵呢? 为此, 来研究一类特殊矩阵: 初等矩阵.

定义 2.5.5 由单位矩阵 $\boldsymbol{E}$ 经过一次初等变换而得到的矩阵称为初等矩阵.

由此可知: 初等矩阵都是方阵.

初等矩阵只有三类——因为初等变换有三种，所以初等矩阵也有三类，每个初等变换都有一个初等矩阵与之对应.

(1) 把矩阵 $\boldsymbol{E}$ 的 i 行 j 行互换后，得到初等矩阵 $\boldsymbol{E}(i,j)$,

$$
\boldsymbol{E}(i,j)=\begin{pmatrix}
1 &&&&&&&&&& \\
& \ddots &&&&&&&&& \\
&& 1 &&&&&&&& \\
&&& 0 & \cdots & \cdots & \cdots & 1 &&& \\
&&& \vdots & 1 &&& \vdots &&& \\
&&& \vdots && \ddots && \vdots &&& \\
&&& \vdots &&& 1 & \vdots &&& \\
&&& 1 & \cdots & \cdots & \cdots & 0 &&& \\
&&&&&&&& 1 && \\
&&&&&&&&& \ddots & \\
&&&&&&&&&& 1
\end{pmatrix}
\begin{array}{l}
\\ \\ \\ \text{第 } i \text{ 行} \\ \\ \\ \\ \text{第 } j \text{ 行} \\ \\ \\ \\
\end{array};
$$

(2) 用非零数 k 乘 $\boldsymbol{E}$ 的第 i 行，得到初等矩阵 $\boldsymbol{E}(i(k))$,

$$
\boldsymbol{E}(i(k))=\begin{pmatrix}
1 &&&&&& \\
& \ddots &&&&& \\
&& 1 &&&& \\
&&& k &&& \\
&&&& 1 && \\
&&&&& \ddots & \\
&&&&&& 1
\end{pmatrix}
\begin{array}{l}
\\ \\ \\ \text{第 } i \text{ 行;} \\ \\ \\ \\
\end{array}
$$

(3) 把矩阵 $\boldsymbol{E}$ 的第 j 行的 k 倍加到第 i 行，得到初等矩阵 $\boldsymbol{E}(i,j(k))$,

$$
\boldsymbol{E}(i,j(k))=\begin{pmatrix}
1 &&&&&& \\
& \ddots &&&&& \\
&& 1 & \cdots & k && \\
&&& \ddots & \vdots && \\
&&&& 1 && \\
&&&&& \ddots & \\
&&&&&& 1
\end{pmatrix}
\begin{array}{l}
\\ \\ \text{第 } i \text{ 行} \\ \\ \text{第 } j \text{ 行} \\ \\ \\
\end{array}.
$$

同样可以得到与列变换相应的初等矩阵, 并且对单位矩阵作一次初等列变换所得到的矩阵也包括在上面的三类矩阵之中. 因此, 上述三类矩阵就是全部的初等矩阵.

由行列式的性质得 $|\boldsymbol{E}(i,j)|=-1$, $|\boldsymbol{E}(i(k))|=k\neq 0$, $|\boldsymbol{E}(i,j(k))|=1$. 所以, 初等矩阵都是可逆的, 且它们的逆矩阵还是初等矩阵, 即

$$(\boldsymbol{E}(i,j))^{-1}=\boldsymbol{E}(i,j),\quad (\boldsymbol{E}(i(k)))^{-1}=\boldsymbol{E}\left(i\left(\frac{1}{k}\right)\right),\quad (\boldsymbol{E}(i,j(k)))^{-1}=\boldsymbol{E}(i,j(-k)).$$

为了找到矩阵的初等变换和矩阵乘法的关系, 请看下面的例子.

例如, 设 $\boldsymbol{A}=\begin{pmatrix} a_{11} & a_{12} & a_{13}\\ a_{21} & a_{22} & a_{23}\\ a_{31} & a_{32} & a_{33}\end{pmatrix}$, 则

$$\boldsymbol{E}(2,1(3))\cdot\boldsymbol{A}=\begin{pmatrix}1&0&0\\3&1&0\\0&0&1\end{pmatrix}\cdot\boldsymbol{A}=\begin{pmatrix} a_{11} & a_{12} & a_{13}\\ 3a_{11}+a_{21} & 3a_{12}+a_{22} & 3a_{13}+a_{23}\\ a_{31} & a_{32} & a_{33}\end{pmatrix}.$$

$$\boldsymbol{A}\cdot\boldsymbol{E}(2,1(3))=\boldsymbol{A}\cdot\begin{pmatrix}1&0&0\\3&1&0\\0&0&1\end{pmatrix}=\begin{pmatrix} a_{11}+3a_{12} & a_{12} & a_{13}\\ a_{21}+3a_{22} & a_{22} & a_{23}\\ a_{31}+3a_{32} & a_{32} & a_{33}\end{pmatrix}.$$

此式表明, 以初等矩阵 $\boldsymbol{E}(2,1(3))$ 左乘矩阵 $\boldsymbol{A}$, 相当于对矩阵 $\boldsymbol{A}$ 作相应的初等行变换: 把矩阵 $\boldsymbol{A}$ 的第一行的 3 倍加到第二行. 以初等矩阵 $\boldsymbol{E}(2,1(3))$ 右乘矩阵 $\boldsymbol{A}$, 相当于对矩阵 $\boldsymbol{A}$ 作初等列变换: 把矩阵 $\boldsymbol{A}$ 的第二列的 3 倍加到第一列.

定理 2.5.2 对一个 $s\times n$ 矩阵 $\boldsymbol{A}$ 作一次初等行变换就相当于在 $\boldsymbol{A}$ 的左边乘上一个相应的 $s\times s$ 初等矩阵; 对 $\boldsymbol{A}$ 作一次初等列变换就相当于在 $\boldsymbol{A}$ 的右边乘上一个相应的 $n\times n$ 初等矩阵.

定理 2.5.3 对矩阵 $\boldsymbol{A}_{m\times n}$, 存在 m 阶初等矩阵 $\boldsymbol{P}_1,\boldsymbol{P}_2,\cdots,\boldsymbol{P}_s$ 与 n 阶初等矩阵 $\boldsymbol{Q}_1,\boldsymbol{Q}_2,\cdots,\boldsymbol{Q}_t$, 使得

$$\boldsymbol{P}_1\boldsymbol{P}_2\cdots\boldsymbol{P}_s\boldsymbol{A}\boldsymbol{Q}_1\boldsymbol{Q}_2\cdots\boldsymbol{Q}_t=\begin{pmatrix}\boldsymbol{E}_r & \boldsymbol{O}\\ \boldsymbol{O} & \boldsymbol{O}\end{pmatrix}, \tag{2.5.1}$$

即任意的 $m\times n$ 矩阵 $\boldsymbol{A}$ 与其标准形 $\begin{pmatrix}\boldsymbol{E}_r & \boldsymbol{O}\\ \boldsymbol{O} & \boldsymbol{O}\end{pmatrix}$ 等价.

推论 2.5.2 n 阶可逆矩阵 $\boldsymbol{A}$ 必等价于单位矩阵 $\boldsymbol{E}$.

证明 假设 $\boldsymbol{A}$ 不等价于单位矩阵 $\boldsymbol{E}$, 由定理 2.5.3 可知, $\boldsymbol{A}$ 等价于 $\begin{pmatrix} \boldsymbol{E}_r & \boldsymbol{O} \\ \boldsymbol{O} & \boldsymbol{O} \end{pmatrix}$, 其中 $r < n$, 将 (2.5.1) 式两边取行列式, 有

$$|\boldsymbol{P}_1\boldsymbol{P}_2\cdots\boldsymbol{P}_s\boldsymbol{A}\boldsymbol{Q}_1\boldsymbol{Q}_2\cdots\boldsymbol{Q}_t| = \begin{vmatrix} \boldsymbol{E}_r & \boldsymbol{O} \\ \boldsymbol{O} & \boldsymbol{O} \end{vmatrix} = 0, \tag{2.5.2}$$

但 $|\boldsymbol{P}_i| \neq 0\ (i=1,2,\cdots,s), |\boldsymbol{Q}_j| \neq 0\ (j=1,2,\cdots,t), |\boldsymbol{A}| \neq 0$, 从而

$$|\boldsymbol{P}_1|\,|\boldsymbol{P}_2|\cdots|\boldsymbol{P}_s|\,|\boldsymbol{A}|\,|\boldsymbol{Q}_1|\,|\boldsymbol{Q}_2|\cdots|\boldsymbol{Q}_t| \neq 0,$$

与 (2.5.2) 式矛盾, 故 $r = n$.

推论 2.5.3 若方阵 $\boldsymbol{A}$ 可逆, 则存在有限个初等矩阵 $\boldsymbol{P}_1, \boldsymbol{P}_2, \cdots, \boldsymbol{P}_s$, 使得 $\boldsymbol{A} = \boldsymbol{P}_1\boldsymbol{P}_2\cdots\boldsymbol{P}_s$.

推论 2.5.4 $\boldsymbol{A}_{m\times n} \cong \boldsymbol{B}_{m\times n} \Leftrightarrow$ 存在 m 阶可逆矩阵 $\boldsymbol{P}$ 和 n 阶可逆矩阵 $\boldsymbol{Q}$, 使得 $\boldsymbol{PAQ} = \boldsymbol{B}$.

使用推论 2.5.3, 还可以得到求逆矩阵的方法.

当 $\boldsymbol{A}$ 可逆时, 由 $\boldsymbol{A} = \boldsymbol{P}_1\boldsymbol{P}_2\cdots\boldsymbol{P}_s$, 有

$$\boldsymbol{P}_s^{-1}\boldsymbol{P}_{s-1}^{-1}\cdots\boldsymbol{P}_1^{-1}\boldsymbol{A} = \boldsymbol{E} \quad 及 \quad \boldsymbol{P}_s^{-1}\boldsymbol{P}_{s-1}^{-1}\cdots\boldsymbol{P}_1^{-1}\boldsymbol{E} = \boldsymbol{A}^{-1},$$

将两式可合并为

$$\boldsymbol{P}_s^{-1}\boldsymbol{P}_{s-1}^{-1}\cdots\boldsymbol{P}_1^{-1}(\boldsymbol{A}|\boldsymbol{E}) = (\boldsymbol{P}_s^{-1}\boldsymbol{P}_{s-1}^{-1}\cdots\boldsymbol{P}_1^{-1}\boldsymbol{A}|\boldsymbol{P}_s^{-1}\boldsymbol{P}_{s-1}^{-1}\cdots\boldsymbol{P}_1^{-1}\boldsymbol{E}) = (\boldsymbol{E}|\boldsymbol{A}^{-1}).$$

这说明可逆矩阵 $\boldsymbol{A}$ 只需要经过初等行变换就可化为单位矩阵, 在同样的初等行变换下, $\boldsymbol{E}$ 就化为了 $\boldsymbol{A}^{-1}$.

逆矩阵的具体求法为: 对 $n\times 2n$ 矩阵 $(\boldsymbol{A}|\boldsymbol{E})$ 施行初等行变换, 就可将左边的矩阵 $\boldsymbol{A}$ 化为单位矩阵, 同时右边的矩阵 $\boldsymbol{E}$ 就化为了 $\boldsymbol{A}$ 的逆矩阵, 即

$$(\boldsymbol{A}|\boldsymbol{E}) \xrightarrow{\text{有限次初等行变换}} (\boldsymbol{E}|\boldsymbol{A}^{-1}).$$

同理, 也可用初等列变换求逆矩阵, 即

$$\left(\frac{\boldsymbol{A}}{\boldsymbol{E}}\right) \xrightarrow{\text{有限次初等列变换}} \left(\frac{\boldsymbol{E}}{\boldsymbol{A}^{-1}}\right).$$

例 2.5.3 设 $\boldsymbol{A} = \begin{pmatrix} 1 & 2 & 3 \\ 2 & 2 & 2 \\ 3 & 4 & 3 \end{pmatrix}$, 求 $\boldsymbol{A}^{-1}$.

解 $(\boldsymbol{A}|\boldsymbol{E})=\begin{pmatrix}1&2&3&1&0&0\\2&2&2&0&1&0\\3&4&3&0&0&1\end{pmatrix}\xrightarrow[r_3-3r_1]{r_2-2r_1}\begin{pmatrix}1&2&3&1&0&0\\0&-2&-4&-2&1&0\\0&-2&-6&-3&0&1\end{pmatrix}$

$$\xrightarrow[r_1+r_2]{r_3-r_2}\begin{pmatrix}1&0&-1&-1&1&0\\0&-2&-4&-2&1&0\\0&0&-2&-1&-1&1\end{pmatrix}\xrightarrow[r_2-2r_3]{r_1-\frac{1}{2}r_3}\begin{pmatrix}1&0&0&-\frac{1}{2}&\frac{3}{2}&-\frac{1}{2}\\0&-2&0&0&3&-2\\0&0&-2&-1&-1&1\end{pmatrix}$$

$$\xrightarrow[-\frac{1}{2}r_3]{-\frac{1}{2}r_2}\begin{pmatrix}1&0&0&-\frac{1}{2}&\frac{3}{2}&-\frac{1}{2}\\0&1&0&0&-\frac{3}{2}&1\\0&0&1&\frac{1}{2}&\frac{1}{2}&-\frac{1}{2}\end{pmatrix},\text{所以}\boldsymbol{A}^{-1}=\begin{pmatrix}-\frac{1}{2}&\frac{3}{2}&-\frac{1}{2}\\0&-\frac{3}{2}&1\\\frac{1}{2}&\frac{1}{2}&-\frac{1}{2}\end{pmatrix}.$$

同理可证明, 对矩阵 $(\boldsymbol{A}|\boldsymbol{B})$ 施行初等行变换, 将左边的矩阵 $\boldsymbol{A}$ 化为单位矩阵, 同时右边的矩阵 $\boldsymbol{B}$ 就化为了 $\boldsymbol{A}^{-1}\boldsymbol{B}$, 即

$$(\boldsymbol{A}|\boldsymbol{B})\xrightarrow{\text{有限次初等行变换}}(\boldsymbol{E}|\boldsymbol{A}^{-1}\boldsymbol{B}),$$

同理 $\left(\dfrac{\boldsymbol{A}}{\boldsymbol{B}}\right)\xrightarrow{\text{有限次初等列变换}}\left(\dfrac{\boldsymbol{E}}{\boldsymbol{B}\boldsymbol{A}^{-1}}\right)$.

例 2.5.4 求矩阵 $\boldsymbol{X}$, 使 $\boldsymbol{A}\boldsymbol{X}=\boldsymbol{B}$, 其中 $\boldsymbol{A}=\begin{pmatrix}4&1&-2\\2&2&1\\3&1&-1\end{pmatrix}$, $\boldsymbol{B}=\begin{pmatrix}1&-3\\2&2\\3&2\end{pmatrix}$.

解 若 $\boldsymbol{A}$ 可逆, 则 $\boldsymbol{X}=\boldsymbol{A}^{-1}\boldsymbol{B}$,

$$(\boldsymbol{A}|\boldsymbol{B})=\begin{pmatrix}4&1&-2&1&-3\\2&2&1&2&2\\3&1&-1&3&-1\end{pmatrix}\xrightarrow{r_1-r_3}\begin{pmatrix}1&0&-1&-2&-2\\2&2&1&2&2\\3&1&-1&3&-1\end{pmatrix}$$

$$\xrightarrow[r_3-3r_1]{r_2-2r_1}\begin{pmatrix}1&0&-1&-2&-2\\0&2&3&6&6\\0&1&2&9&5\end{pmatrix}\xrightarrow[r_2\leftrightarrow r_3]{r_2-2r_3}\begin{pmatrix}1&0&-1&-2&-2\\0&1&2&9&5\\0&0&-1&-12&-4\end{pmatrix}$$

$$\xrightarrow[r_2+2r_3]{r_1-r_3}\begin{pmatrix}1&0&0&10&2\\0&1&0&-15&-3\\0&0&-1&-12&-4\end{pmatrix}\xrightarrow{-r_3}\begin{pmatrix}1&0&0&10&2\\0&1&0&-15&-3\\0&0&1&12&4\end{pmatrix}.$$

所以 $\boldsymbol{X}=\begin{pmatrix}10 & 2\\ -15 & -3\\ 12 & 4\end{pmatrix}$.

2.6 矩阵的秩

为了利用矩阵研究线性方程组, 在本节中介绍矩阵秩的概念.

我们已经知道, 任一矩阵都可以经过初等行变换化为阶梯形矩阵, 且阶梯形矩阵中所含非零行的行数是唯一确定的, 这个数实质上就是矩阵的 "秩", 它是矩阵的一个重要数字特征, 下面就来讨论它的定义和求法.

2.6.1 矩阵秩的定义

定义 2.6.1 在一个 $s\times n$ 矩阵 $\boldsymbol{A}$ 中任意选定 k 行和 k 列, 位于这些选定的行和列的交点上的 k^2 个元素按原来的次序所组成的 k 阶行列式, 称为 $\boldsymbol{A}$ 的一个 k 阶 (级) 子式.

例如, 在矩阵 $\begin{pmatrix}1 & 2 & 3 & -1 & 2\\ 0 & 4 & -1 & 1 & 2\\ 1 & 0 & -3 & 2 & -1\\ 2 & 3 & 5 & -1 & 0\end{pmatrix}$ 中选第 1, 3 行, 第 2, 4 列, 位于这些行和列交点上的 4 个元素组成二阶行列式 $\begin{vmatrix}2 & -1\\ 0 & 2\end{vmatrix}=4$. 选第 1, 2, 4 行, 第 2, 4, 5 列, 就得到一个三阶子式 $\begin{vmatrix}2 & -1 & 2\\ 4 & 1 & 2\\ 3 & -1 & 0\end{vmatrix}=-16$.

注 (1) 子式的阶数 $k\leqslant\min(s,n)$; (2) $\boldsymbol{A}$ 中的每一个元素都是 $\boldsymbol{A}$ 的一阶子式.

定义 2.6.2 设 $\boldsymbol{A}$ 为 $m\times n$ 矩阵, 如果存在 $\boldsymbol{A}$ 的一个 r 阶子式不为零, 同时所有 $r+1$ 阶子式 (如果存在的话) 全为 0, 则称数 r 为矩阵 $\boldsymbol{A}$ 的秩, 记为 $R(\boldsymbol{A})$.

一个矩阵 $\boldsymbol{A}_{m\times n}$ 共有 $\mathrm{C}_m^k\mathrm{C}_n^k$ 个子式, 其中特别地, 当 $\boldsymbol{A}$ 是方阵时, 则 $\boldsymbol{A}$ 的 n 阶子式就是 $\boldsymbol{A}$ 的行列式.

当 $R(\boldsymbol{A})=\min\{m,n\}$ 时, 称 $\boldsymbol{A}$ 为满秩矩阵, 否则称为降秩矩阵.

2.6.2 矩阵秩的性质

矩阵的秩具有下列性质:

(1) 设 $\boldsymbol{A}$ 为 $m\times n$ 矩阵, 则 $0\leqslant R(\boldsymbol{A})\leqslant\min\{m,n\}$.

(2) 若矩阵 $\boldsymbol{A}$ 有某个 s 阶子式不为零, 则 $R(\boldsymbol{A}) \geqslant s$; 若矩阵 $\boldsymbol{A}$ 有所有 s 阶子式全为零, 则 $R(\boldsymbol{A}) < s$.

(3) $R(\boldsymbol{A}) = R\left(\boldsymbol{A}^{\mathrm{T}}\right)$.

(4) $R(\boldsymbol{A} \pm \boldsymbol{B}) \leqslant R(\boldsymbol{A}) + R(\boldsymbol{B})$.

(5) 若 $\boldsymbol{A}_{m\times n}\boldsymbol{B}_{n\times s} = \boldsymbol{O}$, 则 $R(\boldsymbol{A}) + R(\boldsymbol{B}) \leqslant n$.

定理 2.6.1 n 阶矩阵 $\boldsymbol{A}$ 可逆的充要条件是 $R(\boldsymbol{A}) = n$.

例 2.6.1 求矩阵 $\boldsymbol{A}$ 和 $\boldsymbol{B}$ 的秩, 其中

$$\boldsymbol{A} = \begin{pmatrix} 1 & 2 & 3 \\ 2 & 3 & -5 \\ 4 & 7 & 1 \end{pmatrix}, \quad \boldsymbol{B} = \begin{pmatrix} 1 & 1 & 2 & 2 & 1 \\ 0 & 2 & 1 & 5 & -1 \\ 0 & 0 & -2 & 2 & -2 \\ 0 & 0 & 0 & 0 & 0 \end{pmatrix}.$$

解 在 $\boldsymbol{A}$ 中, 二阶子式 $\begin{vmatrix} 1 & 2 \\ 2 & 3 \end{vmatrix} \neq 0$, 三阶子式只有一个 $|\boldsymbol{A}|$, 且

$$|\boldsymbol{A}| = \begin{vmatrix} 1 & 2 & 3 \\ 2 & 3 & -5 \\ 4 & 7 & 1 \end{vmatrix} = \begin{vmatrix} 1 & 2 & 3 \\ 0 & -1 & -11 \\ 0 & -1 & -11 \end{vmatrix} = 0.$$

所以 $R(\boldsymbol{A}) = 2$.

$\boldsymbol{B}$ 是一个阶梯形行列式, 其非零行只有三行, 所以 $\boldsymbol{B}$ 的四阶子式全为零; 而 $\boldsymbol{B}$ 有一个三阶子式

$$\begin{vmatrix} 1 & 1 & 2 \\ 0 & 2 & 1 \\ 0 & 0 & -2 \end{vmatrix} = -4 \neq 0.$$

所以 $R(\boldsymbol{A}) = 3$.

从上例看到, 利用定义计算矩阵的秩, 需要由高阶到低阶考虑矩阵的子式, 当矩阵的行数与列数较高时, 按定义求秩就非常麻烦; 但阶梯形矩阵的秩很容易确定, 即为非零行的行数, 而任意矩阵都可以经过初等变换化为阶梯形矩阵, 因而可考虑借助初等变换来求矩阵的秩.

2.6.3 利用初等变换求矩阵的秩

定理 2.6.2 矩阵的初等变换不改变矩阵的秩, 即若 $\boldsymbol{A} \cong \boldsymbol{B}$, 则 $R(\boldsymbol{A}) = R(\boldsymbol{B})$.

证明 先证明: 若 $\boldsymbol{A}$ 经一次初等行变换变为 $\boldsymbol{B}$, 则 $R(\boldsymbol{A}) \leqslant R(\boldsymbol{B})$.

设 $R(\boldsymbol{A}) = r$, 且 $\boldsymbol{A}$ 的某个 r 阶子式 $D \neq 0$.

当 $\boldsymbol{A} \xrightarrow{r_i \leftrightarrow r_j} \boldsymbol{B}$ 或 $\boldsymbol{A} \xrightarrow{r_i \times k} \boldsymbol{B}$ 时, 在 $\boldsymbol{B}$ 中总能找到与 D 相对应的 r 阶子式 D_1, 由于 $D_1 = D$ 或 $D_1 = -D$ 或 $D_1 = kD$, 因此 $D_1 \neq 0$, 从而 $R(\boldsymbol{B}) \geqslant r$.

当 $\boldsymbol{A} \xrightarrow{r_i + kr_j} \boldsymbol{B}$ 时, 因为对于作变换 $r_i \leftrightarrow r_j$ 时结论成立, 所以只需考虑 $\boldsymbol{A} \xrightarrow{r_1 + kr_2} \boldsymbol{B}$ 这一特殊情形.

分两种情形讨论:

(1) $\boldsymbol{A}$ 的 r 阶非零子式 D 不包含 $\boldsymbol{A}$ 的第 1 行, 这时 D 也是 $\boldsymbol{B}$ 的 r 阶非零子式, 所以 $R(\boldsymbol{B}) \geqslant r$;

(2) D 包含 $\boldsymbol{A}$ 的第 1 行, 这时把 $\boldsymbol{B}$ 中与 D 对应的 r 阶子式 D_1 记作

$$D_1 = \begin{vmatrix} r_1 + kr_2 \\ r_p \\ \vdots \\ r_q \end{vmatrix} = \begin{vmatrix} r_1 \\ r_p \\ \vdots \\ r_q \end{vmatrix} + k \begin{vmatrix} r_2 \\ r_p \\ \vdots \\ r_q \end{vmatrix} = D + kD_2,$$

若 $p = 2$, 则 $D_1 = D \neq 0$; 若 $p \neq 2$, 则 D_2 也是 $\boldsymbol{B}$ 的 r 阶子式, 由 $D_1 - kD_2 = D \neq 0$, 可知 D_1 与 D_2 不同时为 0.

总之, $\boldsymbol{B}$ 中存在的 r 阶非零子式 D_1 或 D_2, 所以 $R(\boldsymbol{B}) \geqslant r$.

以上证明了若 $\boldsymbol{A}$ 经一次初等行变换为 $\boldsymbol{B}$, 则 $R(\boldsymbol{A}) \leqslant R(\boldsymbol{B})$. 由于 $\boldsymbol{B}$ 亦可经一次初等行变换变为 $\boldsymbol{A}$, 所以也有 $R(\boldsymbol{B}) \leqslant R(\boldsymbol{A})$.

因此, $R(\boldsymbol{A}) = R(\boldsymbol{B})$.

经一次初等行变换矩阵的秩不变, 即可知经有限次初等行变换矩阵的秩仍不变.

设 $\boldsymbol{A}$ 经初等列变换变为 $\boldsymbol{B}$, 则 $\boldsymbol{A}^{\mathrm{T}}$ 经初等行变换变为 $\boldsymbol{B}^{\mathrm{T}}$, 由上面证明可知 $R\left(\boldsymbol{A}^{\mathrm{T}}\right) = R\left(\boldsymbol{B}^{\mathrm{T}}\right)$, 又 $R(\boldsymbol{A}) = R\left(\boldsymbol{A}^{\mathrm{T}}\right)$, $R(\boldsymbol{B}) = R\left(\boldsymbol{B}^{\mathrm{T}}\right)$, 因此 $R(\boldsymbol{A}) = R(\boldsymbol{B})$.

总之, 若 $\boldsymbol{A}$ 经有限次初等变换变为 $\boldsymbol{B}$, 则 $R(\boldsymbol{A}) = R(\boldsymbol{B})$.

例 2.6.2 求矩阵 $\boldsymbol{A}$ 的秩

$$\boldsymbol{A} = \begin{pmatrix} 1 & 2 & 3 & -1 & 2 \\ 0 & 4 & -1 & 1 & 2 \\ 1 & 0 & -3 & 2 & -1 \\ 2 & 3 & 5 & -1 & 0 \end{pmatrix}.$$

解

$$
\boldsymbol{A} \to \begin{pmatrix} 0 & 2 & 6 & -3 & 3 \\ 0 & 4 & -1 & 1 & 2 \\ 1 & 0 & -3 & 2 & -1 \\ 0 & 3 & 11 & -5 & 2 \end{pmatrix} \to \begin{pmatrix} 0 & 2 & 6 & -3 & 3 \\ 0 & 0 & -13 & 7 & -4 \\ 1 & 0 & -3 & 2 & -1 \\ 0 & 1 & 5 & -2 & -1 \end{pmatrix}
$$

$$
\to \begin{pmatrix} 0 & 0 & -4 & 1 & 5 \\ 0 & 0 & -13 & 7 & -4 \\ 1 & 0 & -3 & 2 & -1 \\ 0 & 1 & 5 & -2 & -1 \end{pmatrix} \to \begin{pmatrix} 0 & 0 & -4 & 1 & 5 \\ 0 & 0 & -1 & 4 & -19 \\ 1 & 0 & -3 & 2 & -1 \\ 0 & 1 & 5 & -2 & -1 \end{pmatrix}
$$

$$
\to \begin{pmatrix} 1 & 0 & -3 & 2 & -1 \\ 0 & 1 & 5 & -2 & -1 \\ 0 & 0 & -1 & 4 & -19 \\ 0 & 0 & 0 & -15 & 81 \end{pmatrix}.
$$

故 $\boldsymbol{A}$ 的秩为 4.

例 2.6.3　设 $\boldsymbol{A}$ 是一个 $s \times n$ 矩阵, $\boldsymbol{P}$ 是 s 阶可逆方阵, $\boldsymbol{Q}$ 是 n 阶可逆方阵, 证明 $R(\boldsymbol{A}) = R(\boldsymbol{PA}) = R(\boldsymbol{AQ})$.

证明　因 $\boldsymbol{P}$ 可逆, 所以 $\boldsymbol{P}$ 可表示成初等矩阵的积

$$
\boldsymbol{P} = \boldsymbol{P}_1\boldsymbol{P}_2\cdots\boldsymbol{P}_t,
$$

其中 $\boldsymbol{P}_i\,(i = 1, 2, \cdots, t)$ 均为初等矩阵. 从而有

$$
\boldsymbol{PA} = \boldsymbol{P}_1\boldsymbol{P}_2\cdots\boldsymbol{P}_t\boldsymbol{A},
$$

所以 $\boldsymbol{PA} \cong \boldsymbol{A}$, 故 $R(\boldsymbol{A}) = R(\boldsymbol{PA})$.

同理可证 $R(\boldsymbol{A}) = R(\boldsymbol{AQ})$.

2.7　矩阵的应用

例 2.7.1　用矩阵表示产品的售价和重量.

设某厂向三个商店 (甲商店、乙商店、丙商店) 发送四种产品 (空调、冰箱、29 英寸彩电、25 英寸彩电) 的数量表为

$$
\begin{array}{cc} & \begin{array}{cccc} \text{空调} & \text{冰箱} & \text{29 英寸彩电} & \text{25 英寸彩电} \end{array} \\ \boldsymbol{A}= \begin{array}{c} \text{甲商店} \\ \text{乙商店} \\ \text{丙商店} \end{array} & \begin{pmatrix} 30 & 20 & 50 & 20 \\ 0 & 7 & 10 & 0 \\ 50 & 40 & 50 & 50 \end{pmatrix}, \end{array}
$$

这四种产品的售价 (单价: 百元) 及重量 (单位: 千克) 的数表为

$$
\begin{array}{cc} & \begin{array}{cc} \text{售价} & \text{重量} \end{array} \\ \boldsymbol{B}= \begin{array}{c} \text{空调} \\ \text{冰箱} \\ \text{29 英寸彩电} \\ \text{25 英寸彩电} \end{array} & \begin{pmatrix} 30 & 40 \\ 16 & 30 \\ 22 & 30 \\ 18 & 20 \end{pmatrix}, \end{array}
$$

则该公司向每个商店售出产品的总售价及总重量, 用矩阵表示恰好是

$$
\begin{array}{cc} & \begin{array}{cc} \text{售价} & \text{重量} \end{array} \\ \boldsymbol{AB}= \begin{array}{c} \text{甲商店} \\ \text{乙商店} \\ \text{丙商店} \end{array} & \begin{pmatrix} 2680 & 3700 \\ 332 & 510 \\ 4140 & 5700 \end{pmatrix}. \end{array}
$$

例 2.7.2 可用逆矩阵进行保密编译码.

在英文中有一种对消息进行保密的措施, 就是把消息中的英文字母用一个整数来表示, 然后传送这组整数. 如使用代码, 将 26 个英文字母 A, B, $\cdots$, Y, Z 依次对应数字 1, 2, $\cdots$, 25, 26. 若要发出信息 action, 此信息的编码是 1, 3, 20, 9, 15, 14. 用这种方法, 在一个长消息中, 根据数字出现的频率, 容易估计它所代表的字母, 因此容易被破译, 故利用矩阵乘法来对这个消息进一步加密.

现任选一个行列式等于 ± 1 的整数矩阵, 如

$$
\boldsymbol{A}=\begin{pmatrix} 1 & 2 & 3 \\ 1 & 1 & 2 \\ 0 & 1 & 2 \end{pmatrix}.
$$

将传出信息的编码 1,3,20,9,15,14 写为两个传出信息向量 $(1,3,20)^{\mathrm{T}}$, $(9,15,14)^{\mathrm{T}}$. 因为

$$
\begin{pmatrix} 1 & 2 & 3 \\ 1 & 1 & 2 \\ 0 & 1 & 2 \end{pmatrix}\begin{pmatrix} 1 \\ 3 \\ 20 \end{pmatrix}=\begin{pmatrix} 67 \\ 44 \\ 43 \end{pmatrix}, \quad \begin{pmatrix} 1 & 2 & 3 \\ 1 & 1 & 2 \\ 0 & 1 & 2 \end{pmatrix}\begin{pmatrix} 9 \\ 15 \\ 14 \end{pmatrix}=\begin{pmatrix} 81 \\ 52 \\ 43 \end{pmatrix},
$$

所以, 将传出信息向量经过乘 $\boldsymbol{A}$ 编成"密码"后发出, 收到信息为 67, 44, 43, 81, 52, 43. 又因为

$$\boldsymbol{A}^{-1}=\begin{pmatrix}0&1&-1\\2&-2&-1\\-1&1&1\end{pmatrix},\quad \boldsymbol{A}^{-1}\begin{pmatrix}67\\44\\43\end{pmatrix}=\begin{pmatrix}1\\3\\20\end{pmatrix},$$

$$\boldsymbol{A}^{-1}\begin{pmatrix}81\\52\\43\end{pmatrix}=\begin{pmatrix}9\\15\\14\end{pmatrix},$$

所以, 将收到信息写为两个信息向量后, 经过 $\boldsymbol{A}^{-1}$ 给予解码为 1, 3, 20, 9, 15, 14.

最后, 利用使用的代码将密码恢复为明码, 得到信息 `action`.

经过这样变换的信息就难以按其出现的频度来破译了.

例 2.7.3 情报检索模型.

因特网上数字图书馆的发展对情报的存储和检索提出了更高的要求. 现代情报检索技术就构筑在矩阵理论的基础上. 通常, 数据库中收集了大量的文件 (书籍), 我们希望从中搜索那些能与特定关键词相匹配的文件. 假如数据库中包括了 n 个文件, 而搜索所用的关键字有 m 个, 那么将关键字按字母顺序排列, 我们就可以把数据库表示为 $m\times n$ 的矩阵 $\boldsymbol{A}$. 例如假设数据库包含的书名和搜索的关键词 (由拼音字母依次排列) 用表 2.7.1 表示.

表 2.7.1

关键词	书名		
	线性代数	线性代数与空间解析几何	线性代数及应用
代数	1	1	1
几何	0	1	0
线性	1	1	1
应用	0	0	1

如果读者输入的关键词是"代数""几何", 则数据库搜索矩阵和关键词搜索向量 $\boldsymbol{x}$ 分别为

$$\boldsymbol{A}=\begin{pmatrix}1&1&1\\0&1&0\\1&1&1\\0&0&1\end{pmatrix},\quad \boldsymbol{x}=(1,1,0,0)^{\mathrm{T}}.$$

搜索结果可以表示为 $\boldsymbol{y}=\boldsymbol{A}^{\mathrm{T}}\boldsymbol{x}=(1,2,1)^{\mathrm{T}}$. $\boldsymbol{y}$ 的各个分量表示各书与搜索向量匹

配的程度, 因为 $\boldsymbol{y}$ 的第二个分量为 2, 所以第二本书包含所有关键词, 因而在搜索结果中排在最前面.

2.8 MATLAB 在矩阵计算中的实现

2.8.1 矩阵运算的相关命令及说明

```
A+B      %矩阵与矩阵的加法
A-B      %矩阵与矩阵的加法
A*k      %矩阵A与每个元素乘标量k, 也可用k*A
A*B      %矩阵与矩阵的乘法
A'       %矩阵A的转置, 也可用transpose(A)
A^k      %方阵A的k次幂, 其中k为正整数
det(A)   %方阵A的行列式
rank(A)  %矩阵A的秩
inv(A)   %方阵A的逆
```

例 2.8.1 设矩阵 $\boldsymbol{A}$ 和矩阵 $\boldsymbol{B}$ 分别如下:

$$\boldsymbol{A}=\begin{pmatrix}1&2&3\\4&5&6\\7&2&1\end{pmatrix},\quad \boldsymbol{B}=\begin{pmatrix}a&b&1\\c&d&2\\e&f&4\end{pmatrix}.$$

求 $\boldsymbol{A}+\boldsymbol{B},\boldsymbol{A}-\boldsymbol{B},3\boldsymbol{A},\boldsymbol{A}\boldsymbol{B},\boldsymbol{A}^{\mathrm{T}},\boldsymbol{A}^3,|-2\boldsymbol{A}|$, 秩 $(\boldsymbol{A})$ 及 $\boldsymbol{A}^{-1}$.

程序如下:

```
A=[1,2,3;4,5,6;7,2,1]
B=str2sym('[a,b,1;c,d,2;e,f,4]')
A+B
A-B
3*A
A*B
A'
A^3
det(-2*A)
rank(A)
inv(A)
```

(程序结果略)

2.8.2　矩阵的初等变换

1. 矩阵的初等行变换

(1) 数 k 乘 i 行: `A(i,:)=k*A(i,:)`

(2) 数 k 乘 j 行加到 i 行: `A(i,:)=A(i,:)+k*A(j,:)`

(3) 交换 i, j 两行 (设 $\boldsymbol{A}$ 为 $m \times n$ 矩阵):

```
r=1:m;r(i)=j;r(j)=i;A=A(r,:)
```

2. 矩阵的初等列变换

(1) 数 k 乘 i 列: `A(:,i)=k*A(:,i)`

(2) 数 k 乘 j 列加到 i 列: `A(:,i)= A(:,i)+k*A(:,j)`

(3) 交换 i, j 两列 (设 $\boldsymbol{A}$ 为 $m \times n$ 矩阵):

```
c=1:n;c(i)=j;c(j)=i;A=A(:,c)
```

例 2.8.2　设矩阵 $\boldsymbol{A}$ 如下:

$$\boldsymbol{A} = \begin{pmatrix} 1 & -1 & 5 & -2 & 2 \\ 2 & -1 & 0 & 1 & 0 \\ 3 & -3 & 15 & -6 & 5 \\ 0 & 1 & -10 & 5 & -4 \end{pmatrix}.$$

求 (1) 交换矩阵 $\boldsymbol{A}$ 的第 2, 3 行两行;

(2) 矩阵 $\boldsymbol{A}$ 的第 3 行乘 1/3;

(3) 矩阵 $\boldsymbol{A}$ 的第 1 列的 -5 倍加到第 3 列.

程序如下:

```
A=[1,-1,5,-2,2;2,-1,0,1,0;3,-3,15,-6,5;0,1,-10,5,-4];
[m,n]=size(A)
r=1:m; r(2)=3;r(3)=2;B=A(r,:) %(1)
i=3,B(i,:)= 1/3*A(i,:) %(2)
B(:,3)= A(:,3)+(-5)* A(:,1) %(3)
```

习　题　2

1. 计算下列乘积:

(1) $\begin{pmatrix} 4 & 3 & 1 \\ 1 & -2 & 3 \\ 5 & 7 & 0 \end{pmatrix}\begin{pmatrix} 7 \\ 2 \\ 1 \end{pmatrix}$;　　(2) $(1,\ 2,\ 3)\begin{pmatrix} 3 \\ 2 \\ 1 \end{pmatrix}$.

2. 设 $\boldsymbol{A}=\begin{pmatrix}1&1&1\\1&1&-1\\1&-1&1\end{pmatrix}$, $\boldsymbol{B}=\begin{pmatrix}1&2&3\\-1&-2&4\\0&5&1\end{pmatrix}$, 求 $3\boldsymbol{AB}-2\boldsymbol{A}$ 及 $\boldsymbol{A}^{\mathrm{T}}\boldsymbol{B}$.

3. 设 $\boldsymbol{A}=\begin{pmatrix}1&2\\1&3\end{pmatrix}$, $\boldsymbol{B}=\begin{pmatrix}1&0\\1&2\end{pmatrix}$, 问:

(1) $\boldsymbol{AB}=\boldsymbol{BA}$ 吗?

(2) $(\boldsymbol{A}+\boldsymbol{B})^2=\boldsymbol{A}^2+2\boldsymbol{AB}+\boldsymbol{B}^2$ 吗?

(3) $(\boldsymbol{A}+\boldsymbol{B})(\boldsymbol{A}-\boldsymbol{B})=\boldsymbol{A}^2-\boldsymbol{B}^2$ 吗?

4. 举反例说明下列命题是错误的:

(1) 若 $\boldsymbol{A}^2=\boldsymbol{O}$, 则 $\boldsymbol{A}=\boldsymbol{O}$;

(2) 若 $\boldsymbol{A}^2=\boldsymbol{A}$, 则 $\boldsymbol{A}=\boldsymbol{O}$ 或 $\boldsymbol{A}=\boldsymbol{E}$;

(3) 若 $\boldsymbol{AX}=\boldsymbol{AY}$, 且 $\boldsymbol{A}\neq\boldsymbol{O}$, 则 $\boldsymbol{X}=\boldsymbol{Y}$.

5. 求下列矩阵的逆矩阵:

(1) $\begin{pmatrix}1&2\\2&5\end{pmatrix}$; (2) $\begin{pmatrix}1&2&-1\\3&4&-2\\5&-4&1\end{pmatrix}$.

6. 解下列矩阵方程:

(1) $\begin{pmatrix}2&5\\1&3\end{pmatrix}\boldsymbol{X}=\begin{pmatrix}4&-6\\2&1\end{pmatrix}$; (2) $\boldsymbol{X}\begin{pmatrix}2&1&-1\\2&1&0\\1&-1&1\end{pmatrix}=\begin{pmatrix}1&-1&3\\4&3&2\end{pmatrix}$;

(3) $\begin{pmatrix}1&4\\-1&2\end{pmatrix}\boldsymbol{X}\begin{pmatrix}2&0\\-1&1\end{pmatrix}=\begin{pmatrix}3&1\\0&-1\end{pmatrix}$;

(4) $\begin{pmatrix}0&1&0\\1&0&0\\0&0&1\end{pmatrix}\boldsymbol{X}\begin{pmatrix}1&0&0\\0&0&1\\0&1&0\end{pmatrix}=\begin{pmatrix}1&-4&3\\2&0&-1\\1&-2&0\end{pmatrix}$.

7. 设 $\boldsymbol{A}$ 为三阶方阵, $|\boldsymbol{A}|=\dfrac{1}{2}$, 计算 $\left|(2\boldsymbol{A})^{-1}-5\boldsymbol{A}^*\right|$.

8. 设 $\boldsymbol{A}=\begin{pmatrix}0&3&3\\1&1&0\\-1&2&3\end{pmatrix}$, $\boldsymbol{AB}=\boldsymbol{A}+2\boldsymbol{B}$, 求 $\boldsymbol{B}$.

9. 设 $\boldsymbol{A}^k=\boldsymbol{O}$ (k 为正整数), 证明: $(\boldsymbol{E}-\boldsymbol{A})^{-1}=\boldsymbol{E}+\boldsymbol{A}+\boldsymbol{A}^2+\cdots+\boldsymbol{A}^{k-1}$.

10. 设方阵 $\boldsymbol{A}$ 满足 $\boldsymbol{A}^2-\boldsymbol{A}-2\boldsymbol{E}=\boldsymbol{O}$, 证明 $\boldsymbol{A}$ 及 $\boldsymbol{A}+2\boldsymbol{E}$ 都可逆, 并求 $\boldsymbol{A}^{-1}$ 及 $(\boldsymbol{A}+2\boldsymbol{E})^{-1}$.

11. 设矩阵 $\boldsymbol{A}$ 可逆, 证明其伴随矩阵 $\boldsymbol{A}^*$ 也可逆, 且 $(\boldsymbol{A}^*)^{-1}=(\boldsymbol{A}^{-1})^*$.

12. 设 n 阶矩阵 $\boldsymbol{A}$ 及 s 阶矩阵 $\boldsymbol{B}$ 都可逆, 求

(1) $\begin{pmatrix}\boldsymbol{O}&\boldsymbol{A}\\\boldsymbol{B}&\boldsymbol{O}\end{pmatrix}^{-1}$; (2) $\begin{pmatrix}\boldsymbol{A}&\boldsymbol{O}\\\boldsymbol{C}&\boldsymbol{B}\end{pmatrix}^{-1}$.

13. 求下列矩阵的逆阵:

(1) $\begin{pmatrix} 5 & 2 & 0 & 0 \\ 2 & 1 & 0 & 0 \\ 0 & 0 & 8 & 3 \\ 0 & 0 & 5 & 2 \end{pmatrix}$; (2) $\begin{pmatrix} 1 & 0 & 0 & 0 \\ 1 & 2 & 0 & 0 \\ 2 & 1 & 3 & 0 \\ 1 & 2 & 1 & 4 \end{pmatrix}$.

14. 用初等行变换把下列矩阵化为行最简形矩阵:

(1) $\begin{pmatrix} 1 & 0 & 2 & -1 \\ 2 & 0 & 3 & 1 \\ 3 & 0 & 4 & 3 \end{pmatrix}$; (2) $\begin{pmatrix} 0 & 2 & -3 & 1 \\ 0 & 3 & -4 & 3 \\ 0 & 4 & -7 & -1 \end{pmatrix}$.

15. 试利用矩阵的初等行变换, 求下列方程的逆阵:

(1) $\begin{pmatrix} 3 & 2 & 1 \\ 3 & 1 & 5 \\ 3 & 2 & 3 \end{pmatrix}$; (2) $\begin{pmatrix} 3 & -2 & 0 & -1 \\ 0 & 2 & 2 & 1 \\ 1 & -2 & -3 & -2 \\ 0 & 1 & 2 & 1 \end{pmatrix}$.

16. 求下列矩阵的秩, 并求一个最高阶非零子式:

(1) $\begin{pmatrix} 3 & 1 & 0 & 2 \\ 1 & -1 & 2 & -1 \\ 1 & 3 & -4 & 4 \end{pmatrix}$; (2) $\begin{pmatrix} 3 & 2 & -1 & -3 & -1 \\ 2 & 1 & 3 & 1 & 3 \\ 7 & 0 & 5 & -8 & -1 \end{pmatrix}$.

17. 设 $\boldsymbol{A} = \begin{pmatrix} 1 & -2 & 3k \\ -1 & 2k & -3 \\ k & -2 & 3 \end{pmatrix}$, 问 k 为何值, 可使

(1) $R(\boldsymbol{A}) = 1$; (2) $R(\boldsymbol{A}) = 2$; (3) $R(\boldsymbol{A}) = 3$.

第 3 章　线性方程组与向量组

本章首先利用初等变换讨论线性方程组是否有解的判断方法，并在有解的情况下给出求解的方法；然后引入向量的概念，讨论向量的线性运算和线性相关性问题；最后以向量为基础讨论线性方程组解的结构.

3.1　线性方程组

有 n 个未知数 m 个方程的线性方程组

$$\begin{cases} a_{11}x_1 + a_{12}x_2 + \cdots + a_{1n}x_n = b_1, \\ a_{21}x_1 + a_{22}x_2 + \cdots + a_{2n}x_n = b_2, \\ \qquad\qquad\cdots\cdots \\ a_{m1}x_1 + a_{m2}x_2 + \cdots + a_{mn}x_n = b_m \end{cases} \tag{3.1.1}$$

称为 n **元非齐次线性方程组**. 记

$$\boldsymbol{A} = \begin{pmatrix} a_{11} & a_{12} & \cdots & a_{1n} \\ a_{21} & a_{22} & \cdots & a_{2n} \\ \vdots & \vdots & & \vdots \\ a_{m1} & a_{m2} & \cdots & a_{mn} \end{pmatrix}, \quad \boldsymbol{X} = \begin{pmatrix} x_1 \\ x_2 \\ \vdots \\ x_n \end{pmatrix}, \quad \boldsymbol{b} = \begin{pmatrix} b_1 \\ b_2 \\ \vdots \\ b_m \end{pmatrix}.$$

非齐次线性方程组 (3.1.1) 的矩阵形式, 记为

$$\boldsymbol{AX} = \boldsymbol{b},$$

其中 $\boldsymbol{A}$ 称为非齐次线性方程组的系数矩阵, $\boldsymbol{X}$ 称为未知数列阵, $\boldsymbol{b}$ 称为常数列阵.

n 元线性方程组

$$\begin{cases} a_{11}x_1 + a_{12}x_2 + \cdots + a_{1n}x_n = 0, \\ a_{21}x_1 + a_{22}x_2 + \cdots + a_{2n}x_n = 0, \\ \qquad\qquad\cdots\cdots \\ a_{m1}x_1 + a_{m2}x_2 + \cdots + a_{mn}x_n = 0 \end{cases} \tag{3.1.2}$$

称为 n **元齐次线性方程组**. 齐次线性方程组 (3.1.2) 的矩阵形式记为 $\boldsymbol{AX} = \boldsymbol{0}$.

齐次线性方程组 (3.1.2) 也称为非齐次线性方程组 (3.1.1) 对应的齐次方程组或导出方程组.

3.1.1　引例

记 $\tilde{\boldsymbol{A}} = (\boldsymbol{A}|\boldsymbol{b}) = \begin{pmatrix} a_{11} & a_{12} & \cdots & a_{1n} & b_1 \\ a_{21} & a_{22} & \cdots & a_{2n} & b_2 \\ \vdots & \vdots & & \vdots & \vdots \\ a_{m1} & a_{m2} & \cdots & a_{mn} & b_m \end{pmatrix}$, $\tilde{\boldsymbol{A}}$ 称为非齐次线性方程组 (3.1.1) 的增广矩阵.

例 3.1.1

$$\begin{cases} 2x_1 - x_2 + 3x_3 = 1, & (1) \\ 4x_1 + 2x_2 + 5x_3 = 4, & (2) \\ 2x_1 \quad\quad + 2x_3 = 6, & (3) \end{cases} \qquad \tilde{\boldsymbol{A}} = \left(\begin{array}{ccc:c} 2 & -1 & 3 & 1 \\ 4 & 2 & 5 & 4 \\ 2 & 0 & 2 & 6 \end{array}\right)$$

$$\xrightarrow[(3)-(1)]{(2)-2(1)} \begin{cases} 2x_1 - x_2 + 3x_3 = 1, \\ 4x_2 - x_3 = 2, \\ x_2 - x_3 = 5 \end{cases} \qquad \xrightarrow{\substack{r_2 - 2r_1 \\ r_3 - r_1}} \left(\begin{array}{ccc:c} 2 & -1 & 3 & 1 \\ 0 & 4 & -1 & 2 \\ 0 & 1 & -1 & 5 \end{array}\right)$$

$$\xrightarrow[(3)-4(2)]{(2)\leftrightarrow(3)} \begin{cases} 2x_1 - x_2 + 3x_3 = 1, \\ x_2 - x_3 = 5, \\ 3x_3 = -18, \end{cases} \qquad \xrightarrow{\substack{r_2 \leftrightarrow r_3 \\ r_{3-4r_2}}} \left(\begin{array}{ccc:c} 2 & -1 & 3 & 1 \\ 0 & 1 & -1 & 5 \\ 0 & 0 & 3 & -18 \end{array}\right)$$

$$\begin{cases} x_1 = 9, \\ x_2 = -1, \\ x_3 = -6. \end{cases} \qquad \to \left(\begin{array}{ccc:c} 1 & 0 & 0 & 9 \\ 0 & 1 & 0 & -1 \\ 0 & 0 & 1 & -6 \end{array}\right).$$

左侧是解线性方程组的消元法过程, 包括的变换有:

(1) 互换两个方程的位置;

(2) 用非零数乘某个方程;

(3) 一个方程加上另一个方程的若干倍.

求解线性方程组的消元过程相当于对对应矩阵施行初等行变换.

右侧是对增广矩阵 $\tilde{\boldsymbol{A}}$ 用矩阵的初等行变换表示方程组的求解过程, 右侧解线性方程组的方法也称为**初等变换法**.

3.1.2 非齐次线性方程组

定理 3.1.1 n 元非齐次线性方程组 $\boldsymbol{AX}=\boldsymbol{b}$ 有解的充分必要条件是

$$R(\boldsymbol{A})=R(\tilde{\boldsymbol{A}}).$$

证明 (必要性) 设非齐次线性方程组 $\boldsymbol{AX}=\boldsymbol{b}$ 有解, 要证明 $R(\boldsymbol{A})=R(\tilde{\boldsymbol{A}})$.

用反证法, 假设 $R(\boldsymbol{A})<R(\tilde{\boldsymbol{A}})$, 也就是 $R(\tilde{\boldsymbol{A}})=R(\boldsymbol{A})+1$, 那么不妨设 $\tilde{\boldsymbol{A}}$ 可化成行阶梯形矩阵

$$\begin{pmatrix} 1 & 0 & \cdots & 0 & c_{1,r+1} & \cdots & c_{1n} & d_1 \\ 0 & 1 & \cdots & 0 & c_{2,r+1} & \cdots & c_{2n} & d_2 \\ \vdots & \vdots & & \vdots & \vdots & & \vdots & \vdots \\ 0 & 0 & \cdots & 1 & c_{r,r+1} & \cdots & c_{rn} & d_r \\ 0 & 0 & \cdots & 0 & 0 & \cdots & 0 & 1 \\ \vdots & \vdots & & \vdots & \vdots & & \vdots & \vdots \\ 0 & 0 & \cdots & 0 & 0 & \cdots & 0 & 0 \end{pmatrix},$$

于是得到与原方程组 $\boldsymbol{AX}=\boldsymbol{b}$ 同解的方程组

$$\begin{cases} x_1+c_{1,r+1}x_{r+1}+\cdots+c_{1n}x_n=d_1, \\ x_2+c_{2,r+1}x_{r+1}+\cdots+c_{2n}x_n=d_2, \\ \qquad\qquad\cdots\cdots \\ x_r+c_{r,r+1}x_{r+1}+\cdots+c_{rn}x_n=d_r, \\ \qquad\qquad\qquad\qquad\qquad 0=1. \end{cases}$$

因为它含有矛盾方程 $0=1$, 所以这个方程组无解, 这与原方程组有解矛盾. 故 $R(\boldsymbol{A})=R(\tilde{\boldsymbol{A}})$.

(充分性) 设 $R(\boldsymbol{A})=R(\tilde{\boldsymbol{A}})=r$. 不妨设增广矩阵 $\tilde{\boldsymbol{A}}$ 化为行最简形矩阵

$$
\tilde{A} \to \begin{pmatrix} 1 & 0 & \cdots & 0 & c_{1,r+1} & \cdots & c_{1n} & d_1 \\ 0 & 1 & \cdots & 0 & c_{2,r+1} & \cdots & c_{2n} & d_2 \\ \vdots & \vdots & & \vdots & \vdots & & \vdots & \vdots \\ 0 & 0 & \cdots & 1 & c_{r,r+1} & \cdots & c_{rn} & d_r \\ 0 & 0 & \cdots & 0 & 0 & \cdots & 0 & 0 \\ \vdots & \vdots & & \vdots & \vdots & & \vdots & \vdots \\ 0 & 0 & \cdots & 0 & 0 & \cdots & 0 & 0 \end{pmatrix},
$$

对应的方程组为

$$
\begin{cases} x_1 = -c_{1,r+1}x_{r+1} - \cdots - c_{1n}x_n + d_1, \\ x_2 = -c_{2,r+1}x_{r+1} - \cdots - c_{2n}x_n + d_2, \\ \qquad\qquad \cdots\cdots \\ x_r = -c_{r,r+1}x_{r+1} - \cdots - c_{rn}x_n + d_r, \end{cases}
$$

这个方程组有解. 它与原方程组 $\boldsymbol{AX}=\boldsymbol{b}$ 同解, 所以非齐次线性方程组 $\boldsymbol{AX}=\boldsymbol{b}$ 有解.

推论 3.1.1　n 元非齐次线性方程组 $\boldsymbol{AX}=\boldsymbol{b}$ 有唯一解的充分必要条件是 $R(\boldsymbol{A})=R(\tilde{\boldsymbol{A}})=n$; 有无穷多个解的充分必要条件是 $R(\boldsymbol{A})=R(\tilde{\boldsymbol{A}})<n$.

当 $\boldsymbol{AX}=\boldsymbol{b}$ 有无穷多个解时, 由 $\tilde{\boldsymbol{A}}$ 的行最简形矩阵得

$$
\begin{cases} x_1 = -c_{1,r+1}x_{r+1} - \cdots - c_{1n}x_n + d_1, \\ x_2 = -c_{2,r+1}x_{r+1} - \cdots - c_{2n}x_n + d_2, \\ \qquad\qquad \cdots\cdots \\ x_r = -c_{r,r+1}x_{r+1} - \cdots - c_{rn}x_n + d_r, \end{cases}
$$

称等号右边的未知数为**自由变元** (有 $n-R(\boldsymbol{A})$ 个), 等号左边的未知数为**约束变元** (有 $R(\boldsymbol{A})$ 个). 令自由变元为任意常数 $k_1, k_2, \cdots, k_{n-r}$, 则

$$
\begin{cases} x_1 = -c_{1,r+1}k_1 - \cdots - c_{1n}k_{n-r} + d_1, \\ x_2 = -c_{2,r+1}k_1 - \cdots - c_{2n}k_{n-r} + d_2, \\ \qquad\qquad \cdots\cdots \\ x_r = -c_{r,r+1}k_1 - \cdots - c_{rn}k_{n-r} + d_r, \\ x_{r+1} = k_1, \\ \qquad \cdots\cdots \\ x_n = k_{n-r}, \end{cases}
$$

即得通解

$$\boldsymbol{X}=k_1\begin{pmatrix}-c_{1,r+1}\\-c_{2,r+1}\\\vdots\\-c_{r,r+1}\\1\\0\\\vdots\\0\end{pmatrix}+k_2\begin{pmatrix}-c_{1,r+2}\\-c_{2,r+2}\\\vdots\\-c_{r,r+2}\\0\\1\\\vdots\\0\end{pmatrix}+\cdots+k_{n-r}\begin{pmatrix}-c_{1,n}\\-c_{2,n}\\\vdots\\-c_{r,n}\\0\\0\\\vdots\\1\end{pmatrix}+\begin{pmatrix}d_1\\d_2\\\vdots\\d_r\\0\\0\\\vdots\\0\end{pmatrix}.$$

注 实际题目中约束变元不一定恰好是系数矩阵 $\tilde{\boldsymbol{A}}$ 的行最简形阵中前 r 个未知数 $x_1, x_2, \cdots, x_r$, 而是其非零行中第一个非零元所对应的未知数!

关于非齐次线性方程组解的结论:

(1) n 元非齐次线性方程组无解 $\Leftrightarrow R(\boldsymbol{A}) < R(\tilde{\boldsymbol{A}})$;

(2) n 元非齐次线性方程组有唯一解 $\Leftrightarrow R(\boldsymbol{A}) = R(\tilde{\boldsymbol{A}}) = n$;

(3) n 元非齐次线性方程组有无穷多个解 $\Leftrightarrow R(\boldsymbol{A}) = R(\tilde{\boldsymbol{A}}) = r < n$.

注 无穷多个解时含有 $n-r$ 个任意常数.

例 3.1.2 判断下列非齐次线性方程组是否有解

$$\begin{cases}x_1-2x_2+3x_3-x_4=2,\\3x_1-x_2+5x_3-3x_4=6,\\2x_1+x_2+2x_3-2x_4=8,\\5x_2-4x_3+5x_4=7.\end{cases}$$

解 用初等行变换化其增广矩阵为行阶梯形矩阵

$$\tilde{\boldsymbol{A}}=\begin{pmatrix}1&-2&3&-1&2\\3&-1&5&-3&6\\2&1&2&-2&8\\0&5&-4&5&7\end{pmatrix}\sim\begin{pmatrix}1&-2&3&-1&2\\0&5&-4&0&0\\0&5&-4&0&4\\0&5&-4&5&7\end{pmatrix}$$

$$\sim\begin{pmatrix}1&-2&3&-1&2\\0&5&-4&0&0\\0&0&0&5&7\\0&0&0&0&4\end{pmatrix},$$

由此可知, $R(\boldsymbol{A})=3$, $R(\tilde{\boldsymbol{A}})=4$, 即 $R(\boldsymbol{A})\neq R(\tilde{\boldsymbol{A}})$, 因此方程组无解.

注　若仅判断非齐次线性方程组是否有解, 只需将 $\tilde{\boldsymbol{A}}$ 化为行阶梯形矩阵即可.

例 3.1.3　问 a,b 取何值时, 非齐次线性方程组

$$\begin{cases} x_1+x_2+x_3+x_4=1, \\ x_2-x_3+2x_4=1, \\ 2x_1+3x_2+(a+2)x_3+4x_4=b+3, \\ 3x_1+5x_2+x_3+(a+8)x_4=5 \end{cases}$$

(1) 有唯一解; (2) 无解; (3) 有无穷多个解?

解　用初等行变换把增广矩阵化为行阶梯形矩阵:

$$\tilde{\boldsymbol{A}}=\begin{pmatrix} 1 & 1 & 1 & 1 & 1 \\ 0 & 1 & -1 & 2 & 1 \\ 2 & 3 & a+2 & 4 & b+3 \\ 3 & 5 & 1 & a+8 & 5 \end{pmatrix} \sim \begin{pmatrix} 1 & 1 & 1 & 1 & 1 \\ 0 & 1 & -1 & 2 & 1 \\ 0 & 1 & a & 2 & b+1 \\ 0 & 2 & -2 & a+5 & 2 \end{pmatrix}$$

$$\sim \begin{pmatrix} 1 & 1 & 1 & 1 & 1 \\ 0 & 1 & -1 & 2 & 1 \\ 0 & 0 & a+1 & 0 & b \\ 0 & 0 & 0 & a+1 & 0 \end{pmatrix},$$

由此可知:

(1) 当 $a\neq -1$ 时, $R(\boldsymbol{A})=R(\tilde{\boldsymbol{A}})=4$, 方程组有唯一解;

(2) 当 $a=-1$, $b\neq 0$ 时, $R(\boldsymbol{A})=2$, 而 $R(\tilde{\boldsymbol{A}})=3$, 方程组无解;

(3) 当 $a=-1$, $b=0$ 时, $R(\boldsymbol{A})=R(\tilde{\boldsymbol{A}})=2$, 方程组有无穷多个解.

例 3.1.4　求解下列非齐次线性方程组

$$\begin{cases} x_1-x_2-x_3-3x_4=-2, \\ x_1-x_2+x_3+5x_4=4, \\ -4x_1+4x_2+x_3=-1. \end{cases}$$

解 用初等行变换把增广矩阵化为行最简形矩阵:

$$\tilde{\boldsymbol{A}}=\begin{pmatrix}1&-1&-1&-3&-2\\1&-1&1&5&4\\-4&4&1&0&-1\end{pmatrix}\xrightarrow[r_3+4r_1]{r_2-r_1}\begin{pmatrix}1&-1&-1&-3&-2\\0&0&2&8&6\\0&0&-3&-12&-9\end{pmatrix}$$

$$\xrightarrow{\frac{1}{2}\times r_2}\begin{pmatrix}1&-1&-1&-3&-2\\0&0&1&4&3\\0&0&-3&-12&-9\end{pmatrix}\xrightarrow[r_3+3r_2]{r_1+r_2}\begin{pmatrix}1&-1&0&1&1\\0&0&1&4&3\\0&0&0&0&0\end{pmatrix},$$

可得 $R(\boldsymbol{A})=R(\tilde{\boldsymbol{A}})=2$, 而 $n=4$, 故方程组有无穷多个解, 通解中含有 $4-2=2$ 个任意常数. 与原方程组同解的方程组为

$$\begin{cases}x_1=x_2-x_4+1,\\x_3=-4x_4+3.\end{cases}$$

记 x_2,x_4 为自由变元, 令其为任意常数: $x_2=c_1,x_4=c_2$, 则方程组的通解为

$$\begin{cases}x_1=1+c_1-c_2,\\x_2=\ c_1,\\x_3=3\ -4c_2,\\x_4=c_2\end{cases}\quad(c_1,c_2\text{为任意常数}),$$

或形式

$$\boldsymbol{X}=c_1\begin{pmatrix}1\\1\\0\\0\end{pmatrix}+c_2\begin{pmatrix}-1\\0\\-4\\1\end{pmatrix}+\begin{pmatrix}1\\0\\3\\0\end{pmatrix}\quad(c_1,c_2\text{为任意常数}).$$

例 3.1.5 k 取何值时, 线性方程组

$$\begin{cases}kx_1+x_2+x_3=1,\\x_1+kx_2+x_3=k,\\x_1+x_2+kx_3=k^2\end{cases}$$

(1) 有唯一解; (2) 无解; (3) 有无穷多解? 有解时求出全部解.

解　方程组的系数矩阵与增广矩阵分别为

$$\boldsymbol{A}=\begin{pmatrix} k & 1 & 1 \\ 1 & k & 1 \\ 1 & 1 & k \end{pmatrix},\quad \tilde{\boldsymbol{A}}=\begin{pmatrix} k & 1 & 1 & 1 \\ 1 & k & 1 & k \\ 1 & 1 & k & k^2 \end{pmatrix}.$$

(1) 当 $R(\boldsymbol{A})=R(\tilde{\boldsymbol{A}})=3$, 即 $|\boldsymbol{A}|\neq 0$ 时, 方程组有唯一解.

$$|\boldsymbol{A}|=\begin{vmatrix} k & 1 & 1 \\ 1 & k & 1 \\ 1 & 1 & k \end{vmatrix}=(k-1)^2(k+2),$$

所以, 当 $k\neq 1$ 且 $k\neq -2$ 时, 方程组有唯一解.

根据克拉默法则

$$D_1=\begin{vmatrix} 1 & 1 & 1 \\ k & k & 1 \\ k^2 & 1 & k \end{vmatrix}=-(k-1)^2(k+1),$$

$$D_2=\begin{vmatrix} k & 1 & 1 \\ 1 & k & 1 \\ 1 & k^2 & k \end{vmatrix}=(k-1)^2,$$

$$D_3=\begin{vmatrix} k & 1 & 1 \\ 1 & k & k \\ 1 & 1 & k^2 \end{vmatrix}=(k-1)^2(k+1)^2,$$

得到唯一解

$$x_1=\frac{D_1}{|\boldsymbol{A}|}=-\frac{k+1}{k+2},\quad x_2=\frac{D_2}{|\boldsymbol{A}|}=\frac{1}{k+2},\quad x_3=\frac{D_3}{|\boldsymbol{A}|}=\frac{(k+1)^2}{k+2}.$$

(2) 当 $k=-2$ 时,

$$\tilde{\boldsymbol{A}}=\begin{pmatrix} -2 & 1 & 1 & 1 \\ 1 & -2 & 1 & -2 \\ 1 & 1 & -2 & 4 \end{pmatrix}\xrightarrow[r_1+2r_2]{r_3+r_2+r_1}\begin{pmatrix} 0 & -3 & 3 & -3 \\ 1 & -2 & 1 & -2 \\ 0 & 0 & 0 & 3 \end{pmatrix}$$

$$\xrightarrow{r_1\leftrightarrow r_2}\begin{pmatrix} 1 & -2 & 1 & -2 \\ 0 & -3 & 3 & -3 \\ 0 & 0 & 0 & 3 \end{pmatrix},$$

可得 $R(\boldsymbol{A})=2$, $R(\tilde{\boldsymbol{A}})=3$, 故方程组无解.

(3) 当 $k=1$ 时, $\tilde{\boldsymbol{A}}=\begin{pmatrix}1&1&1&1\\1&1&1&1\\1&1&1&1\end{pmatrix}\rightarrow\begin{pmatrix}1&1&1&1\\0&0&0&0\\0&0&0&0\end{pmatrix}$, 可得 $R(\boldsymbol{A})=R(\tilde{\boldsymbol{A}})=1<3$, 故方程组有无穷多个解, 通解中含有 $3-1=2$ 个任意常数.

令 $x_2=c_1, x_3=c_2$, 则方程组通解为

$$\begin{cases}x_1=1-c_1-c_2,\\x_2=c_1,\\x_3=c_2\end{cases}\quad\text{或}\quad\begin{pmatrix}x_1\\x_2\\x_3\end{pmatrix}=\begin{pmatrix}1\\0\\0\end{pmatrix}+c_1\begin{pmatrix}-1\\1\\0\end{pmatrix}+c_2\begin{pmatrix}-1\\0\\1\end{pmatrix}$$

(c_1, c_2 为任意常数).

3.1.3 齐次线性方程组

对于齐次线性方程组

$$\begin{cases}a_{11}x_1+a_{12}x_2+\cdots+a_{1n}x_n=0,\\a_{21}x_1+a_{22}x_2+\cdots+a_{2n}x_n=0,\\\qquad\qquad\cdots\cdots\\a_{m1}x_1+a_{m2}x_2+\cdots+a_{mn}x_n=0,\end{cases}$$

即 $\boldsymbol{AX}=\mathbf{0}$, 其中 $x_1=x_2=\cdots=x_n=0$ 一定是齐次线性方程组的解, 称为零解; 除零解外, 是否还有非零解呢?

定理 3.1.2 n 元齐次线性方程组 $\boldsymbol{AX}=\mathbf{0}$ 有非零解的充分必要条件是 $R(\boldsymbol{A})<n$.

齐次线性方程组可以理解为 $\boldsymbol{AX}=\boldsymbol{b}$ 中 $\boldsymbol{b}=\mathbf{0}$ 的情况, 这样 $R(\boldsymbol{A})=R(\tilde{\boldsymbol{A}})$ 总是成立的. 由定理 3.1.1 的推论即可得定理 3.1.2.

当齐次线性方程组 $\boldsymbol{AX}=\mathbf{0}$ 有非零解时, 不妨设系数矩阵 $\boldsymbol{A}$ 的行最简形为

$$\begin{pmatrix}1&0&\cdots&0&c_{1,r+1}&\cdots&c_{1n}\\0&1&\cdots&0&c_{2,r+1}&\cdots&c_{2n}\\\vdots&\vdots&&\vdots&\vdots&&\vdots\\0&0&\cdots&1&c_{r,r+1}&\cdots&c_{rn}\\0&0&\cdots&0&0&\cdots&0\\\vdots&\vdots&&\vdots&\vdots&&\vdots\\0&0&\cdots&0&0&\cdots&0\end{pmatrix},$$

得同解方程组为

$$\begin{cases} x_1 = -c_{1,r+1}x_{r+1} - \cdots - c_{1n}x_n, \\ x_2 = -c_{2,r+1}x_{r+1} - \cdots - c_{2n}x_n, \\ \qquad \cdots\cdots \\ x_r = -c_{r,r+1}x_{r+1} - \cdots - c_{rn}x_n. \end{cases}$$

同样称等号右边的未知数为自由变元, 等号左边的未知数为约束变元 (有$R(\boldsymbol{A})$ 个). 令自由变元为任意常数 $k_1, k_2, \cdots, k_{n-r}$, 则

$$\begin{cases} x_1 = -c_{1,r+1}k_1 - \cdots - c_{1n}k_{n-r}, \\ x_2 = -c_{2,r+1}k_1 - \cdots - c_{2n}k_{n-r}, \\ \qquad \cdots\cdots \\ x_r = -c_{r,r+1}k_1 - \cdots - c_{rn}k_{n-r}, \\ x_{r+1} = k_1, \\ \qquad \cdots\cdots \\ x_n = k_{n-r}, \end{cases}$$

即可得通解

$$\boldsymbol{X} = k_1 \begin{pmatrix} -c_{1,r+1} \\ -c_{2,r+1} \\ \vdots \\ -c_{r,r+1} \\ 1 \\ 0 \\ \vdots \\ 0 \end{pmatrix} + k_2 \begin{pmatrix} -c_{1,r+2} \\ -c_{2,r+2} \\ \vdots \\ -c_{r,r+2} \\ 0 \\ 1 \\ \vdots \\ 0 \end{pmatrix} + \cdots + k_{n-r} \begin{pmatrix} -c_{1,n} \\ -c_{2,n} \\ \vdots \\ -c_{r,n} \\ 0 \\ 0 \\ \vdots \\ 1 \end{pmatrix}$$

$(k_1, k_2, \cdots, k_{n-r}$ 是任意常数).

注　实际题目中约束变元不一定恰好是系数矩阵 $\boldsymbol{A}$ 的行最简形中前 r 个未知数 $x_1, x_2, \cdots, x_r$, 而是其非零行中第一个非零元所对应的未知数!

关于齐次线性方程组解的结论:

(1) n 元齐次线性方程组仅有零解的充分必要条件是 $R(\boldsymbol{A}) = n$;

(2) n 元齐次线性方程组有非零解的充分必要条件是 $R(\boldsymbol{A}) < n$.

齐次线性方程组中, 当未知量的个数大于方程个数时, 必有 $R(\boldsymbol{A}) < n$, 这时齐次线性方程组一定有非零解.

例 3.1.6 三元齐次线性方程组

$$\begin{cases} x_1 - x_2 + 5x_3 = 0, \\ x_1 + x_2 - 2x_3 = 0, \\ 3x_1 - x_2 + 8x_3 = 0, \\ x_1 + 3x_2 - 9x_3 = 0 \end{cases}$$

是否有非零解?

解 用初等行变换化系数矩阵为行阶梯形矩阵

$$\boldsymbol{A} = \begin{pmatrix} 1 & -1 & 5 \\ 1 & 1 & -2 \\ 3 & -1 & 8 \\ 1 & 3 & -9 \end{pmatrix} \sim \begin{pmatrix} 1 & -1 & 5 \\ 0 & 2 & -7 \\ 0 & 2 & -7 \\ 0 & 4 & -14 \end{pmatrix} \sim \begin{pmatrix} 1 & -1 & 5 \\ 0 & 2 & -7 \\ 0 & 0 & 0 \\ 0 & 0 & 0 \end{pmatrix},$$

由此可知 $R(\boldsymbol{A}) = 2$. 因为 $R(\boldsymbol{A}) < 3$, 所以此齐次线性方程组有非零解.

例 3.1.7 当 λ 取何值时, 齐次线性方程组

$$\begin{cases} 3x_1 + x_2 - x_3 = 0, \\ 3x_1 + 2x_2 + 3x_3 = 0, \\ x_2 + \lambda x_3 = 0 \end{cases}$$

有非零解?

解 用初等行变换化系数矩阵为行阶梯形矩阵

$$\boldsymbol{A} = \begin{pmatrix} 3 & 1 & -1 \\ 3 & 2 & 3 \\ 0 & 1 & \lambda \end{pmatrix} \sim \begin{pmatrix} 3 & 1 & -1 \\ 0 & 1 & 4 \\ 0 & 1 & \lambda \end{pmatrix} \sim \begin{pmatrix} 3 & 1 & -1 \\ 0 & 1 & 4 \\ 0 & 0 & \lambda - 4 \end{pmatrix},$$

由此可知, 当 $\lambda = 4$ 时, 有 $R(\boldsymbol{A}) = 2 < 3$, 齐次线性方程组有非零解.

例 3.1.8 求解下列齐次线性方程组

$$\begin{cases} x_1 + 2x_2 + x_3 - x_4 = 0, \\ 3x_1 + 6x_2 - x_3 - 3x_4 = 0, \\ 5x_1 + 10x_2 + x_3 - 5x_4 = 0. \end{cases}$$

解 用初等行变换化系数矩阵为行最简形矩阵

$$\boldsymbol{A} = \begin{pmatrix} 1 & 2 & 1 & -1 \\ 3 & 6 & -1 & -3 \\ 5 & 10 & 1 & -5 \end{pmatrix} \xrightarrow[r_3 - 5r_1]{r_2 - 3r_1} \begin{pmatrix} 1 & 2 & 1 & -1 \\ 0 & 0 & -4 & 0 \\ 0 & 0 & -4 & 0 \end{pmatrix}$$

$$\xrightarrow[(-\frac{1}{4})\times r_2]{r_3 - r_2} \begin{pmatrix} 1 & 2 & 1 & -1 \\ 0 & 0 & 1 & 0 \\ 0 & 0 & 0 & 0 \end{pmatrix} \xrightarrow{r_1 - r_2} \begin{pmatrix} 1 & 2 & 0 & -1 \\ 0 & 0 & 1 & 0 \\ 0 & 0 & 0 & 0 \end{pmatrix},$$

由此可知 $R(\boldsymbol{A}) = 2$, 而 $n = 4$, 故方程组有非零解, 原方程组的同解方程组为

$$\begin{cases} x_1 + 2x_2 - x_4 = 0, \\ x_3 = 0. \end{cases}$$

取 x_2, x_4 为自由变元, 即令 $x_2 = c_1, x_4 = c_2$, 则方程组的通解为

$$\begin{cases} x_1 = -2c_1 + c_2, \\ x_2 = c_1, \\ x_3 = 0, \\ x_4 = c_2 \end{cases} \qquad (c_1, c_2 \text{ 为任意常数}),$$

或

$$\boldsymbol{X} = c_1 \begin{pmatrix} -2 \\ 1 \\ 0 \\ 0 \end{pmatrix} + c_2 \begin{pmatrix} 1 \\ 0 \\ 0 \\ 1 \end{pmatrix} \qquad (c_1, c_2 \text{ 为任意常数}).$$

一般地, 线性方程组求解方法可归结为:

用初等行变换将矩阵 $\tilde{\boldsymbol{A}}$ 或 $\boldsymbol{A}$ 化成行阶梯形矩阵, 根据矩阵的秩判断线性方程组解的情况; 若有解, 需继续将行阶梯形矩阵化为行最简形矩阵; 若有无穷多个解, 令自由变元为任意常数, 则可求出方程组的通解.

3.2 向量组及其线性组合

上一节中, 采用向量形式表示线性方程组的解, 本节介绍向量的概念及其性质, 便于深入讨论线性方程组解的结构. 事实上, 向量理论本身在物理学、计算机科学、工程、经济等许多领域也有广泛的应用.

3.2.1 向量及其运算

定义 3.2.1 n 个有序的数 $a_1, a_2, \cdots, a_n$ 所组成的数组 $(a_1, a_2, \cdots, a_n)^{\mathrm{T}}$ 称为 n **维向量**. 这 n 个数称为向量的 n 个分量.

分量全为实数的向量称为实向量, 分量全为复数的向量称为复向量.

n 维向量可以写成一行, 称为**行向量** (对应行矩阵); 也可以写成一列, 称为**列向量** (对应列矩阵). 在线性代数中, 由于表示线性方程组解的形式都采用的列向量形式, 所以我们都默认向量的格式为列向量格式.

用 $\boldsymbol{\alpha}$, $\boldsymbol{\beta}$, $\boldsymbol{\xi}$, $\boldsymbol{\eta}$ 等表示列向量, 如 $\boldsymbol{\alpha} = \begin{pmatrix} a_1 \\ a_2 \\ \vdots \\ a_n \end{pmatrix} = (a_1, a_2, \cdots, a_n)^{\mathrm{T}}$. 用 $\boldsymbol{\alpha}^{\mathrm{T}}, \boldsymbol{\beta}^{\mathrm{T}}, \boldsymbol{\xi}^{\mathrm{T}}, \boldsymbol{\eta}^{\mathrm{T}}$ 等表示行向量.

0 向量: $(0, 0, \cdots, 0)^{\mathrm{T}}$.

负向量: 若 $\boldsymbol{\alpha} = (a_1, a_2, \cdots, a_n)^{\mathrm{T}}$, 则 $-\boldsymbol{\alpha} = (-a_1, -a_2, \cdots, -a_n)^{\mathrm{T}}$.

若干个同维向量构成的集合称为**向量组**, 如 $(\boldsymbol{\alpha}_1, \boldsymbol{\alpha}_2, \cdots, \boldsymbol{\alpha}_s)$. 一个向量组可以构成矩阵, 如

$$\boldsymbol{A} = \begin{pmatrix} a_{11} & a_{12} & \cdots & a_{1s} \\ a_{21} & a_{22} & \cdots & a_{2s} \\ \vdots & \vdots & & \vdots \\ a_{n1} & a_{n2} & \cdots & a_{ns} \end{pmatrix} = (\boldsymbol{\alpha}_1, \boldsymbol{\alpha}_2, \cdots, \boldsymbol{\alpha}_s),$$

其中

$$\boldsymbol{\alpha}_i = \begin{pmatrix} a_{1i} \\ a_{2i} \\ \vdots \\ a_{ni} \end{pmatrix} (i = 1, 2, \cdots, s).$$

向量组 $(\boldsymbol{\alpha}_1, \boldsymbol{\alpha}_2, \cdots, \boldsymbol{\alpha}_s)$ 称为矩阵 $\boldsymbol{A}$ 的**列向量组**.

同样, 矩阵 $\boldsymbol{A}$ 的每一行是行向量, 记 $\boldsymbol{A}=\begin{pmatrix}\boldsymbol{\beta}_1^{\mathrm{T}}\\\boldsymbol{\beta}_2^{\mathrm{T}}\\\vdots\\\boldsymbol{\beta}_n^{\mathrm{T}}\end{pmatrix}$, 向量组 $(\boldsymbol{\beta}_1^{\mathrm{T}},\boldsymbol{\beta}_2^{\mathrm{T}},\cdots,\boldsymbol{\beta}_n^{\mathrm{T}})$ 称为矩阵 $\boldsymbol{A}$ 的**行向量组**.

例 3.2.1 n 元线性方程组的解 $\begin{cases}x_1=a_1,\\x_2=a_2,\\\cdots\cdots\\x_n=a_n,\end{cases}$ 可记为 $\boldsymbol{X}=\begin{pmatrix}a_1\\a_2\\\vdots\\a_n\end{pmatrix}$ 或 $\boldsymbol{X}=(a_1,a_2,\cdots,a_n)^{\mathrm{T}}$, 称为线性方程组的解向量.

例 3.2.2 在计算机成像技术中, 每个像素利用向量将其数字化, 像素向量 (x,y,r,g,b) 是一个五维向量, 其中 (x,y) 表示像素的位置, (r,g,b) 表示三原色的强度, 图像数字化后计算机才能进行处理.

定义 3.2.2 设两个 n 维向量: $\boldsymbol{\alpha}=(a_1,a_2,\cdots,a_n)^{\mathrm{T}}$, $\boldsymbol{\beta}=(b_1,b_2,\cdots,b_n)^{\mathrm{T}}$, k 为实数, 定义如下运算.

向量的加法: $\boldsymbol{\alpha}+\boldsymbol{\beta}=(a_1+b_1,a_2+b_2,\cdots,a_n+b_n)^{\mathrm{T}}$.

向量的数乘: $k\boldsymbol{\alpha}=(ka_1,ka_2,\cdots,ka_n)^{\mathrm{T}}$.

向量的减法: $\boldsymbol{\alpha}-\boldsymbol{\beta}=\boldsymbol{\alpha}+(-\boldsymbol{\beta})=(a_1-b_1,a_2-b_2,\cdots,a_n-b_n)^{\mathrm{T}}$.

向量的加法、数乘运算统称向量的**线性运算**, 它与列 (行) 矩阵的运算规律相同.

运算律: 设 $\boldsymbol{\alpha},\boldsymbol{\beta},\boldsymbol{\gamma}$ 为 n 维向量, λ,μ 为任意数, 则

(1) $\boldsymbol{\alpha}+\boldsymbol{\beta}=\boldsymbol{\beta}+\boldsymbol{\alpha}$;

(2) $(\boldsymbol{\alpha}+\boldsymbol{\beta})+\boldsymbol{\gamma}=\boldsymbol{\alpha}+(\boldsymbol{\beta}+\boldsymbol{\gamma})$;

(3) $\lambda(\mu\boldsymbol{\alpha})=(\lambda\mu)\boldsymbol{\alpha}$;

(4) $1\cdot\boldsymbol{\alpha}=\boldsymbol{\alpha}$;

(5) $\lambda(\boldsymbol{\alpha}+\boldsymbol{\beta})=\lambda\boldsymbol{\alpha}+\lambda\boldsymbol{\beta}$, $(\lambda+\mu)\boldsymbol{\alpha}=\lambda\boldsymbol{\alpha}+\mu\boldsymbol{\alpha}$;

(6) $\boldsymbol{\alpha}+\boldsymbol{0}=\boldsymbol{\alpha}$, $\boldsymbol{\alpha}+(-\boldsymbol{\alpha})=\boldsymbol{0}$.

n 维向量 $\boldsymbol{\alpha}=(a_1,a_2,\cdots,a_n)^{\mathrm{T}}$, $\|\boldsymbol{\alpha}\|=\sqrt{a_1^2+a_2^2+\cdots+a_n^2}$ 称为**向量的模** (或**范数**). 模为 1 的向量称为**单位向量**.

n 维向量 $\boldsymbol{\alpha}=(a_1,a_2,\cdots,a_n)^{\mathrm{T}}$ 对应的单位向量为 $\boldsymbol{\alpha}_0=\dfrac{\boldsymbol{\alpha}}{\|\boldsymbol{\alpha}\|}$.

称 $\boldsymbol{\varepsilon}_1=\begin{pmatrix}1\\0\\\vdots\\0\end{pmatrix},\boldsymbol{\varepsilon}_2=\begin{pmatrix}0\\1\\\vdots\\0\end{pmatrix},\cdots,\boldsymbol{\varepsilon}_n=\begin{pmatrix}0\\0\\\vdots\\1\end{pmatrix}$ **为单位坐标向量组**, 它构成的矩阵为单位阵 $\boldsymbol{E}_n=(\boldsymbol{\varepsilon}_1,\boldsymbol{\varepsilon}_2,\cdots,\boldsymbol{\varepsilon}_n)$.

例 3.2.3 设 $\boldsymbol{\alpha}=(1,2,-2)^{\mathrm{T}}$, $\boldsymbol{\beta}=(2,0,-3)^{\mathrm{T}}$, 求: (1) $2\boldsymbol{\alpha}-3\boldsymbol{\beta}$; (2)$\boldsymbol{\alpha}$ 对应的单位向量.

解 (1) $2\boldsymbol{\alpha}-3\boldsymbol{\beta}=(-4,4,5)^{\mathrm{T}}$;

(2) $\|\boldsymbol{\alpha}\|=\sqrt{1^2+2^2+(-2)^2}=3$, $\boldsymbol{\alpha}_0=\dfrac{\boldsymbol{\alpha}}{\|\boldsymbol{\alpha}\|}=\dfrac{\boldsymbol{\alpha}}{3}=\left(\dfrac{1}{3},\dfrac{2}{3},-\dfrac{2}{3}\right)^{\mathrm{T}}$.

n 元非齐次线性方程组

$$\begin{cases}a_{11}x_1+a_{12}x_2+\cdots+a_{1n}x_n=b_1,\\a_{21}x_1+a_{22}x_2+\cdots+a_{2n}x_n=b_2,\\\qquad\qquad\cdots\cdots\\a_{m1}x_1+a_{m2}x_2+\cdots+a_{mn}x_n=b_m,\end{cases}$$

可记为向量形式

$$\boldsymbol{\alpha}_1x_1+\boldsymbol{\alpha}_2x_2+\cdots+\boldsymbol{\alpha}_nx_n=\boldsymbol{\beta},$$

其中 $\boldsymbol{\alpha}_i$ 为 x_i 的系数构成的列向量

$$\boldsymbol{\alpha}_i=\begin{pmatrix}\boldsymbol{\alpha}_{1i}\\\boldsymbol{\alpha}_{2i}\\\vdots\\\boldsymbol{\alpha}_{mi}\end{pmatrix}\ (i=1,2,\cdots,n),\quad \boldsymbol{\beta}=\begin{pmatrix}b_1\\b_2\\\vdots\\b_m\end{pmatrix}.$$

n 元齐次线性方程组

$$\begin{cases}a_{11}x_1+a_{12}x_2+\cdots+a_{1n}x_n=0,\\a_{21}x_1+a_{22}x_2+\cdots+a_{2n}x_n=0,\\\qquad\qquad\cdots\cdots\\a_{m1}x_1+a_{m2}x_2+\cdots+a_{mn}x_n=0,\end{cases}$$

可记为向量形式

$$\boldsymbol{\alpha}_1x_1+\boldsymbol{\alpha}_2x_2+\cdots+\boldsymbol{\alpha}_nx_n=\mathbf{0}.$$

3.2.2 向量组及其线性表示

定义 3.2.3 给定向量组 $A:\boldsymbol{\alpha}_1,\boldsymbol{\alpha}_2,\cdots,\boldsymbol{\alpha}_s$, 对于任何一组实数 $k_1,k_2,\cdots,k_s$, 表达式

$$k_1\boldsymbol{\alpha}_1+k_2\boldsymbol{\alpha}_2+\cdots+k_s\boldsymbol{\alpha}_s$$

称为向量组 $A:\boldsymbol{\alpha}_1,\boldsymbol{\alpha}_2,\cdots,\boldsymbol{\alpha}_s$ 的一个线性组合, 称 $k_1,k_2,\cdots,k_s$ 为这个线性组合的系数.

定义 3.2.4 给定向量组 $A:\boldsymbol{\alpha}_1,\boldsymbol{\alpha}_2,\cdots,\boldsymbol{\alpha}_s$ 和向量 $\boldsymbol{\beta}$, 如果存在一组数 $k_1,k_2,\cdots,k_s$, 使

$$\boldsymbol{\beta}=k_1\boldsymbol{\alpha}_1+k_2\boldsymbol{\alpha}_2+\cdots+k_s\boldsymbol{\alpha}._s$$

成立, 则称向量 $\boldsymbol{\beta}$ 是向量组 $A:\boldsymbol{\alpha}_1,\boldsymbol{\alpha}_2,\cdots,\boldsymbol{\alpha}_s$ 的一个线性组合, 或称向量 $\boldsymbol{\beta}$ 能由向量组 $A:\boldsymbol{\alpha}_1,\boldsymbol{\alpha}_2,\cdots,\boldsymbol{\alpha}_s$ 线性表示.

定理 3.2.1 n 维向量 $\boldsymbol{\beta}$ 能由 n 维向量组 $A:\boldsymbol{\alpha}_1,\boldsymbol{\alpha}_2,\cdots,\boldsymbol{\alpha}_s$ 线性表示

$\Leftrightarrow$ 非齐次线性方程组 $\boldsymbol{\alpha}_1x_1+\boldsymbol{\alpha}_2x_2+\cdots+\boldsymbol{\alpha}_sx_s=\boldsymbol{\beta}$ 有解

$\Leftrightarrow R(\boldsymbol{\alpha}_1,\boldsymbol{\alpha}_2,\cdots,\boldsymbol{\alpha}_s)=R(\boldsymbol{\alpha}_1,\boldsymbol{\alpha}_2,\cdots,\boldsymbol{\alpha}_s,\boldsymbol{\beta})$.

证明 第一个充分必要条件是显然的; 而线性方程组 $\boldsymbol{\alpha}_1x_1+\boldsymbol{\alpha}_2x_2+\cdots+\boldsymbol{\alpha}_sx_s=\boldsymbol{\beta}$ 有解的充分必要条件是 $R(\boldsymbol{A})=R(\tilde{\boldsymbol{A}})$, 即 $R(\boldsymbol{\alpha}_1,\boldsymbol{\alpha}_2,\cdots,\boldsymbol{\alpha}_s)=R(\boldsymbol{\alpha}_1,\boldsymbol{\alpha}_2,\cdots,\boldsymbol{\alpha}_s,\boldsymbol{\beta})$, 其中 $\boldsymbol{A}=(\boldsymbol{\alpha}_1,\boldsymbol{\alpha}_2,\cdots,\boldsymbol{\alpha}_s)$.

注 若非齐次线性方程组 $\boldsymbol{\alpha}_1x_1+\boldsymbol{\alpha}_2x_2+\cdots+\boldsymbol{\alpha}_sx_s=\boldsymbol{\beta}$ 有唯一解, 则向量 $\boldsymbol{\beta}$ 能由 n 维向量组 $A:\boldsymbol{\alpha}_1,\boldsymbol{\alpha}_2,\cdots,\boldsymbol{\alpha}_s$ 线性表示, 且表示法唯一.

例 3.2.4 任意 n 维向量 $\boldsymbol{\alpha}=(a_1,a_2,\cdots,a_n)^{\mathrm{T}}$ 都可由单位坐标向量组 $\boldsymbol{\varepsilon}_1,\boldsymbol{\varepsilon}_2,\cdots,\boldsymbol{\varepsilon}_n$ 线性表示. 因为 $\boldsymbol{\alpha}=(a_1,a_2,\cdots,a_n)^{\mathrm{T}}=a_1\boldsymbol{\varepsilon}_1+a_2\boldsymbol{\varepsilon}_2+\cdots+a_n\boldsymbol{\varepsilon}_n$ 成立.

例 3.2.5 零向量可由任意向量组 $A:\boldsymbol{\alpha}_1,\boldsymbol{\alpha}_2,\cdots,\boldsymbol{\alpha}_s$ 线性表示. 因为 $\boldsymbol{0}=0\boldsymbol{\alpha}_1+0\boldsymbol{\alpha}_2+\cdots+0\boldsymbol{\alpha}_s$ 成立.

例 3.2.6 向量组 $A:\boldsymbol{\alpha}_1,\boldsymbol{\alpha}_2,\cdots,\boldsymbol{\alpha}_s$ 中的任一向量 $\boldsymbol{\alpha}_i\ (1\leqslant i\leqslant s)$ 都可以由这个向量组线性表示. 因为 $\boldsymbol{\alpha}_i=0\boldsymbol{\alpha}_1+\cdots+0\boldsymbol{\alpha}_{i-1}+1\boldsymbol{\alpha}_i+0\boldsymbol{\alpha}_{i+1}+\cdots+0\boldsymbol{\alpha}_s$ 成立.

例 3.2.7 设

$$\boldsymbol{\alpha}_1=\begin{pmatrix}0\\1\\2\\3\end{pmatrix},\quad \boldsymbol{\alpha}_2=\begin{pmatrix}3\\0\\1\\2\end{pmatrix},\quad \boldsymbol{\alpha}_3=\begin{pmatrix}2\\3\\0\\1\end{pmatrix},\quad \boldsymbol{\beta}=\begin{pmatrix}2\\1\\1\\2\end{pmatrix}.$$

判断向量 $\boldsymbol{\beta}$ 是否能由向量组 $\boldsymbol{\alpha}_1,\boldsymbol{\alpha}_2,\boldsymbol{\alpha}_3$ 线性表示？若可以，求出表示式.

解 令 $x_1\boldsymbol{\alpha}_1+x_2\boldsymbol{\alpha}_2+x_3\boldsymbol{\alpha}_3=\boldsymbol{\beta}$，对这个线性方程组的增广阵进行初等行变换

$$\tilde{\boldsymbol{A}}=(\boldsymbol{\alpha}_1,\boldsymbol{\alpha}_2,\boldsymbol{\alpha}_3,\boldsymbol{\beta})=\begin{pmatrix}0&3&2&2\\1&0&3&1\\2&1&0&1\\3&2&1&2\end{pmatrix}\sim\begin{pmatrix}1&0&3&1\\0&3&2&2\\0&1&-6&-1\\0&2&-8&-1\end{pmatrix}$$

$$\sim\begin{pmatrix}1&0&3&1\\0&1&-6&-1\\0&0&4&1\\0&0&20&5\end{pmatrix}\sim\begin{pmatrix}1&0&3&1\\0&1&-6&-1\\0&0&4&1\\0&0&0&0\end{pmatrix}\sim\begin{pmatrix}1&0&0&\dfrac{1}{4}\\0&1&0&\dfrac{1}{2}\\0&0&1&\dfrac{1}{4}\\0&0&0&0\end{pmatrix},$$

故方程 $x_1\boldsymbol{\alpha}_1+x_2\boldsymbol{\alpha}_2+x_3\boldsymbol{\alpha}_3=\boldsymbol{\beta}$ 有解，

$$\boldsymbol{X}=\begin{pmatrix}x_1\\x_2\\x_3\end{pmatrix}=\begin{pmatrix}\dfrac{1}{4}\\\dfrac{1}{2}\\\dfrac{1}{4}\end{pmatrix}.$$

所以向量 $\boldsymbol{\beta}$ 能由向量组 $\boldsymbol{\alpha}_1,\boldsymbol{\alpha}_2,\boldsymbol{\alpha}_3$ 线性表示，且表示法唯一，即 $\boldsymbol{\beta}=\dfrac{1}{4}\boldsymbol{\alpha}_1+\dfrac{1}{2}\boldsymbol{\alpha}_2+\dfrac{1}{4}\boldsymbol{\alpha}_3$.

例 3.2.8 设向量 $\boldsymbol{\alpha}_1=(1,4,0,2)^{\mathrm{T}}$，$\boldsymbol{\alpha}_2=(2,7,1,3)^{\mathrm{T}}$，$\boldsymbol{\alpha}_3=(0,1,-1,a)^{\mathrm{T}}$，$\boldsymbol{\beta}=(3,10,b,4)^{\mathrm{T}}$，求:

(1) a,b 为何值时，$\boldsymbol{\beta}$ 不能由 $\boldsymbol{\alpha}_1,\boldsymbol{\alpha}_2,\boldsymbol{\alpha}_3$ 线性表示？

(2) a,b 为何值时，$\boldsymbol{\beta}$ 可由 $\boldsymbol{\alpha}_1,\boldsymbol{\alpha}_2,\boldsymbol{\alpha}_3$ 线性表示？

解 设存在数 k_1,k_2,k_3，使得 $k_1\boldsymbol{\alpha}_1+k_2\boldsymbol{\alpha}_2+k_3\boldsymbol{\alpha}_3=\boldsymbol{\beta}$，可得以 k_1,k_2,k_3 为未知数的线性方程组: $(\boldsymbol{\alpha}_1,\boldsymbol{\alpha}_2,\boldsymbol{\alpha}_3)\boldsymbol{K}=\boldsymbol{\beta}$. 对其增广阵 $\widetilde{\boldsymbol{A}}=(\boldsymbol{\alpha}_1,\boldsymbol{\alpha}_2,\boldsymbol{\alpha}_3,\boldsymbol{\beta})$ 进行初等行变换化为行阶梯阵:

$$\widetilde{\boldsymbol{A}}=\begin{pmatrix}1&2&0&3\\4&7&1&10\\0&1&-1&b\\2&3&a&4\end{pmatrix}\sim\begin{pmatrix}1&0&2&-1\\0&1&-1&2\\0&0&a-1&0\\0&0&0&b-2\end{pmatrix}.$$

由此知以下结论.

(1) 当 $b \neq 2$, a 为任意实数时, 线性方程组 $(\boldsymbol{\alpha}_1, \boldsymbol{\alpha}_2, \boldsymbol{\alpha}_3)\boldsymbol{K} = \boldsymbol{\beta}$ 无解, 即 $\boldsymbol{\beta}$ 不能由 $\boldsymbol{\alpha}_1, \boldsymbol{\alpha}_2, \boldsymbol{\alpha}_3$ 线性表示.

(2) 当 $b = 2, a \neq 1$ 时, 线性方程组 $(\boldsymbol{\alpha}_1, \boldsymbol{\alpha}_2, \boldsymbol{\alpha}_3)\boldsymbol{K} = \boldsymbol{\beta}$ 有唯一解: $k_1 = -1, k_2 = 2, k_3 = 0$, 即 $\boldsymbol{\beta}$ 可由 $\boldsymbol{\alpha}_1, \boldsymbol{\alpha}_2, \boldsymbol{\alpha}_3$ 唯一线性表示: $\boldsymbol{\beta} = -\boldsymbol{\alpha}_1 + 2\boldsymbol{\alpha}_2$.

当 $b = 2, a = 1$ 时, 线性方程组 $(\boldsymbol{\alpha}_1, \boldsymbol{\alpha}_2, \boldsymbol{\alpha}_3)\boldsymbol{K} = \boldsymbol{\beta}$ 有无穷解, 即 $\boldsymbol{\beta}$ 可由 $\boldsymbol{\alpha}_1, \boldsymbol{\alpha}_2, \boldsymbol{\alpha}_3$ 线性表示, 且表示法不唯一.

由例 3.2.7、例 3.2.8 知: 判断 $\boldsymbol{\beta}$ 是否能由 $\boldsymbol{\alpha}_1, \boldsymbol{\alpha}_2, \cdots, \boldsymbol{\alpha}_s$ 线性表示, 可转化为判断非齐次线性方程组 $k_1\boldsymbol{\alpha}_1 + k_2\boldsymbol{\alpha}_2 + \cdots + k_s\boldsymbol{\alpha}_s = \boldsymbol{\beta}$ 是否有解的问题.

3.2.3 向量组的等价

定义 3.2.5 设有两个向量组 $A: \boldsymbol{\alpha}_1, \boldsymbol{\alpha}_2, \cdots, \boldsymbol{\alpha}_s$ 及 $B: \boldsymbol{\beta}_1, \boldsymbol{\beta}_2, \cdots, \boldsymbol{\beta}_t$, 若向量组 B 中的每个向量都能由向量组 A 线性表示, 则称向量组 B 能由向量组 A 线性表示. 若向量组 A 与向量组 B 能互相线性表示, 则称这两个**向量组等价**, 记为 $A \cong B$.

向量组等价的性质:

(1) 自反性: $A \cong A$.

(2) 对称性: 若 $A \cong B$, 则 $B \cong A$.

(3) 传递性: 若 $A \cong B$, $B \cong C$, 则 $A \cong C$.

注 矩阵 $\boldsymbol{A}$ 与矩阵 $\boldsymbol{B}$ 等价是指矩阵 $\boldsymbol{A}$ 可通过初等变换化为矩阵 $\boldsymbol{B}$ (两矩阵必须同型); 而向量组 $A: \boldsymbol{\alpha}_1, \boldsymbol{\alpha}_2, \cdots, \boldsymbol{\alpha}_s$ 与 $B: \boldsymbol{\beta}_1, \boldsymbol{\beta}_2, \cdots, \boldsymbol{\beta}_t$ 等价是指两组向量可以互相线性表示 (两个向量组构成的两个矩阵不一定同型).

定理 3.2.2 向量组 $B: \boldsymbol{\beta}_1, \boldsymbol{\beta}_2, \cdots, \boldsymbol{\beta}_t$ 能由向量组 $A: \boldsymbol{\alpha}_1, \boldsymbol{\alpha}_2, \cdots, \boldsymbol{\alpha}_s$ 线性表示

$$\Leftrightarrow R(\boldsymbol{\alpha}_1, \boldsymbol{\alpha}_2, \cdots, \boldsymbol{\alpha}_s) = R(\boldsymbol{\alpha}_1, \boldsymbol{\alpha}_2, \cdots, \boldsymbol{\alpha}_s, \boldsymbol{\beta}_1, \boldsymbol{\beta}_2, \cdots, \boldsymbol{\beta}_t).$$

证明 向量 $\boldsymbol{\beta}_i$ 能由向量组 $A: \boldsymbol{\alpha}_1, \boldsymbol{\alpha}_2, \cdots, \boldsymbol{\alpha}_s$ 线性表示

$$\Leftrightarrow R(\boldsymbol{\alpha}_1, \boldsymbol{\alpha}_2, \cdots, \boldsymbol{\alpha}_s) = R(\boldsymbol{\alpha}_1, \boldsymbol{\alpha}_2, \cdots, \boldsymbol{\alpha}_s, \boldsymbol{\beta}_i) \quad (i = 1, 2, \cdots, t)$$

$$\Leftrightarrow R(\boldsymbol{\alpha}_1, \boldsymbol{\alpha}_2, \cdots, \boldsymbol{\alpha}_s) = R(\boldsymbol{\alpha}_1, \boldsymbol{\alpha}_2, \cdots, \boldsymbol{\alpha}_s, \boldsymbol{\beta}_1, \boldsymbol{\beta}_2, \cdots, \boldsymbol{\beta}_t).$$

推论 3.2.1 向量组 $A: \boldsymbol{\alpha}_1, \boldsymbol{\alpha}_2, \cdots, \boldsymbol{\alpha}_s$ 与向量组 $B: \boldsymbol{\beta}_1, \boldsymbol{\beta}_2, \cdots, \boldsymbol{\beta}_t$ 等价

$$\Leftrightarrow R(\boldsymbol{A}) = R(\boldsymbol{B}) = R(\boldsymbol{A}, \boldsymbol{B}), \text{其中} \boldsymbol{A} = (\boldsymbol{\alpha}_1, \boldsymbol{\alpha}_2, \cdots, \boldsymbol{\alpha}_s), \boldsymbol{B} = (\boldsymbol{\beta}_1, \boldsymbol{\beta}_2, \cdots, \boldsymbol{\beta}_t).$$

证明 因向量组 A 与 B 可以互相线性表示, 故知 $R(\boldsymbol{A}) = R(\boldsymbol{A}, \boldsymbol{B})$, $R(\boldsymbol{B}) = R(\boldsymbol{B}, \boldsymbol{A})$. 而 $R(\boldsymbol{B}, \boldsymbol{A}) = R(\boldsymbol{A}, \boldsymbol{B})$, 故 $R(\boldsymbol{A}) = R(\boldsymbol{B}) = R(\boldsymbol{A}, \boldsymbol{B})$.

例 3.2.9 已知向量组 A: $\boldsymbol{\alpha}_1=\begin{pmatrix}0\\1\\1\end{pmatrix},\boldsymbol{\alpha}_2=\begin{pmatrix}1\\1\\0\end{pmatrix}$, B: $\boldsymbol{\beta}_1=\begin{pmatrix}-1\\0\\1\end{pmatrix}$, $\boldsymbol{\beta}_2=\begin{pmatrix}1\\2\\1\end{pmatrix},\boldsymbol{\beta}_3=\begin{pmatrix}3\\2\\-1\end{pmatrix}$. 证明: 向量组 A 与向量组 B 等价.

证明 令 $\boldsymbol{A}=(\boldsymbol{\alpha}_1,\boldsymbol{\alpha}_2)$, $\boldsymbol{B}=(\boldsymbol{\beta}_1,\boldsymbol{\beta}_2,\boldsymbol{\beta}_3)$, 由推论 3.2.1 知, 即证 $R(\boldsymbol{A})=R(\boldsymbol{B})=R(\boldsymbol{A},\boldsymbol{B})$,

$$
\begin{aligned}
(\boldsymbol{A},\boldsymbol{B})=\begin{pmatrix}0&1&-1&1&3\\1&1&0&2&2\\1&0&1&1&-1\end{pmatrix}&\sim\begin{pmatrix}1&1&0&2&2\\0&1&-1&1&3\\0&-1&1&-1&-3\end{pmatrix}\\
&\sim\begin{pmatrix}1&1&0&2&2\\0&1&-1&1&3\\0&0&0&0&0\end{pmatrix},
\end{aligned}
$$

故 $R(\boldsymbol{A})=2,R(\boldsymbol{A},\boldsymbol{B})=2$. 又因 $|\boldsymbol{B}|=0$, $\begin{vmatrix}-1&1\\0&2\end{vmatrix}\neq 0$, 故 $R(\boldsymbol{B})=2$. 因此 $R(\boldsymbol{A})=R(\boldsymbol{B})=R(\boldsymbol{A},\boldsymbol{B})$.

注 $\boldsymbol{A},\boldsymbol{B}$ 两个矩阵并不等价.

定理 3.2.3 设向量组 $B:\boldsymbol{\beta}_1,\boldsymbol{\beta}_2,\cdots,\boldsymbol{\beta}_t$ 能由向量组 $A:\boldsymbol{\alpha}_1,\boldsymbol{\alpha}_2,\cdots,\boldsymbol{\alpha}_s$ 线性表示, 则

$$R(\boldsymbol{\beta}_1,\boldsymbol{\beta}_2,\cdots,\boldsymbol{\beta}_t)\leqslant R(\boldsymbol{\alpha}_1,\boldsymbol{\alpha}_2,\cdots,\boldsymbol{\alpha}_s).$$

证明 记 $\boldsymbol{A}=(\boldsymbol{\alpha}_1,\boldsymbol{\alpha}_2,\cdots,\boldsymbol{\alpha}_s)$, $\boldsymbol{B}=(\boldsymbol{\beta}_1,\boldsymbol{\beta}_2,\cdots,\boldsymbol{\beta}_t)$. 向量组 $B:\boldsymbol{\beta}_1,\boldsymbol{\beta}_2,\cdots,\boldsymbol{\beta}_t$ 能由向量组 $A:\boldsymbol{\alpha}_1,\boldsymbol{\alpha}_2,\cdots,\boldsymbol{\alpha}_s$ 线性表示, 所以 $R(\boldsymbol{A})=R(\boldsymbol{A},\boldsymbol{B})$. 而 $R(\boldsymbol{B})\leqslant R(\boldsymbol{A},\boldsymbol{B})$, 故 $R(\boldsymbol{B})\leqslant R(\boldsymbol{A})$.

若向量组 $B:\boldsymbol{\beta}_1,\boldsymbol{\beta}_2,\cdots,\boldsymbol{\beta}_t$ 能由向量组 $A:\boldsymbol{\alpha}_1,\boldsymbol{\alpha}_2,\cdots,\boldsymbol{\alpha}_s$ 线性表示, 则存在 k_{ij} 使

$$\boldsymbol{\beta}_i=k_{1i}\boldsymbol{\alpha}_1+k_{2i}\boldsymbol{\alpha}_2+\cdots+k_{si}\boldsymbol{\alpha}_s=(\boldsymbol{\alpha}_1,\boldsymbol{\alpha}_2,\cdots,\boldsymbol{\alpha}_s)\begin{pmatrix}k_{1i}\\k_{2i}\\\vdots\\k_{si}\end{pmatrix}\quad(i=1,2,\cdots,t)$$

成立, 故

$$(\boldsymbol{\beta}_1,\boldsymbol{\beta}_2,\cdots,\boldsymbol{\beta}_t)=(\boldsymbol{\alpha}_1,\boldsymbol{\alpha}_2,\cdots,\boldsymbol{\alpha}_s)\begin{pmatrix} k_{11} & k_{12} & \cdots & k_{1t} \\ k_{21} & k_{22} & \cdots & k_{2t} \\ \vdots & \vdots & & \vdots \\ k_{s1} & k_{s2} & \cdots & k_{st} \end{pmatrix},$$

记为 $\boldsymbol{B}=\boldsymbol{AK}$, 矩阵 $\boldsymbol{K}$ 称为这一线性表示的**系数矩阵**.

例 3.2.10 已知 $\boldsymbol{\gamma}_1=\boldsymbol{\beta}_1-2\boldsymbol{\beta}_2$, $\boldsymbol{\gamma}_2=3\boldsymbol{\beta}_1+\boldsymbol{\beta}_2$; $\boldsymbol{\beta}_1=2\boldsymbol{\alpha}_1+\boldsymbol{\alpha}_2-3\boldsymbol{\alpha}_3$, $\boldsymbol{\beta}_2=\boldsymbol{\alpha}_1-\boldsymbol{\alpha}_2+2\boldsymbol{\alpha}_3$. 求 $\boldsymbol{\gamma}_1,\boldsymbol{\gamma}_2$ 由 $\boldsymbol{\alpha}_1,\boldsymbol{\alpha}_2,\boldsymbol{\alpha}_3$ 线性表示的表达式.

解 $(\boldsymbol{\gamma}_1,\boldsymbol{\gamma}_2)=(\boldsymbol{\beta}_1,\boldsymbol{\beta}_2)\begin{pmatrix} 1 & 3 \\ -2 & 1 \end{pmatrix}$, $(\boldsymbol{\beta}_1,\boldsymbol{\beta}_2)=(\boldsymbol{\alpha}_1,\boldsymbol{\alpha}_2,\boldsymbol{\alpha}_3)\begin{pmatrix} 2 & 1 \\ 1 & -1 \\ -3 & 2 \end{pmatrix}$,

所以

$$(\boldsymbol{\gamma}_1,\boldsymbol{\gamma}_2)=(\boldsymbol{\alpha}_1,\boldsymbol{\alpha}_2,\boldsymbol{\alpha}_3)\begin{pmatrix} 2 & 1 \\ 1 & -1 \\ -3 & 2 \end{pmatrix}\begin{pmatrix} 1 & 3 \\ -2 & 1 \end{pmatrix}=(\boldsymbol{\alpha}_1,\boldsymbol{\alpha}_2,\boldsymbol{\alpha}_3)\begin{pmatrix} 0 & 7 \\ 3 & 2 \\ -7 & -7 \end{pmatrix},$$

即

$$\boldsymbol{\gamma}_1=3\boldsymbol{\alpha}_2-7\boldsymbol{\alpha}_3,\quad \boldsymbol{\gamma}_2=7\boldsymbol{\alpha}_1+2\boldsymbol{\alpha}_2-7\boldsymbol{\alpha}_3.$$

3.3 向量组的线性相关性

3.3.1 线性相关性的定义

定义 3.3.1 给定向量组 $A:\boldsymbol{\alpha}_1,\boldsymbol{\alpha}_2,\cdots,\boldsymbol{\alpha}_s$, 若存在不全为零的数 $k_1,k_2,\cdots,k_s$, 使

$$k_1\boldsymbol{\alpha}_1+k_2\boldsymbol{\alpha}_2+\cdots+k_s\boldsymbol{\alpha}_s=\mathbf{0}$$

成立, 则称向量组 $A:\boldsymbol{\alpha}_1,\boldsymbol{\alpha}_2,\cdots,\boldsymbol{\alpha}_s$ 是线性相关的, 否则称为线性无关的. 即若 $k_1\boldsymbol{\alpha}_1+k_2\boldsymbol{\alpha}_2+\cdots+k_s\boldsymbol{\alpha}_s=\mathbf{0}$ 当且仅当 $k_1,k_2,\cdots,k_s$ 全为 0, 则称向量组 $\boldsymbol{\alpha}_1,\boldsymbol{\alpha}_2,\cdots,\boldsymbol{\alpha}_s$ 线性无关.

例 3.3.1 含零向量的向量组线性相关. 因为 $0\boldsymbol{\alpha}_1+\cdots+k\cdot\mathbf{0}+\cdots+0\boldsymbol{\alpha}_s=\mathbf{0}$ 总是成立的, 其中 k 为非零常数.

例 3.3.2 两个非零向量 $\boldsymbol{\alpha},\boldsymbol{\beta}$ 线性相关的充分必要条件是 $\boldsymbol{\alpha},\boldsymbol{\beta}$ 的对应分量成比例.

证明 (充分性) 若两个非零向量 $\boldsymbol{\alpha},\boldsymbol{\beta}$ 的对应分量成比例, 则存在非零数 k, 使 $\boldsymbol{\alpha}=k\boldsymbol{\beta}$ 成立, 即 $\boldsymbol{\alpha}-k\boldsymbol{\beta}=\mathbf{0}$, 所以 $\boldsymbol{\alpha},\boldsymbol{\beta}$ 线性相关;

(必要性) 若非零向量 $\boldsymbol{\alpha},\boldsymbol{\beta}$ 线性相关, 则存在不全为零的数 k_1,k_2, 使 $k_1\boldsymbol{\alpha}+k_2\boldsymbol{\beta}=\mathbf{0}$ 成立, 不妨设 $k_1\neq 0$, 得 $\boldsymbol{\alpha}=-\dfrac{k_2}{k_1}\boldsymbol{\beta}$, 所以 $\boldsymbol{\alpha},\boldsymbol{\beta}$ 的对应分量成比例.

例 3.3.3 单个非零向量 $\boldsymbol{\alpha}$ 是线性无关的.

证明 假设数 k 使 $k\boldsymbol{\alpha}=\mathbf{0}$, 因为 $\boldsymbol{\alpha}\neq\mathbf{0}$, 则必有 $k=0$, 所以单个非零向量 $\boldsymbol{\alpha}$ 是线性无关的.

例 3.3.4 证明单位坐标向量组 $\boldsymbol{\varepsilon}_1=\begin{pmatrix}1\\0\\\vdots\\0\end{pmatrix}, \boldsymbol{\varepsilon}_2=\begin{pmatrix}0\\1\\\vdots\\0\end{pmatrix}, \cdots, \boldsymbol{\varepsilon}_n=\begin{pmatrix}0\\0\\\vdots\\1\end{pmatrix}$ 是线性无关的.

证明 设 $k_1\boldsymbol{\varepsilon}_1+k_2\boldsymbol{\varepsilon}_2+\cdots+k_n\boldsymbol{\varepsilon}_n=\mathbf{0}$, 则

$$\begin{pmatrix}k_1\\k_2\\\vdots\\k_n\end{pmatrix}=\begin{pmatrix}0\\0\\\vdots\\0\end{pmatrix},$$

即 $k_1=k_2=\cdots=k_n=0$, 所以 $\boldsymbol{\varepsilon}_1, \boldsymbol{\varepsilon}_2, \cdots, \boldsymbol{\varepsilon}_n$ 是线性无关的.

例 3.3.5 已知向量组 $\boldsymbol{\alpha}_1,\boldsymbol{\alpha}_2,\boldsymbol{\alpha}_3$ 线性无关, $\boldsymbol{\beta}_1=\boldsymbol{\alpha}_1+\boldsymbol{\alpha}_2$, $\boldsymbol{\beta}_2=\boldsymbol{\alpha}_2+\boldsymbol{\alpha}_3$, $\boldsymbol{\beta}_3=\boldsymbol{\alpha}_1+\boldsymbol{\alpha}_3$, 试证向量组 $\boldsymbol{\beta}_1,\boldsymbol{\beta}_2,\boldsymbol{\beta}_3$ 线性无关.

证明 设有 x_1,x_2,x_3 使 $x_1\boldsymbol{\beta}_1+x_2\boldsymbol{\beta}_2+x_3\boldsymbol{\beta}_3=\mathbf{0}$, 则

$$x_1(\boldsymbol{\alpha}_1+\boldsymbol{\alpha}_2)+x_2(\boldsymbol{\alpha}_2+\boldsymbol{\alpha}_3)+x_3(\boldsymbol{\alpha}_1+\boldsymbol{\alpha}_3)=\mathbf{0},$$

即

$$(x_1+x_3)\boldsymbol{\alpha}_1+(x_1+x_2)\boldsymbol{\alpha}_2+(x_2+x_3)\boldsymbol{\alpha}_3=\mathbf{0}.$$

因 $\boldsymbol{\alpha}_1,\boldsymbol{\alpha}_2,\boldsymbol{\alpha}_3$ 线性无关, 故有

$$\begin{cases}x_1+x_3=0,\\x_1+x_2=0,\\x_2+x_3=0.\end{cases}$$

因此方程组的系数行列式

$$\begin{vmatrix} 1 & 0 & 1 \\ 1 & 1 & 0 \\ 0 & 1 & 1 \end{vmatrix} = 2 \neq 0,$$

故方程组只有零解 $x_1 = x_2 = x_3 = 0$, 所以向量组 $\boldsymbol{\beta}_1, \boldsymbol{\beta}_2, \boldsymbol{\beta}_3$ 线性无关.

注 本题的证明方法是用定义证明向量组线性无关的一般方法.

3.3.2 线性相关性的判定

定理 3.3.1 向量组 $A: \boldsymbol{\alpha}_1, \boldsymbol{\alpha}_2, \cdots, \boldsymbol{\alpha}_m$ 线性相关的充分必要条件是: 向量组 A 中至少有一个向量能由其余 $m-1$ 个向量线性表示.

证明 (必要性) 由于向量组 $A: \boldsymbol{\alpha}_1, \boldsymbol{\alpha}_2, \cdots, \boldsymbol{\alpha}_m$ 线性相关, 则存在不全为零的数 $k_1, k_2, \cdots, k_m$, 使

$$k_1\boldsymbol{\alpha}_1 + k_2\boldsymbol{\alpha}_2 + \cdots + k_m\boldsymbol{\alpha}_m = \mathbf{0}.$$

不妨设 $k_1 \neq 0$, 则 $\boldsymbol{\alpha}_1 = \dfrac{-1}{k_1}(k_2\boldsymbol{\alpha}_2 + \cdots + k_m\boldsymbol{\alpha}_m)$, 即 $\boldsymbol{\alpha}_1$ 能由 $\boldsymbol{\alpha}_2, \cdots, \boldsymbol{\alpha}_m$ 线性表示.

(充分性) 向量组 $A: \boldsymbol{\alpha}_1, \boldsymbol{\alpha}_2, \cdots, \boldsymbol{\alpha}_m$ 中有一个向量能由其余 $m-1$ 个向量线性表示, 不妨设 $\boldsymbol{\alpha}_m$ 能由 $\boldsymbol{\alpha}_1, \cdots, \boldsymbol{\alpha}_{m-1}$ 线性表示, 即有 $\lambda_1, \lambda_2, \cdots, \lambda_{m-1}$ 使 $\boldsymbol{\alpha}_m = \lambda_1\boldsymbol{\alpha}_1 + \cdots + \lambda_{m-1}\boldsymbol{\alpha}_{m-1}$, 于是

$$\lambda_1\boldsymbol{\alpha}_1 + \cdots + \lambda_{m-1}\boldsymbol{\alpha}_{m-1} + (-1)\boldsymbol{\alpha}_m = \mathbf{0}$$

因为 $\lambda_1, \lambda_2, \cdots, \lambda_{m-1}, -1$ 这 m 个数不全为零, 故向量组 $A: \boldsymbol{\alpha}_1, \boldsymbol{\alpha}_2, \cdots, \boldsymbol{\alpha}_m$ 线性相关.

由此知道, 向量组 $A: \boldsymbol{\alpha}_1, \boldsymbol{\alpha}_2, \cdots, \boldsymbol{\alpha}_m$ 线性无关的充分必要条件是: 向量组 A 中任意一个向量都不能由其余 $m-1$ 个向量线性表示.

定理 3.3.2 向量组 $\boldsymbol{\alpha}_1, \boldsymbol{\alpha}_2, \cdots, \boldsymbol{\alpha}_s$ 线性相关

$\Leftrightarrow$ 齐次线性方程组 $\boldsymbol{\alpha}_1x_1 + \boldsymbol{\alpha}_2x_2 + \cdots + \boldsymbol{\alpha}_sx_s = \mathbf{0}$

或 $(\boldsymbol{\alpha}_1, \boldsymbol{\alpha}_2, \cdots, \boldsymbol{\alpha}_s)\boldsymbol{X} = \mathbf{0}$ 有非零解

$\Leftrightarrow R(\boldsymbol{\alpha}_1, \boldsymbol{\alpha}_2, \cdots, \boldsymbol{\alpha}_s) < s.$

证明 根据线性相关的定义即得.

类似地, 向量组 $\boldsymbol{\alpha}_1, \boldsymbol{\alpha}_2, \cdots, \boldsymbol{\alpha}_s$ 线性无关

$\Leftrightarrow$ 齐次线性方程组 $\boldsymbol{\alpha}_1x_1 + \boldsymbol{\alpha}_2x_2 + \cdots + \boldsymbol{\alpha}_sx_s = \mathbf{0}$ 只有零解

$\Leftrightarrow R(\boldsymbol{\alpha}_1, \boldsymbol{\alpha}_2, \cdots, \boldsymbol{\alpha}_s) = s.$

推论 3.3.1 n 个 n 维向量组 $\boldsymbol{\alpha}_1,\boldsymbol{\alpha}_2,\cdots,\boldsymbol{\alpha}_n$ 线性相关的充要条件是行列式 $|\boldsymbol{\alpha}_1,\boldsymbol{\alpha}_2,\cdots,\boldsymbol{\alpha}_n|=0$.

证明 由定理 3.3.2, $\boldsymbol{\alpha}_1,\boldsymbol{\alpha}_2,\cdots,\boldsymbol{\alpha}_n$ 线性相关的充要条件是齐次线性方程组 $\boldsymbol{\alpha}_1x_1+\boldsymbol{\alpha}_2x_2+\cdots+\boldsymbol{\alpha}_nx_n=\mathbf{0}$ 有非零解, 而此方程组有非零解的充要条件是行列式 $|\boldsymbol{\alpha}_1,\boldsymbol{\alpha}_2,\cdots,\boldsymbol{\alpha}_n|=0$.

推论 3.3.2 $n+1$ 个 n 维向量组一定线性相关.

证明 由定理 3.3.2, $\boldsymbol{\alpha}_1,\boldsymbol{\alpha}_2,\cdots,\boldsymbol{\alpha}_n,\boldsymbol{\alpha}_{n+1}$ 线性相关的充要条件是齐次线性方程组 $\boldsymbol{\alpha}_1x_1+\boldsymbol{\alpha}_2x_2+\cdots+\boldsymbol{\alpha}_nx_n+\boldsymbol{\alpha}_{n+1}x_{n+1}=\mathbf{0}$ 有非零解, 此方程组是含有 $n+1$ 个未知数 n 个方程的齐次线性方程组, 此方程组有非零解, 所以 $\boldsymbol{\alpha}_1,\boldsymbol{\alpha}_2,\cdots,\boldsymbol{\alpha}_n$, $\boldsymbol{\alpha}_{n+1}$ 线性相关.

例 3.3.6 已知 $\boldsymbol{\alpha}_1=\begin{pmatrix}-1\\3\\1\end{pmatrix}$, $\boldsymbol{\alpha}_2=\begin{pmatrix}2\\1\\0\end{pmatrix}$, $\boldsymbol{\alpha}_3=\begin{pmatrix}1\\4\\1\end{pmatrix}$, 试讨论向量组 $\boldsymbol{\alpha}_1,\boldsymbol{\alpha}_2,\boldsymbol{\alpha}_3$ 及向量组 $\boldsymbol{\alpha}_1,\boldsymbol{\alpha}_2$ 的线性相关性.

解法 1 令 $\boldsymbol{A}=(\boldsymbol{\alpha}_1,\boldsymbol{\alpha}_2,\boldsymbol{\alpha}_3)=\begin{pmatrix}-1&2&1\\3&1&4\\1&0&1\end{pmatrix}\sim\begin{pmatrix}1&-2&-1\\0&7&7\\0&2&2\end{pmatrix}\sim$ $\begin{pmatrix}1&-2&-1\\0&1&1\\0&0&0\end{pmatrix}$, 故 $R(\boldsymbol{A})=R(\boldsymbol{\alpha}_1,\boldsymbol{\alpha}_2,\boldsymbol{\alpha}_3)=2<3$, 向量组 $\boldsymbol{\alpha}_1,\boldsymbol{\alpha}_2,\boldsymbol{\alpha}_3$ 线性相关, 而 $R(\boldsymbol{\alpha}_1,\boldsymbol{\alpha}_2)=2$, 向量组 $\boldsymbol{\alpha}_1,\boldsymbol{\alpha}_2$ 线性无关.

解法 2 $|\boldsymbol{A}|=|\boldsymbol{\alpha}_1,\boldsymbol{\alpha}_2,\boldsymbol{\alpha}_3|=\begin{vmatrix}-1&2&1\\3&1&4\\1&0&1\end{vmatrix}=0$, 所以向量组 $\boldsymbol{\alpha}_1,\boldsymbol{\alpha}_2,\boldsymbol{\alpha}_3$ 线性相关.

定理 3.3.3 设向量组 $\boldsymbol{\alpha}_1,\boldsymbol{\alpha}_2,\cdots,\boldsymbol{\alpha}_s$ 线性无关, $\boldsymbol{\beta}_1,\boldsymbol{\beta}_2,\cdots,\boldsymbol{\beta}_t$ 都可由 $\boldsymbol{\alpha}_1$, $\boldsymbol{\alpha}_2,\cdots,\boldsymbol{\alpha}_s$ 线性表示, 即 $(\boldsymbol{\beta}_1,\boldsymbol{\beta}_2,\cdots,\boldsymbol{\beta}_t)=(\boldsymbol{\alpha}_1,\boldsymbol{\alpha}_2,\cdots,\boldsymbol{\alpha}_s)\boldsymbol{K}$, 其中 $\boldsymbol{K}$ 为 $s\times t$ 矩阵, 则 $\boldsymbol{\beta}_1,\boldsymbol{\beta}_2,\cdots,\boldsymbol{\beta}_t$ 线性无关的充要条件是 $R(\boldsymbol{K})=t$.

证明 设 $\begin{cases}\boldsymbol{\beta}_1=a_{11}\boldsymbol{\alpha}_1+a_{12}\boldsymbol{\alpha}_2+\cdots+a_{1s}\boldsymbol{\alpha}_s,\\\boldsymbol{\beta}_2=a_{21}\boldsymbol{\alpha}_1+a_{22}\boldsymbol{\alpha}_2+\cdots+a_{2s}\boldsymbol{\alpha}_s,\\\qquad\cdots\cdots\\\boldsymbol{\beta}_t=a_{t1}\boldsymbol{\alpha}_1+a_{t2}\boldsymbol{\alpha}_2+\cdots+a_{ts}\boldsymbol{\alpha}_s,\end{cases}$ 记 $\boldsymbol{K}=\begin{pmatrix}a_{11}&a_{21}&\cdots&a_{t1}\\a_{12}&a_{22}&\cdots&a_{t2}\\\vdots&\vdots&&\vdots\\a_{1s}&a_{2s}&\cdots&a_{ts}\end{pmatrix}$,

则 $(\boldsymbol{\beta}_1,\boldsymbol{\beta}_2,\cdots,\boldsymbol{\beta}_t)=(\boldsymbol{\alpha}_1,\boldsymbol{\alpha}_2,\cdots,\boldsymbol{\alpha}_s)\boldsymbol{K}$.

设存在数 $k_1, k_2, \cdots, k_t$, 使 $k_1\boldsymbol{\beta}_1 + k_2\boldsymbol{\beta}_2 + \cdots + k_t\boldsymbol{\beta}_t = \mathbf{0}$, 即

$$(\boldsymbol{\beta}_1, \boldsymbol{\beta}_2, \cdots, \boldsymbol{\beta}_t)\begin{pmatrix} k_1 \\ k_2 \\ \vdots \\ k_t \end{pmatrix} = \mathbf{0},$$

从而有

$$(\boldsymbol{\alpha}_1, \boldsymbol{\alpha}_2, \cdots, \boldsymbol{\alpha}_s)\boldsymbol{K}\begin{pmatrix} k_1 \\ k_2 \\ \vdots \\ k_t \end{pmatrix} = \mathbf{0}.$$

这是以 $k_1, k_2, \cdots, k_t$ 为未知数的齐次线性方程组. 该齐次方程组只有零解 ($\boldsymbol{\beta}_1, \boldsymbol{\beta}_2, \cdots, \boldsymbol{\beta}_t$ 线性无关) 的充要条件是其系数矩阵 $(\boldsymbol{\alpha}_1, \boldsymbol{\alpha}_2, \cdots, \boldsymbol{\alpha}_s)\boldsymbol{K}$ 的秩等于 t. 又因为向量组 $\boldsymbol{\alpha}_1, \boldsymbol{\alpha}_2, \cdots, \boldsymbol{\alpha}_s$ 线性无关, 则 $R(\boldsymbol{\alpha}_1, \boldsymbol{\alpha}_2, \cdots, \boldsymbol{\alpha}_s) = s$. 所以 $R[(\boldsymbol{\alpha}_1, \boldsymbol{\alpha}_2, \cdots, \boldsymbol{\alpha}_s)\boldsymbol{K}] = t$ 的充要条件是 $R(\boldsymbol{K}) = t$.

上面的例 3.3.5 也可以用下面方法证明.

由已知

$$(\boldsymbol{\beta}_1, \boldsymbol{\beta}_2, \boldsymbol{\beta}_3) = (\boldsymbol{\alpha}_1, \boldsymbol{\alpha}_2, \boldsymbol{\alpha}_3)\begin{pmatrix} 1 & 0 & 1 \\ 1 & 1 & 0 \\ 0 & 1 & 1 \end{pmatrix},$$

记 $\boldsymbol{B} = \boldsymbol{AK}$. 由 $|\boldsymbol{K}| = 2 \neq 0$ 知 $R(\boldsymbol{K}) = 3$, 故 $\boldsymbol{\beta}_1, \boldsymbol{\beta}_2, \boldsymbol{\beta}_3$ 线性无关.

例 3.3.7　已知向量组 $\boldsymbol{\alpha}_1, \boldsymbol{\alpha}_2, \boldsymbol{\alpha}_3, \boldsymbol{\alpha}_4$ 线性无关, 证明向量组 $\boldsymbol{\alpha}_1 + \boldsymbol{\alpha}_2, \boldsymbol{\alpha}_2 + \boldsymbol{\alpha}_3, \boldsymbol{\alpha}_3 + \boldsymbol{\alpha}_4, \boldsymbol{\alpha}_4 + \boldsymbol{\alpha}_1$ 线性相关.

证明　$(\boldsymbol{\alpha}_1+\boldsymbol{\alpha}_2, \boldsymbol{\alpha}_2+\boldsymbol{\alpha}_3, \boldsymbol{\alpha}_3+\boldsymbol{\alpha}_4, \boldsymbol{\alpha}_4+\boldsymbol{\alpha}_1) = (\boldsymbol{\alpha}_1, \boldsymbol{\alpha}_2, \boldsymbol{\alpha}_3, \boldsymbol{\alpha}_4)\begin{pmatrix} 1 & 0 & 0 & 1 \\ 1 & 1 & 0 & 0 \\ 0 & 1 & 1 & 0 \\ 0 & 0 & 1 & 1 \end{pmatrix}$,

因向量组 $\boldsymbol{\alpha}_1, \boldsymbol{\alpha}_2, \boldsymbol{\alpha}_3, \boldsymbol{\alpha}_4$ 线性无关, 且 $R\begin{pmatrix} 1 & 0 & 0 & 1 \\ 1 & 1 & 0 & 0 \\ 0 & 1 & 1 & 0 \\ 0 & 0 & 1 & 1 \end{pmatrix} = 3 < 4$, 所以向量组 $\boldsymbol{\alpha}_1 + \boldsymbol{\alpha}_2, \boldsymbol{\alpha}_2 + \boldsymbol{\alpha}_3, \boldsymbol{\alpha}_3 + \boldsymbol{\alpha}_4, \boldsymbol{\alpha}_4 + \boldsymbol{\alpha}_1$ 线性相关.

定理 3.3.4 向量组 $A:\boldsymbol{\alpha}_1,\boldsymbol{\alpha}_2,\cdots,\boldsymbol{\alpha}_m$ 线性相关, 则向量组 $B:\boldsymbol{\alpha}_1,\boldsymbol{\alpha}_2,\cdots,\boldsymbol{\alpha}_m,\boldsymbol{\beta}$ 也线性相关. 若向量组 B 线性无关, 则向量组 A 也线性无关.

证明 记 $\boldsymbol{A}=(\boldsymbol{\alpha}_1,\boldsymbol{\alpha}_2,\cdots,\boldsymbol{\alpha}_m),\boldsymbol{B}=(\boldsymbol{\alpha}_1,\boldsymbol{\alpha}_2,\cdots,\boldsymbol{\alpha}_m,\boldsymbol{\beta})$, 有 $R(\boldsymbol{B})\leqslant R(\boldsymbol{A})+1$. 若向量组 $A:\boldsymbol{\alpha}_1,\boldsymbol{\alpha}_2,\cdots,\boldsymbol{\alpha}_m$ 线性相关, 则 $R(\boldsymbol{A})<m$, 从而 $R(\boldsymbol{B})\leqslant R(\boldsymbol{A})+1<m+1$, 故知向量组 $B:\boldsymbol{\alpha}_1,\boldsymbol{\alpha}_2,\cdots,\boldsymbol{\alpha}_m,\boldsymbol{\beta}$ 线性相关.

定理说明: 线性相关的向量组扩充后仍线性相关; 线性无关的向量组的部分向量仍线性无关.

定理 3.3.5 设向量组 $\boldsymbol{\alpha}_1,\boldsymbol{\alpha}_2,\cdots,\boldsymbol{\alpha}_m$ 线性无关, 向量 $\boldsymbol{\beta}$ 能由向量组 $\boldsymbol{\alpha}_1,\boldsymbol{\alpha}_2,\cdots,\boldsymbol{\alpha}_m$ 线性表示, 则表示法唯一.

证明 设有 $\boldsymbol{\beta}=k_1\boldsymbol{\alpha}_1+k_2\boldsymbol{\alpha}_2+\cdots+k_m\boldsymbol{\alpha}_m$, $\boldsymbol{\beta}=l_1\boldsymbol{\alpha}_1+l_2\boldsymbol{\alpha}_2+\cdots+l_m\boldsymbol{\alpha}_m$, 两式相减得

$$(k_1-l_1)\boldsymbol{\alpha}_1+(k_2-l_2)\boldsymbol{\alpha}_2+\cdots+(k_m-l_m)\boldsymbol{\alpha}_m=\mathbf{0}.$$

因为向量组 $\boldsymbol{\alpha}_1,\boldsymbol{\alpha}_2,\cdots,\boldsymbol{\alpha}_m$ 线性无关, 所以 $k_i-l_i=0\ (i=1,2,\cdots,m)$, 即 $k_i=l_i\ (i=1,2,\cdots,m)$, 故表示法唯一.

定理 3.3.6 设向量组 $A:\boldsymbol{\alpha}_1,\boldsymbol{\alpha}_2,\cdots,\boldsymbol{\alpha}_m$ 线性无关, 而向量组 $B:\boldsymbol{\alpha}_1,\boldsymbol{\alpha}_2,\cdots,\boldsymbol{\alpha}_m,\boldsymbol{\beta}$ 线性相关, 则向量 $\boldsymbol{\beta}$ 必能由向量组 A 线性表示, 且表示式是唯一的.

证明 记 $\boldsymbol{A}=(\boldsymbol{\alpha}_1,\boldsymbol{\alpha}_2,\cdots,\boldsymbol{\alpha}_m)$, $\boldsymbol{B}=(\boldsymbol{\alpha}_1,\boldsymbol{\alpha}_2,\cdots,\boldsymbol{\alpha}_m,\boldsymbol{\beta})$, 有 $R(\boldsymbol{A})\leqslant R(\boldsymbol{B})$. 因向量组 A 线性无关, 有 $R(\boldsymbol{A})=m$; 因向量组 B 线性相关, 有 $R(\boldsymbol{B})<m+1$, 所以 $m\leqslant R(\boldsymbol{B})<m+1$, 即 $R(\boldsymbol{B})=m$. 由 $R(\boldsymbol{A})=R(\boldsymbol{B})=m$ 知方程组 $(\boldsymbol{\alpha}_1,\boldsymbol{\alpha}_2,\cdots,\boldsymbol{\alpha}_m)\boldsymbol{X}=\boldsymbol{\beta}$ 有唯一解, 即向量 $\boldsymbol{\beta}$ 能由向量组 $A:\boldsymbol{\alpha}_1,\boldsymbol{\alpha}_2,\cdots,\boldsymbol{\alpha}_m$ 线性表示, 且表示式是唯一的.

定理 3.3.7 设 n 维向量组

$$A:\quad \boldsymbol{\alpha}_1=\begin{pmatrix}a_{11}\\a_{21}\\\vdots\\a_{n1}\end{pmatrix},\boldsymbol{\alpha}_2=\begin{pmatrix}a_{12}\\a_{22}\\\vdots\\a_{n2}\end{pmatrix},\cdots,\boldsymbol{\alpha}_s=\begin{pmatrix}a_{1s}\\a_{2s}\\\vdots\\a_{ns}\end{pmatrix},$$

向量组 B 是 A 向量组的每个向量去掉最后一个分量所得的 $n-1$ 维向量组, 即

$$B:\quad \boldsymbol{\beta}_1=\begin{pmatrix}a_{11}\\a_{21}\\\vdots\\a_{n-1,1}\end{pmatrix},\boldsymbol{\beta}_2=\begin{pmatrix}a_{12}\\a_{22}\\\vdots\\a_{n-1,2}\end{pmatrix},\cdots,\boldsymbol{\beta}_s=\begin{pmatrix}a_{1s}\\a_{2s}\\\vdots\\a_{n-1,s}\end{pmatrix}.$$

那么 (1) 若 A 向量组线性相关, 则 B 向量组也线性相关; (2) 若 B 向量组线性无关, 则 A 向量组也线性无关.

证明 (1) 记矩阵 $\boldsymbol{A}_{ns}=(\boldsymbol{\alpha}_1,\boldsymbol{\alpha}_2,\cdots,\boldsymbol{\alpha}_s),\boldsymbol{B}_{n-1,s}=(\boldsymbol{\beta}_1,\boldsymbol{\beta}_2,\cdots,\boldsymbol{\beta}_s)$. 由 A 向量组线性相关, 得 $R(\boldsymbol{A})<s$, 而显然 $R(\boldsymbol{B})\leqslant R(\boldsymbol{A})$, 所以 $R(\boldsymbol{B})<s$, 即 B 向量组线性相关.

(2) 此命题是 (1) 的逆否命题, 故成立.

定理说明: 线性相关组缩维后仍线性相关; 线性无关组扩维后仍线性无关.

例如当齐次线性方程组有非零解时, 我们令其自由未知数为单位坐标向量 (是线性无关的), 所得的一组解向量一定是线性无关的.

定理 3.3.8 若向量组 $A:\boldsymbol{\alpha}_1,\boldsymbol{\alpha}_2,\cdots,\boldsymbol{\alpha}_s$ 可由向量组 $B:\boldsymbol{\beta}_1,\boldsymbol{\beta}_2,\cdots,\boldsymbol{\beta}_t$ 线性表示, 且 $s>t$, 则向量组 $A:\boldsymbol{\alpha}_1,\boldsymbol{\alpha}_2,\cdots,\boldsymbol{\alpha}_s$ 一定线性相关.

证明 设 $(\boldsymbol{\alpha}_1,\boldsymbol{\alpha}_2,\cdots,\boldsymbol{\alpha}_s)=(\boldsymbol{\beta}_1,\boldsymbol{\beta}_2,\cdots,\boldsymbol{\beta}_t)\boldsymbol{K}_{ts}$, 因为 $R(\boldsymbol{K})\leqslant t<s$, 所以齐次线性方程组 $\boldsymbol{KX}=\boldsymbol{0}$ 有非零解. 不妨设 $\begin{pmatrix}\lambda_1\\\lambda_2\\\vdots\\\lambda_s\end{pmatrix}$ 为 $\boldsymbol{KX}=\boldsymbol{0}$ 的非零解, 即

$\boldsymbol{K}\begin{pmatrix}\lambda_1\\\lambda_2\\\vdots\\\lambda_s\end{pmatrix}=\boldsymbol{0}$, 所以

$$(\boldsymbol{\alpha}_1,\boldsymbol{\alpha}_2,\cdots,\boldsymbol{\alpha}_s)\begin{pmatrix}\lambda_1\\\lambda_2\\\vdots\\\lambda_s\end{pmatrix}=(\boldsymbol{\beta}_1,\boldsymbol{\beta}_2,\cdots,\boldsymbol{\beta}_t)\boldsymbol{K}\begin{pmatrix}\lambda_1\\\lambda_2\\\vdots\\\lambda_s\end{pmatrix}=\boldsymbol{0},$$

即齐次线性方程组 $(\boldsymbol{\alpha}_1,\boldsymbol{\alpha}_2,\cdots,\boldsymbol{\alpha}_s)\boldsymbol{X}=\boldsymbol{0}$ 有非零解 $\begin{pmatrix}\lambda_1\\\lambda_2\\\vdots\\\lambda_s\end{pmatrix}$, 故向量组 $\boldsymbol{\alpha}_1,\boldsymbol{\alpha}_2,\cdots,\boldsymbol{\alpha}_s$ 线性相关.

推论 3.3.3 若向量组 $\boldsymbol{\alpha}_1,\boldsymbol{\alpha}_2,\cdots,\boldsymbol{\alpha}_s$ 线性无关, 可由向量组 $B:\boldsymbol{\beta}_1,\boldsymbol{\beta}_2,\cdots,\boldsymbol{\beta}_t$ 线性表示, 则必有 $s\leqslant t$.

推论 3.3.4 若向量组 $\boldsymbol{\alpha}_1,\boldsymbol{\alpha}_2,\cdots,\boldsymbol{\alpha}_s$ 与向量组 $B:\boldsymbol{\beta}_1,\boldsymbol{\beta}_2,\cdots,\boldsymbol{\beta}_t$ 等价, 且都线性无关, 则必有 $s=t$.

3.4 向量组的秩

在上一节研究向量组的线性相关性时, 矩阵的秩起着很重要的作用, 本节将研究向量组的秩的问题, 并讨论矩阵的秩和向量组的秩的关系.

3.4.1 最大无关组

定义 3.4.1 设向量组 A, 若在 A 中能选出 r 个向量构成向量组 $A_0:\boldsymbol{\alpha}_1,\boldsymbol{\alpha}_2,\cdots,\boldsymbol{\alpha}_r$, 满足

(1) 向量组 $A_0:\boldsymbol{\alpha}_1,\boldsymbol{\alpha}_2,\cdots,\boldsymbol{\alpha}_r$ 线性无关;

(2) 向量组 A 中任意 $r+1$ 个向量 (若 A 中存在 $r+1$ 个向量的话) 都线性相关,

则称向量组 A_0 是向量组 A 的一个**最大线性无关向量组**, 简称**最大无关组**.

例 3.4.1 求向量组 $A:\boldsymbol{\alpha}_1=\begin{pmatrix}1\\0\\0\end{pmatrix},\boldsymbol{\alpha}_2=\begin{pmatrix}0\\1\\0\end{pmatrix},\boldsymbol{\alpha}_3=\begin{pmatrix}1\\1\\0\end{pmatrix}$ 的一个最大无关组.

解 向量组 $\boldsymbol{\alpha}_1,\boldsymbol{\alpha}_2$ 线性无关, 向量组 $\boldsymbol{\alpha}_1,\boldsymbol{\alpha}_2,\boldsymbol{\alpha}_3$ 线性相关, 故 $\boldsymbol{\alpha}_1,\boldsymbol{\alpha}_2$ 为向量组 A 的一个最大无关组, 同样可看出 $\boldsymbol{\alpha}_2,\boldsymbol{\alpha}_3$ 及 $\boldsymbol{\alpha}_1,\boldsymbol{\alpha}_3$ 也是其最大无关组.

定理 3.4.1 设向量组 $A_0:\boldsymbol{\alpha}_1,\boldsymbol{\alpha}_2,\cdots,\boldsymbol{\alpha}_r$ 是向量组 A 的一个最大无关组, 则向量组 A 的任一向量都能由向量组 $\boldsymbol{\alpha}_1,\boldsymbol{\alpha}_2,\cdots,\boldsymbol{\alpha}_r$ 线性表示.

证明 设向量组 A 中的任一向量为 $\boldsymbol{\beta}$, 若 $\boldsymbol{\beta}$ 是最大无关组中的向量, 结论是显然的; 否则, 因为 $A_0:\boldsymbol{\alpha}_1,\boldsymbol{\alpha}_2,\cdots,\boldsymbol{\alpha}_r$ 线性无关, 而向量组 A 中任意 $r+1$ 个向量线性相关, 即 $\boldsymbol{\alpha}_1,\boldsymbol{\alpha}_2,\cdots,\boldsymbol{\alpha}_r,\boldsymbol{\beta}$ 线性相关, 由上节的定理 3.3.6 知 $\boldsymbol{\beta}$ 能由向量组 $A_0:\boldsymbol{\alpha}_1,\boldsymbol{\alpha}_2,\cdots,\boldsymbol{\alpha}_r$ 线性表示.

性质 3.4.1 最大无关组不一定唯一.

性质 3.4.2 线性无关的向量组的最大无关组是其本身.

性质 3.4.3 向量组与它的最大无关组等价.

证明 由定理 3.4.1 可得.

性质 3.4.4 两个最大无关组中所含向量的个数相同.

证明 由性质 3.4.3 可推出两个最大无关组是等价的, 再由推论 3.2.1 可得.

3.4.2 向量组的秩

由性质 3.4.4 知, 向量组的不同最大无关组中所含向量的个数是相同的.

定义 3.4.2 向量组 $\boldsymbol{\alpha}_1, \boldsymbol{\alpha}_2, \cdots, \boldsymbol{\alpha}_m$ 的最大无关组中所含向量的个数 r 称为**向量组的秩**, 记作 $R(\boldsymbol{\alpha}_1, \boldsymbol{\alpha}_2, \cdots, \boldsymbol{\alpha}_m) = r$.

向量组的秩是唯一的.

只含零向量的向量组没有最大无关组, 规定它的秩为 0.

如果向量组 A 的秩为 r (大于 0), 则向量组 A 的任意 r 个线性无关的向量组都是 A 的最大无关组.

定理 3.4.2 设向量组 A 能由向量组 B 线性表示, 则向量组 A 的秩不大于向量组 B 的秩.

证明 设向量组 A 的一个最大无关组为 $\boldsymbol{\alpha}_1, \boldsymbol{\alpha}_2, \cdots, \boldsymbol{\alpha}_r$, 向量组 B 的一个最大无关组为 $\boldsymbol{\beta}_1, \boldsymbol{\beta}_2, \cdots, \boldsymbol{\beta}_s$. 由性质 3.4.3 得 $\boldsymbol{\alpha}_1, \boldsymbol{\alpha}_2, \cdots, \boldsymbol{\alpha}_r$ 可由向量组 A 线性表示, 向量组 A 能由向量组 B 线性表示, 所以 $\boldsymbol{\alpha}_1, \boldsymbol{\alpha}_2, \cdots, \boldsymbol{\alpha}_r$ 能由向量组 B 线性表示, 向量组 B 又能由 $\boldsymbol{\beta}_1, \boldsymbol{\beta}_2, \cdots, \boldsymbol{\beta}_s$ 线性表示, 故 $\boldsymbol{\alpha}_1, \boldsymbol{\alpha}_2, \cdots, \boldsymbol{\alpha}_r$ 能由 $\boldsymbol{\beta}_1, \boldsymbol{\beta}_2, \cdots, \boldsymbol{\beta}_s$ 线性表示, 所以 $r \leqslant s$.

推论 3.4.1 设向量组 A 与向量组 B 等价, 则这两个向量组的秩相等.

证明 设向量组 A, B 的秩分别为 r, s. 向量组 A 能由向量组 B 线性表示, 则 $r \leqslant s$; 向量组 B 能由向量组 A 线性表示, 则 $s \leqslant r$. 所以 $r = s$.

例 3.4.2 设向量组 A 能由向量组 B 线性表示, 这两个向量组的秩相等, 证明向量组 A 与向量组 B 等价.

证明 设向量组 $C:\{A, B\}$ 是向量组 A 和向量组 B 合并而成的向量组, 向量组 A 和 B 的秩均为 r. 因向量组 A 能由向量组 B 线性表示, 则向量组 $\{A, B\}$ 和向量组 B 等价, 于是向量组 $C:\{A, B\}$ 的秩也为 r, 所以向量组 A 的最大无关组也是向量组 C 的最大无关组. 向量组 B 能由向量组 $\{A, B\}$ 线性表示, 则向量组 B 能由向量组 $\{A, B\}$ 的最大无关组线性表示, 即向量组 B 能由向量组 A 的最大无关组线性表示, 从而向量组 B 能由向量组 A 线性表示, 所以向量组 A 与向量组 B 等价.

3.4.3 矩阵的秩与向量组的秩的关系

定义 3.4.3 矩阵的列向量组的秩称为矩阵的列秩; 矩阵的行向量组的秩称为矩阵的行秩.

例 3.4.3 设矩阵 $\boldsymbol{A} = \begin{pmatrix} 1 & 0 & 1 \\ 0 & 1 & 1 \\ 0 & 0 & 0 \end{pmatrix}$, 求矩阵 $\boldsymbol{A}$ 的秩、列秩和行秩.

解 矩阵 $\boldsymbol{A}$ 的秩 $R(\boldsymbol{A}) = 2$.

$\boldsymbol{A}$ 的列向量组: $\boldsymbol{\alpha}_1 = \begin{pmatrix} 1 \\ 0 \\ 0 \end{pmatrix}, \boldsymbol{\alpha}_2 = \begin{pmatrix} 0 \\ 1 \\ 0 \end{pmatrix}, \boldsymbol{\alpha}_3 = \begin{pmatrix} 1 \\ 1 \\ 0 \end{pmatrix}$, 其中 $\boldsymbol{\alpha}_1, \boldsymbol{\alpha}_2$ 为一个最大无关组, 所以 $\boldsymbol{A}$ 的列秩 $R(\boldsymbol{\alpha}_1, \boldsymbol{\alpha}_2, \boldsymbol{\alpha}_3) = 2$.

$\boldsymbol{A}$ 的行向量组: $\boldsymbol{\beta}_1 = \ (1,0,1)\ , \boldsymbol{\beta}_2 = \ (0,0,1)\ , \boldsymbol{\beta}_3 = \ (0,0,0)$, 易知 $\boldsymbol{\beta}_1, \boldsymbol{\beta}_2$ 为一个最大无关组, 所以 $\boldsymbol{A}$ 的行秩 $R(\boldsymbol{\beta}_1, \boldsymbol{\beta}_2, \boldsymbol{\beta}_3) = 2$.

例 3.4.3 中, 我们发现矩阵的秩等于它的列秩和行秩, 这是否有一般性呢? 有下面的定理.

定理 3.4.3 矩阵 $\boldsymbol{A}$ 的秩等于它的列向量组的秩, 也等于它的行向量组的秩.

证明 设 $\boldsymbol{A} = (\boldsymbol{\alpha}_1, \boldsymbol{\alpha}_2, \cdots, \boldsymbol{\alpha}_m)$, $R(\boldsymbol{A}) = r$, 则存在 r 阶子式 $D_r \neq 0$, 且 D_r 所在的 r 列线性无关. 又由 $\boldsymbol{A}$ 中所有 $r+1$ 阶子式均为零知: $\boldsymbol{A}$ 中任意 $r+1$ 个列向量都线性相关, 因此 D_r 所在的 r 列是 $\boldsymbol{A}$ 的列向量组的一个最大无关组, 故列向量组的秩为 r.

同理可证矩阵 $\boldsymbol{A}$ 的秩也等于其行秩.

由定理的证明过程看出, 初等变换不改变矩阵 $\boldsymbol{A}$ 的秩, 从而也不改变矩阵 $\boldsymbol{A}$ 的列秩和行秩, 所以用初等变换可以求向量组的秩和最大无关组.

例 3.4.4 设矩阵

$$\boldsymbol{A} = \begin{pmatrix} 2 & -1 & -1 & 1 & 2 \\ 1 & 1 & -2 & 1 & 4 \\ 4 & -6 & 2 & -2 & 4 \\ 3 & 6 & -9 & 7 & 9 \end{pmatrix},$$

求矩阵 $\boldsymbol{A}$ 的列向量组的一个最大无关组, 并把不属于最大无关组的列向量用最大无关组线性表示.

解 对 $\boldsymbol{A}$ 施行初等行变换化为行阶梯形矩阵

$$\boldsymbol{A} = \begin{pmatrix} 2 & -1 & -1 & 1 & 2 \\ 1 & 1 & -2 & 1 & 4 \\ 4 & -6 & 2 & -2 & 4 \\ 3 & 6 & -9 & 7 & 9 \end{pmatrix} \sim \begin{pmatrix} 1 & 1 & -2 & 1 & 4 \\ 0 & 1 & -1 & 0 & 3 \\ 0 & 0 & 0 & 1 & -3 \\ 0 & 0 & 0 & 0 & 0 \end{pmatrix},$$

故 $R(\boldsymbol{A}) = 3$, 即列向量组的最大无关组含 3 个向量. 而 3 个非零行的非零首元在

1, 2, 4 列, 即

$$(\boldsymbol{\alpha}_1, \boldsymbol{\alpha}_2, \boldsymbol{\alpha}_4) \xrightarrow{r} \begin{pmatrix} 1 & 1 & 1 \\ 0 & 1 & 1 \\ 0 & 0 & 1 \\ 0 & 0 & 0 \end{pmatrix},$$

则 $R(\boldsymbol{\alpha}_1, \boldsymbol{\alpha}_2, \boldsymbol{\alpha}_4) = 3$, 故 $\boldsymbol{\alpha}_1, \boldsymbol{\alpha}_2, \boldsymbol{\alpha}_4$ 线性无关, 即 $\boldsymbol{\alpha}_1, \boldsymbol{\alpha}_2, \boldsymbol{\alpha}_4$ 为列向量组的一个最大无关组.

为把 $\boldsymbol{\alpha}_3, \boldsymbol{\alpha}_5$ 用 $\boldsymbol{\alpha}_1, \boldsymbol{\alpha}_2, \boldsymbol{\alpha}_4$ 线性表示, 把 $\boldsymbol{A}$ 再初等行变换成行最简形矩阵

$$\boldsymbol{A} \sim \begin{pmatrix} 1 & \boxed{0} & -1 & \boxed{0} & 4 \\ 0 & \boxed{1} & -1 & \boxed{0} & 3 \\ 0 & \boxed{0} & 0 & \boxed{1} & -3 \\ 0 & 0 & 0 & 0 & 0 \end{pmatrix},$$

求 $\boldsymbol{\alpha}_3 = k_1\boldsymbol{\alpha}_1 + k_2\boldsymbol{\alpha}_2 + k_3\boldsymbol{\alpha}_4$ 中的 k_1, k_2, k_3, 就是求非齐次线性方程组 $k_1\boldsymbol{\alpha}_1 + k_2\boldsymbol{\alpha}_2 + k_3\boldsymbol{\alpha}_4 = \boldsymbol{\alpha}_3$ 的解. 根据行最简形矩阵得 $\boldsymbol{\alpha}_3 = -\boldsymbol{\alpha}_1 - \boldsymbol{\alpha}_2$. 同理可得 $\boldsymbol{\alpha}_5 = 4\boldsymbol{\alpha}_1 + 3\boldsymbol{\alpha}_2 - 3\boldsymbol{\alpha}_4$.

建立矩阵的秩与向量组的秩之间的关系, 便于运用向量组的秩的结论来讨论矩阵的秩的问题.

定理 3.4.4　设 $\boldsymbol{A}, \boldsymbol{B}$ 均是 $m \times n$ 矩阵, 则 $R(\boldsymbol{A}+\boldsymbol{B}) \leqslant R(\boldsymbol{A}) + R(\boldsymbol{B})$.

证明　设 $\boldsymbol{A}$ 的列秩为 s, $\boldsymbol{A}$ 的列向量组的最大无关组为 $\boldsymbol{\alpha}_1, \boldsymbol{\alpha}_2, \cdots, \boldsymbol{\alpha}_s$; $\boldsymbol{B}$ 的列秩为 t, $\boldsymbol{B}$ 的列向量组的最大无关组为 $\boldsymbol{\beta}_1, \boldsymbol{\beta}_2, \cdots, \boldsymbol{\beta}_t$.

因为 $\boldsymbol{A}+\boldsymbol{B}$ 的列向量组由 $\boldsymbol{A}$ 的列向量组和 $\boldsymbol{B}$ 的列向量组线性表示, 所以 $\boldsymbol{A}+\boldsymbol{B}$ 的列向量组可由向量组 $\boldsymbol{\alpha}_1, \boldsymbol{\alpha}_2, \cdots, \boldsymbol{\alpha}_s, \boldsymbol{\beta}_1, \boldsymbol{\beta}_2, \cdots, \boldsymbol{\beta}_t$ 线性表示, 由定理 3.4.2 得

$$R(\boldsymbol{A}+\boldsymbol{B}) \leqslant R(\boldsymbol{\alpha}_1, \boldsymbol{\alpha}_2, \cdots, \boldsymbol{\alpha}_s, \boldsymbol{\beta}_1, \boldsymbol{\beta}_2, \cdots, \boldsymbol{\beta}_t) \leqslant s + t = R(\boldsymbol{A}) + R(\boldsymbol{B}).$$

定理 3.4.5　设 $\boldsymbol{A}$ 是 $m \times n$ 矩阵, $\boldsymbol{B}$ 是 $n \times p$ 矩阵, 则 $R(\boldsymbol{AB}) \leqslant \min\{R(\boldsymbol{A}), R(\boldsymbol{B})\}$.

证明　设 $\boldsymbol{C} = (\boldsymbol{AB})_{mp} = (c_1, c_2, \cdots, c_p)$, $\boldsymbol{A}_{mn} = (\boldsymbol{\alpha}_1, \boldsymbol{\alpha}_2, \cdots, \boldsymbol{\alpha}_n)$, 有 $\boldsymbol{C} = (c_1, c_2, \cdots, c_p) = \boldsymbol{AB} = (\boldsymbol{\alpha}_1, \boldsymbol{\alpha}_2, \cdots, \boldsymbol{\alpha}_n)\boldsymbol{B}$, 即 $\boldsymbol{C}$ 的列向量组可由 $\boldsymbol{A}$ 的列向量组线性表示, 所以 $R(\boldsymbol{C}) \leqslant R(\boldsymbol{A})$.

又 $\boldsymbol{C}^{\mathrm{T}} = \boldsymbol{B}^{\mathrm{T}}\boldsymbol{A}^{\mathrm{T}}$, 同理有 $R(\boldsymbol{C}^{\mathrm{T}}) \leqslant R(\boldsymbol{B}^{\mathrm{T}})$, 即 $R(\boldsymbol{C}) \leqslant R(\boldsymbol{B})$, 所以 $R(\boldsymbol{AB}) \leqslant \min\{R(\boldsymbol{A}), R(\boldsymbol{B})\}$.

3.5 齐次线性方程组解的结构

通过 3.1 节的学习, 我们可以判断线性方程组是否有解, 并且可用消元法求解线性方程组. 如果一个齐次线性方程组只有零解或非齐次线性方程组有唯一解及无解, 方程组的解就已经清楚了. 对于有无穷多解的线性方程组, 我们还需要讨论其解的情况, 本节讨论齐次线性方程组有非零解时解的结构.

设齐次线性方程组为

$$\begin{cases} a_{11}x_1 + a_{12}x_2 + \cdots + a_{1n}x_n = 0, \\ a_{21}x_1 + a_{22}x_2 + \cdots + a_{2n}x_n = 0, \\ \cdots\cdots \\ a_{m1}x_1 + a_{m2}x_2 + \cdots + a_{mn}x_n = 0, \end{cases}$$

记为 $\boldsymbol{AX} = \boldsymbol{0}$, 其中 $\boldsymbol{A} = \begin{pmatrix} a_{11} & a_{12} & \cdots & a_{1n} \\ a_{21} & a_{22} & \cdots & a_{2n} \\ \vdots & \vdots & & \vdots \\ a_{m1} & a_{m2} & \cdots & a_{mn} \end{pmatrix}$ 为系数矩阵.

3.5.1 齐次线性方程组解的性质

设 $R(\boldsymbol{A}) = r < n$, 则 $\boldsymbol{AX} = \boldsymbol{0}$ 有非零解.

性质 3.5.1 设 $\boldsymbol{\xi}_1$ 和 $\boldsymbol{\xi}_2$ 是齐次线性方程组 $\boldsymbol{AX} = \boldsymbol{0}$ 的两个解, 则 $\boldsymbol{\xi}_1 + \boldsymbol{\xi}_2$ 也是 $\boldsymbol{AX} = \boldsymbol{0}$ 的解.

证明 由 $\boldsymbol{A\xi}_1 = \boldsymbol{0}$, $\boldsymbol{A\xi}_2 = \boldsymbol{0}$ 得 $\boldsymbol{A}(\boldsymbol{\xi}_1 + \boldsymbol{\xi}_2) = \boldsymbol{A\xi}_1 + A\boldsymbol{\xi}_2 = \boldsymbol{0} + \boldsymbol{0} = \boldsymbol{0}$, 即 $\boldsymbol{\xi}_1 + \boldsymbol{\xi}_2$ 是 $\boldsymbol{AX} = \boldsymbol{0}$ 的解.

性质 3.5.2 设 $\boldsymbol{\xi}$ 是齐次线性方程组 $\boldsymbol{AX} = \boldsymbol{0}$ 的解, 则 $k\boldsymbol{\xi}$ 也是 $\boldsymbol{AX} = \boldsymbol{0}$ 的解.

证明 由 $\boldsymbol{A\xi} = \boldsymbol{0}$ 得 $\boldsymbol{A}(k\boldsymbol{\xi}) = k(\boldsymbol{A\xi}) = \boldsymbol{0}$, 即 $k\boldsymbol{\xi}$ 是 $\boldsymbol{AX} = \boldsymbol{0}$ 的解.

由性质 3.5.1、性质 3.5.2 可知以下结论.

若 $\boldsymbol{\xi}_1, \boldsymbol{\xi}_2, \cdots, \boldsymbol{\xi}_t$ 是齐次线性方程组 $\boldsymbol{AX} = \boldsymbol{0}$ 的解, 则它们的线性组合

$$k_1\boldsymbol{\xi}_1 + k_2\boldsymbol{\xi}_2 + \cdots + k_t\boldsymbol{\xi}_t \quad (k_1, k_2, \cdots, k_t \in \mathbb{R})$$

也是 $\boldsymbol{AX} = \boldsymbol{0}$ 的解.

3.5.2 齐次线性方程组解的计算

定义 3.5.1 设 $\boldsymbol{\xi}_1, \boldsymbol{\xi}_2, \cdots, \boldsymbol{\xi}_t$ 是齐次线性方程组 $\boldsymbol{AX} = \boldsymbol{0}$ 的 t 个解, 如果

(1) $\boldsymbol{\xi}_1,\boldsymbol{\xi}_2,\cdots,\boldsymbol{\xi}_t$ 线性无关;

(2) 齐次线性方程组 $\boldsymbol{AX}=\mathbf{0}$ 的任意一个解 $\boldsymbol{\xi}$ 都可由 $\boldsymbol{\xi}_1,\boldsymbol{\xi}_2,\cdots,\boldsymbol{\xi}_t$ 线性表示, 则称 $\boldsymbol{\xi}_1,\boldsymbol{\xi}_2,\cdots,\boldsymbol{\xi}_t$ 是齐次线性方程组 $\boldsymbol{AX}=\mathbf{0}$ 的一个**基础解系**.

显然, 基础解系是齐次线性方程组 $\boldsymbol{AX}=\mathbf{0}$ 全部解的最大无关组, 它不是唯一的.

当齐次线性方程组 $\boldsymbol{AX}=\mathbf{0}$ 只有零解时, 它没有基础解系; 当它有非零解时, 它是否一定有基础解系? 怎样求基础解系?

定理 3.5.1　对于 n 元齐次线性方程组 $\boldsymbol{AX}=\mathbf{0}$, 若 $R(\boldsymbol{A})=r<n$, 它一定存在基础解系 $\boldsymbol{\xi}_1,\boldsymbol{\xi}_2,\cdots,\boldsymbol{\xi}_t$, 且 $t=n-r$, 方程组的全部解为

$$\boldsymbol{X}=k_1\boldsymbol{\xi}_1+k_2\boldsymbol{\xi}_2+\cdots+k_t\boldsymbol{\xi}_t\quad(k_1,k_2,\cdots,k_t\in\mathbb{R}).$$

证明　因为 $R(\boldsymbol{A})=r<n$, 故对系数矩阵 $\boldsymbol{A}$ 施行初等行变换化成行最简形阵, 不妨设系数矩阵 $\boldsymbol{A}$ 化成如下最简形阵

$$\boldsymbol{A}\sim\begin{pmatrix}1&0&\cdots&0&b_{1,r+1}&\cdots&b_{1n}\\0&1&\cdots&0&b_{2,r+1}&\cdots&b_{2n}\\\vdots&\vdots&&\vdots&\vdots&&\vdots\\0&0&\cdots&1&b_{r,r+1}&\cdots&b_{rn}\\0&0&\cdots&0&0&\cdots&0\\\vdots&\vdots&&\vdots&\vdots&&\vdots\\0&0&\cdots&0&0&\cdots&0\end{pmatrix}.$$

于是齐次线性方程组 $\boldsymbol{AX}=\mathbf{0}$ 与 $\begin{cases}x_1+b_{1,r+1}x_{r+1}+\cdots+b_{1n}x_n=0,\\x_2+b_{2,r+1}x_{r+1}+\cdots+b_{2n}x_n=0,\\\qquad\cdots\cdots\\x_r+b_{r,r+1}x_{r+1}+\cdots+b_{rn}x_n=0\end{cases}$ 同解.

把它改写成

$$\begin{cases}x_1=-b_{1,r+1}x_{r+1}-\cdots-b_{1n}x_n,\\x_2=-b_{2,r+1}x_{r+1}-\cdots-b_{1n}x_n,\\\qquad\cdots\cdots\\x_r=-b_{r,r+1}x_{r+1}-\cdots-b_{rn}x_n.\end{cases}$$

令自由变元 $x_{r+1}, x_{r+2}, \cdots, x_n$ 为 $k_1, k_2, \cdots, k_{n-r}$, 则

$$\begin{cases} x_1 = -b_{1,r+1}k_1 - b_{1,r+2}k_2 - \cdots - b_{1n}k_{n-r}, \\ x_2 = -b_{2,r+1}k_1 - b_{2,r+2}k_2 - \cdots - b_{2n}k_{n-r}, \\ \qquad\cdots\cdots \\ x_r = -b_{r,r+1}k_1 - b_{r,r+2}k_2 - \cdots - b_{rn}k_{n-r}, \\ x_{r+1} = k_1, \\ x_{r+2} = k_2, \\ \qquad\cdots\cdots \\ x_n = k_{n-r}, \end{cases}$$

或写成解向量形式

$$\boldsymbol{X} = k_1 \begin{pmatrix} -b_{1,r+1} \\ \vdots \\ -b_{r,r+1} \\ 1 \\ 0 \\ \vdots \\ 0 \end{pmatrix} + k_2 \begin{pmatrix} -b_{1,r+2} \\ \vdots \\ -b_{r,r+2} \\ 0 \\ 1 \\ \vdots \\ 0 \end{pmatrix} + \cdots + k_{n-r} \begin{pmatrix} -b_{1n} \\ \vdots \\ -b_{rn} \\ 0 \\ 0 \\ \vdots \\ 1 \end{pmatrix},$$

记为 $\boldsymbol{X} = k_1\boldsymbol{\xi}_1 + k_2\boldsymbol{\xi}_2 + \cdots + k_t\boldsymbol{\xi}_t \ (k_1, k_2, \cdots, k_t \in \mathbb{R})$, 其中 $t = n - r$.

显然 $\boldsymbol{\xi}_1, \boldsymbol{\xi}_2, \cdots, \boldsymbol{\xi}_t$ 线性无关, 且任意解 $\boldsymbol{X}$ 都可由 $\boldsymbol{\xi}_1, \boldsymbol{\xi}_2, \cdots, \boldsymbol{\xi}_t$ 线性表示, 所以 $\boldsymbol{\xi}_1, \boldsymbol{\xi}_2, \cdots, \boldsymbol{\xi}_t$ 就是齐次线性方程组 $\boldsymbol{AX} = \boldsymbol{0}$ 的基础解系.

注 (1) 基础解系中的向量个数为 $t = n - R(\boldsymbol{A})$, t 也是自由变元的个数.

(2) 定理证明中给出了基础解系的标准求法: 令自由变元为单位坐标向量.

例 3.5.1 求下面齐次线性方程组的基础解系和全部解:

$$\begin{cases} x_1 + x_2 - 3x_3 - x_4 + 5x_5 = 0, \\ 3x_1 - x_2 - 3x_3 + 4x_4 - x_5 = 0, \\ x_1 - 7x_2 + 9x_3 + 13x_4 - 27x_5 = 0. \end{cases}$$

解 $\boldsymbol{A}=\begin{pmatrix}1&1&-3&-1&5\\3&-1&-3&4&-1\\1&-7&9&13&-27\end{pmatrix}\xrightarrow[r_3-r_1]{r_2-3r_1}\begin{pmatrix}1&1&-3&-1&5\\0&-4&6&7&-16\\0&-8&12&14&-32\end{pmatrix}$

$$\xrightarrow{r_3-2r_2}\begin{pmatrix}1&1&-3&-1&5\\0&-4&6&7&-16\\0&0&0&0&0\end{pmatrix}\xrightarrow{-\frac{1}{4}r_2}\begin{pmatrix}1&1&-3&-1&5\\0&1&-\dfrac{3}{2}&-\dfrac{7}{4}&4\\0&0&0&0&0\end{pmatrix}$$

$$\xrightarrow{r_1-r_2}\begin{pmatrix}1&0&-\dfrac{3}{2}&\dfrac{3}{4}&1\\0&1&-\dfrac{3}{2}&-\dfrac{7}{4}&4\\0&0&0&0&0\end{pmatrix},$$

因为 $R(\boldsymbol{A})=2<5$, 所以方程组有非零解. 基础解系包含的向量个数等于自由未知量的个数 $t=n-R(\boldsymbol{A})=5-2=3$. 令自由变元 x_3,x_4,x_5 分别取 $(1,0,0)^{\mathrm{T}}$, $(0,1,0)^{\mathrm{T}}$, $(0,0,1)^{\mathrm{T}}$, 则可得原方程组的一个基础解系为

$$\boldsymbol{\xi}_1=\begin{pmatrix}\dfrac{3}{2}\\\dfrac{3}{2}\\1\\0\\0\end{pmatrix},\quad \boldsymbol{\xi}_2=\begin{pmatrix}-\dfrac{3}{4}\\\dfrac{7}{4}\\0\\1\\0\end{pmatrix},\quad \boldsymbol{\xi}_3=\begin{pmatrix}-1\\-4\\0\\0\\1\end{pmatrix},$$

且方程组的全部解为

$$\boldsymbol{X}=k_1\boldsymbol{\xi}_1+k_2\boldsymbol{\xi}_2+k_3\boldsymbol{\xi}_3,$$

其中 k_1,k_2,k_3 为任意常数.

注 也可令自由变元 x_3,x_4,x_5 分别取 $(2,0,0)^{\mathrm{T}}$, $(0,4,0)^{\mathrm{T}}$, $(0,0,1)^{\mathrm{T}}$, 则可得原方程组的一个基础解系为

$$\boldsymbol{\xi}_1=\begin{pmatrix}3\\3\\2\\0\\0\end{pmatrix},\quad \boldsymbol{\xi}_2=\begin{pmatrix}-3\\7\\0\\4\\0\end{pmatrix},\quad \boldsymbol{\xi}_3=\begin{pmatrix}-1\\-4\\0\\0\\1\end{pmatrix},$$

则方程组的全部解为 $\boldsymbol{X}=k_1\boldsymbol{\xi}_1+k_2\boldsymbol{\xi}_2+k_3\boldsymbol{\xi}_3$, 其中 k_1,k_2,k_3 为任意常数. 自由变元的取法不唯一, 只要自由变元构成的向量组线性无关即可.

例 3.5.2 设 $\boldsymbol{A}$ 为五阶方阵, $R(\boldsymbol{A})=2$, $\boldsymbol{\alpha}_1,\boldsymbol{\alpha}_2,\boldsymbol{\alpha}_3$ 是齐次线性方程组 $\boldsymbol{AX}=\boldsymbol{0}$ 的三个线性无关的解, 证明: $\boldsymbol{\alpha}_1+\boldsymbol{\alpha}_2,\boldsymbol{\alpha}_2+\boldsymbol{\alpha}_3,\boldsymbol{\alpha}_1+\boldsymbol{\alpha}_3$ 是齐次线性方程组 $\boldsymbol{AX}=\boldsymbol{0}$ 的一个基础解系.

证明 基础解系包含的向量个数 $t=n-R(\boldsymbol{A})=5-2=3$ 个.

因为 $\boldsymbol{\alpha}_1,\boldsymbol{\alpha}_2,\boldsymbol{\alpha}_3$ 是齐次线性方程组 $\boldsymbol{AX}=\boldsymbol{0}$ 的解, 由解的性质知 $\boldsymbol{\alpha}_1+\boldsymbol{\alpha}_2$, $\boldsymbol{\alpha}_2+\boldsymbol{\alpha}_3$, $\boldsymbol{\alpha}_1+\boldsymbol{\alpha}_3$ 也是齐次线性方程组 $\boldsymbol{AX}=\boldsymbol{0}$ 的解, 故只需证明 $\boldsymbol{\alpha}_1+\boldsymbol{\alpha}_2,\boldsymbol{\alpha}_2+\boldsymbol{\alpha}_3,\boldsymbol{\alpha}_1+\boldsymbol{\alpha}_3$ 线性无关即可. 由于

$$(\boldsymbol{\alpha}_1+\boldsymbol{\alpha}_2,\boldsymbol{\alpha}_2+\boldsymbol{\alpha}_3,\boldsymbol{\alpha}_1+\boldsymbol{\alpha}_3)=(\boldsymbol{\alpha}_1,\boldsymbol{\alpha}_2,\boldsymbol{\alpha}_3)\begin{pmatrix}1&0&1\\1&1&0\\0&1&1\end{pmatrix},$$

而 $R\begin{pmatrix}1&0&1\\1&1&0\\0&1&1\end{pmatrix}=3$, 且 $\boldsymbol{\alpha}_1,\boldsymbol{\alpha}_2,\boldsymbol{\alpha}_3$ 线性无关, 所以 $\boldsymbol{\alpha}_1+\boldsymbol{\alpha}_2,\boldsymbol{\alpha}_2+\boldsymbol{\alpha}_3,\boldsymbol{\alpha}_1+\boldsymbol{\alpha}_3$ 也线性无关.

例 3.5.3 设 $\boldsymbol{A}$ 是 $n\ (\geqslant 2)$ 阶方阵, $\boldsymbol{A}^*$ 是 $\boldsymbol{A}$ 的伴随矩阵, 那么

$$R(\boldsymbol{A}^*)=\begin{cases}0, & R(\boldsymbol{A})<n-1,\\ 1, & R(\boldsymbol{A})=n-1,\\ n, & R(\boldsymbol{A})=n.\end{cases}$$

证明 当 $R(\boldsymbol{A})<n-1$ 时, $\boldsymbol{A}$ 的所有 $n-1$ 阶子式为零, 由伴随矩阵的定义知, 伴随矩阵是零矩阵, 所以 $R(\boldsymbol{A}^*)=0$.

当 $R(\boldsymbol{A})=n$ 时, $\boldsymbol{A}$ 是可逆矩阵, $|\boldsymbol{A}|\neq 0$, 而 $\boldsymbol{AA}^*=|\boldsymbol{A}|\boldsymbol{E},|\boldsymbol{A}||\boldsymbol{A}^*|=|\boldsymbol{A}|^n$, $|\boldsymbol{A}^*|\neq 0, R(\boldsymbol{A}^*)=n$.

当 $R(\boldsymbol{A})=n-1$ 时, 设 $\boldsymbol{A}^*=(\boldsymbol{\alpha}_1,\boldsymbol{\alpha}_2,\cdots,\boldsymbol{\alpha}_n)$. 由 $R(\boldsymbol{A})=n-1$ 知 $|\boldsymbol{A}|=0$, 故 $\boldsymbol{AA}^*=|\boldsymbol{A}|\boldsymbol{E}=\boldsymbol{0}$. 由 $\boldsymbol{A}(\boldsymbol{\alpha}_1,\boldsymbol{\alpha}_2,\cdots,\boldsymbol{\alpha}_n)=\boldsymbol{0}$ 得 $\boldsymbol{A\alpha}_i=\boldsymbol{0}\ (i=1,2,\cdots,n)$, 故 $\boldsymbol{\alpha}_i\ (i=1,2,\cdots,n)$ 是齐次线性方程组 $\boldsymbol{AX}=\boldsymbol{0}$ 的解.

而齐次线性方程组 $\boldsymbol{AX}=\boldsymbol{0}$ 的基础解系包含的向量个数有 $t=n-R(\boldsymbol{A})=1$ 个, 所以 $R(\boldsymbol{A}^*)=R(\boldsymbol{\alpha}_1,\boldsymbol{\alpha}_2,\cdots,\boldsymbol{\alpha}_n)\leqslant 1$. 又因 $R(\boldsymbol{A})=n-1$, 则 $\boldsymbol{A}$ 至少有一个 $n-1$ 阶子式不为 0, 故 $\boldsymbol{A}^*$ 为非零方阵, 则 $R(\boldsymbol{A}^*)=R(\boldsymbol{\alpha}_1,\boldsymbol{\alpha}_2,\cdots,\boldsymbol{\alpha}_n)\geqslant 1$. 所以 $R(\boldsymbol{A}^*)=1$.

例 3.5.4 设 $\boldsymbol{A},\boldsymbol{B}$ 均是 n 阶方阵, 且 $\boldsymbol{AB}=\boldsymbol{O}$, 则 $R(\boldsymbol{A})+R(\boldsymbol{B})\leqslant n$.

证明 设 $\boldsymbol{B}=(\boldsymbol{\beta}_1,\boldsymbol{\beta}_2,\cdots,\boldsymbol{\beta}_n)$, 由 $\boldsymbol{AB}=\boldsymbol{O}$, 即 $\boldsymbol{A}(\boldsymbol{\beta}_1,\boldsymbol{\beta}_2,\cdots,\boldsymbol{\beta}_n)=\boldsymbol{0}$ 得 $\boldsymbol{A\beta}_i=\boldsymbol{0}\ (i=1,2,\cdots,n)$, 所以 $\boldsymbol{B}$ 的列向量组 $\boldsymbol{\beta}_1,\boldsymbol{\beta}_2,\cdots,\boldsymbol{\beta}_n$ 都是齐次线性方程组 $\boldsymbol{AX}=\boldsymbol{0}$ 的解.

$\boldsymbol{AX}=\boldsymbol{0}$ 的基础解系所包含的向量个数为 $t=n-R(\boldsymbol{A})$, 且向量组 $\boldsymbol{\beta}_1,\boldsymbol{\beta}_2,\cdots,\boldsymbol{\beta}_n$ 可由基础解系线性表示, 所以 $R(\boldsymbol{\beta}_1,\boldsymbol{\beta}_2,\cdots,\boldsymbol{\beta}_n)\leqslant n-R(\boldsymbol{A})$, 从而 $R(\boldsymbol{A})+R(\boldsymbol{B})\leqslant n$.

注 $\boldsymbol{AB}=\boldsymbol{O}$, 则 $\boldsymbol{B}$ 的每个列向量都是齐次线性方程组 $\boldsymbol{AX}=\boldsymbol{0}$ 的解.

例 3.5.5 设 $\boldsymbol{A}$ 为 n 阶方阵, 且 $\boldsymbol{A}^2=\boldsymbol{A}$, 证明 $R(\boldsymbol{A})+R(\boldsymbol{A}-\boldsymbol{E})=n$.

证明 由 $\boldsymbol{A}^2=\boldsymbol{A}$ 得 $\boldsymbol{A}(\boldsymbol{E}-\boldsymbol{A})=\boldsymbol{O}$, 所以 $R(\boldsymbol{A})+R(\boldsymbol{E}-\boldsymbol{A})\leqslant n$, 又 $R(\boldsymbol{A})+R(\boldsymbol{E}-\boldsymbol{A})\geqslant R(\boldsymbol{A}+(\boldsymbol{E}-\boldsymbol{A}))=R(\boldsymbol{E})=n$, 所以 $R(\boldsymbol{A})+R(\boldsymbol{E}-\boldsymbol{A})=n$, 而 $R(\boldsymbol{E}-\boldsymbol{A})=R(\boldsymbol{A}-\boldsymbol{E})$, 所以 $R(\boldsymbol{A})+R(\boldsymbol{A}-\boldsymbol{E})=n$.

例 3.5.6 设 $\boldsymbol{A}$ 为 $m\times n$ 矩阵, 证明 $R(\boldsymbol{A}^{\mathrm{T}}\boldsymbol{A})=R(\boldsymbol{A})$.

证明 考察 n 元齐次线性方程组 I : $\boldsymbol{AX}=\boldsymbol{0}$ 和 II : $(\boldsymbol{A}^{\mathrm{T}}\boldsymbol{A})\boldsymbol{X}=\boldsymbol{0}$. 显然 I 的解都是 II 的解;

设 n 维向量 $\boldsymbol{x}_0$ 是 II 的解, 即 $(\boldsymbol{A}^{\mathrm{T}}\boldsymbol{A})\boldsymbol{x}_0=\boldsymbol{0}$, 则 $\boldsymbol{x}_0^{\mathrm{T}}(\boldsymbol{A}^{\mathrm{T}}\boldsymbol{A})\boldsymbol{x}_0=0$, $(\boldsymbol{Ax}_0)^{\mathrm{T}}(\boldsymbol{Ax}_0)=\boldsymbol{0}$, 所以向量 $\boldsymbol{Ax}_0=\boldsymbol{0}$, 即 $\boldsymbol{x}_0$ 也是 I 的解, 从而 n 元齐次线性方程组 I : $\boldsymbol{AX}=\boldsymbol{0}$ 和 II : $(\boldsymbol{A}^{\mathrm{T}}\boldsymbol{A})\boldsymbol{X}=\boldsymbol{0}$ 同解, 所以它们有相同的基础解系, 即

$$n-R(\boldsymbol{A})=n-R(\boldsymbol{A}^{\mathrm{T}}\boldsymbol{A}),$$

因此 $R(\boldsymbol{A}^{\mathrm{T}}\boldsymbol{A})=R(\boldsymbol{A})$.

3.6 非齐次线性方程组解的结构

本节讨论非齐次线性方程组有无穷解时解的结构.

设非齐次线性方程组为

$$\begin{cases} a_{11}x_1+a_{12}x_2+\cdots+a_{1n}x_n=b_1, \\ a_{21}x_1+a_{22}x_2+\cdots+a_{2n}x_n=b_2, \\ \qquad\qquad\cdots\cdots \\ a_{m1}x_1+a_{m2}x_2+\cdots+a_{mn}x_n=b_m, \end{cases}$$

记作

$$\boldsymbol{AX}=\boldsymbol{b},$$

其中 $\boldsymbol{A}=\begin{pmatrix} a_{11} & a_{12} & \cdots & a_{1n} \\ a_{21} & a_{22} & \cdots & a_{2n} \\ \vdots & \vdots & & \vdots \\ a_{m1} & a_{m2} & \cdots & a_{mn} \end{pmatrix}$为系数矩阵, $\boldsymbol{b}=\begin{pmatrix} b_1 \\ b_2 \\ \vdots \\ b_m \end{pmatrix}$, $b_i(i=1,2,\cdots,m)$ 不全为零.

齐次线性方程组 $\boldsymbol{AX}=\boldsymbol{0}$ 为 $\boldsymbol{AX}=\boldsymbol{b}$ 对应的齐次线性方程组 (或导出组).

3.6.1 非齐次线性方程组解的性质

设 $R(\boldsymbol{A})=R(\widetilde{\boldsymbol{A}})=r<n$, 则 $\boldsymbol{AX}=\boldsymbol{b}$ 有无穷解.

性质 3.6.1 设 $\boldsymbol{\eta}_1$ 与 $\boldsymbol{\eta}_2$ 是 $\boldsymbol{AX}=\boldsymbol{b}$ 的解, 则 $\boldsymbol{\eta}_1-\boldsymbol{\eta}_2$ 是 $\boldsymbol{AX}=\boldsymbol{0}$ 的解.

证明 因 $\boldsymbol{\eta}_1$ 与 $\boldsymbol{\eta}_2$ 是 $\boldsymbol{AX}=\boldsymbol{b}$ 的解, 则 $\boldsymbol{A\eta}_1=\boldsymbol{b}$, $\boldsymbol{A\eta}_2=\boldsymbol{b}$ 成立, 于是 $\boldsymbol{A}(\boldsymbol{\eta}_1-\boldsymbol{\eta}_2)=\boldsymbol{0}$, 即 $\boldsymbol{\eta}_1-\boldsymbol{\eta}_2$ 是 $\boldsymbol{AX}=\boldsymbol{0}$ 的解.

性质 3.6.2 设 $\boldsymbol{\eta}$ 是 $\boldsymbol{AX}=\boldsymbol{b}$ 的解, $\boldsymbol{\xi}$ 是 $\boldsymbol{AX}=\boldsymbol{0}$ 的解, 则 $\boldsymbol{\xi}+\boldsymbol{\eta}$ 是 $\boldsymbol{AX}=\boldsymbol{b}$ 的解.

证明 因 $\boldsymbol{\eta}$ 是 $\boldsymbol{AX}=\boldsymbol{b}$ 的解, 则 $\boldsymbol{A\eta}=\boldsymbol{b}$. 又 $\boldsymbol{\xi}$ 是 $\boldsymbol{AX}=\boldsymbol{0}$ 的解, 则 $\boldsymbol{A\xi}=\boldsymbol{0}$. 于是 $\boldsymbol{A}(\boldsymbol{\xi}+\boldsymbol{\eta})=\boldsymbol{b}$, 即 $\boldsymbol{\xi}+\boldsymbol{\eta}$ 是 $\boldsymbol{AX}=\boldsymbol{b}$ 的解.

例 3.6.1 设 $\boldsymbol{\eta}_1,\boldsymbol{\eta}_2,\cdots,\boldsymbol{\eta}_s$ 是 $\boldsymbol{AX}=\boldsymbol{b}$ 的解, 证明: 当常数 $k_1,k_2,\cdots,k_s$ 满足 $k_1+k_2+\cdots+k_s=1$ 时, $k_1\boldsymbol{\eta}_1+k_2\boldsymbol{\eta}_2+\cdots+k_s\boldsymbol{\eta}_s$ 是 $\boldsymbol{AX}=\boldsymbol{b}$ 的解.

证明 因 $\boldsymbol{\eta}_1,\boldsymbol{\eta}_2,\cdots,\boldsymbol{\eta}_s$ 是 $\boldsymbol{AX}=\boldsymbol{b}$ 的解, 则 $\boldsymbol{A\eta}_i=\boldsymbol{b}\ (i=1,2,\cdots,s)$, 于是

$$\boldsymbol{A}(k_1\boldsymbol{\eta}_1+k_2\boldsymbol{\eta}_2+\cdots+k_s\boldsymbol{\eta}_s)=k_1b+k_2b+\cdots+k_sb=b\ (\text{因}k_1+k_2+\cdots+k_s=1).$$

所以 $k_1\boldsymbol{\eta}_1+k_2\boldsymbol{\eta}_2+\cdots+k_s\boldsymbol{\eta}_s$ 是 $\boldsymbol{AX}=\boldsymbol{b}$ 的解.

3.6.2 非齐次线性方程组解的计算

定理 3.6.1 设 $\boldsymbol{\eta}_0$ 是非齐次线性方程组 $\boldsymbol{AX}=\boldsymbol{b}$ 的一个特解, $\boldsymbol{\xi}_1,\boldsymbol{\xi}_2,\cdots,\boldsymbol{\xi}_t$ 是其导出组 $\boldsymbol{AX}=\boldsymbol{0}$ 的一个基础解系, 则 $\boldsymbol{AX}=\boldsymbol{b}$ 的全部解为

$$\boldsymbol{X}=k_1\boldsymbol{\xi}_1+k_2\boldsymbol{\xi}_2+\cdots+k_t\boldsymbol{\xi}_t+\boldsymbol{\eta}_0,$$

其中 $k_1,k_2,\cdots,k_t$ 为任意常数, $t=n-R(\boldsymbol{A})$.

证明 根据非齐次线性方程组解的性质, 只需证明 $\boldsymbol{AX}=\boldsymbol{b}$ 的任意一个解 $\boldsymbol{\eta}$ 都可表示为 $\boldsymbol{AX}=\boldsymbol{0}$ 的某个解 $\boldsymbol{\xi}$ 与 $\boldsymbol{\eta}_0$ 的和即可.

取 $\boldsymbol{\xi}=\boldsymbol{\eta}-\boldsymbol{\eta}_0$, 由性质 3.6.1 知 $\boldsymbol{\xi}$ 是 $\boldsymbol{AX}=\boldsymbol{0}$ 的解, 故

$$\boldsymbol{\eta}=\boldsymbol{\xi}+\boldsymbol{\eta}_0,$$

即 $\boldsymbol{AX}=\boldsymbol{b}$ 的任意一个解 $\boldsymbol{\eta}$ 都可表示为 $\boldsymbol{\eta}_0$ 与 $\boldsymbol{AX}=\boldsymbol{0}$ 的解 $\boldsymbol{\xi}$ 之和, 而 $\boldsymbol{\xi}$ 又可表示为 $\boldsymbol{AX}=\boldsymbol{0}$ 的基础解系的线性组合.

例 3.6.2 求下面方程组的全部解:

$$\begin{cases} x_1+x_2-3x_3-x_4+5x_5=2, \\ 3x_1-x_2-3x_3+4x_4-x_5=2, \\ x_1-7x_2+9x_3+13x_4-27x_5=-6. \end{cases}$$

解 $$\tilde{\boldsymbol{A}}=\begin{pmatrix} 1 & 1 & -3 & -1 & 5 & 2 \\ 3 & -1 & -3 & 4 & -1 & 2 \\ 1 & -7 & 9 & 13 & -27 & -6 \end{pmatrix}$$

$$\xrightarrow[r_3-r_1]{r_2-3r_1}\begin{pmatrix} 1 & 1 & -3 & -1 & 5 & 2 \\ 0 & -4 & 6 & 7 & -16 & -4 \\ 0 & -8 & 12 & 14 & -32 & -8 \end{pmatrix}$$

$$\xrightarrow{r_3-2r_2}\begin{pmatrix} 1 & 1 & -3 & -1 & 5 & 2 \\ 0 & -4 & 6 & 7 & -16 & -4 \\ 0 & 0 & 0 & 0 & 0 & 0 \end{pmatrix}$$

$$\xrightarrow{-\frac{1}{4}r_2}\begin{pmatrix} 1 & 1 & -3 & -1 & 5 & 2 \\ 0 & 1 & -\dfrac{3}{2} & -\dfrac{7}{4} & 4 & 1 \\ 0 & 0 & 0 & 0 & 0 & 0 \end{pmatrix}\xrightarrow{r_1-r_2}\begin{pmatrix} 1 & 0 & -\dfrac{3}{2} & \dfrac{3}{4} & 1 & 1 \\ 0 & 1 & -\dfrac{3}{2} & -\dfrac{7}{4} & 4 & 1 \\ 0 & 0 & 0 & 0 & 0 & 0 \end{pmatrix}.$$

(1) 求非齐次线性方程组 $\boldsymbol{AX}=\boldsymbol{b}$ 的一个特解.

令自由变元 $x_3=x_4=x_5=0$, 得原方程组的一个特解 $\boldsymbol{\eta}_0=(1,\ 1,\ 0,\ 0,\ 0)^{\mathrm{T}}$.

(2) 求导出组 $\boldsymbol{AX}=\boldsymbol{0}$ 的一个基础解系.

令自由变元 x_3,x_4,x_5 取 (x_3,x_4,x_5) 分别为 $(1,0,0)^{\mathrm{T}}$, $(0,1,0)^{\mathrm{T}}$, $(0,0,1)^{\mathrm{T}}$, 则可得导出组的一个基础解系

$$\boldsymbol{\xi}_1=\begin{pmatrix} \dfrac{3}{2} \\ \dfrac{3}{2} \\ 1 \\ 0 \\ 0 \end{pmatrix},\quad \boldsymbol{\xi}_2=\begin{pmatrix} -\dfrac{3}{4} \\ \dfrac{7}{4} \\ 0 \\ 1 \\ 0 \end{pmatrix},\quad \boldsymbol{\xi}_3=\begin{pmatrix} -1 \\ -4 \\ 0 \\ 0 \\ 1 \end{pmatrix}.$$

所以非齐次线性方程组 $\boldsymbol{AX}=\boldsymbol{b}$ 的全部解为

$$\begin{aligned}\boldsymbol{X}&=\boldsymbol{\eta}_0+k_1\boldsymbol{\xi}_1+k_2\boldsymbol{\xi}_2+k_3\boldsymbol{\xi}_3\\&=\begin{pmatrix}1\\1\\0\\0\\0\end{pmatrix}+k_1\begin{pmatrix}\frac{3}{2}\\\frac{3}{2}\\1\\0\\0\end{pmatrix}+k_2\begin{pmatrix}-\frac{3}{4}\\\frac{7}{4}\\0\\1\\0\end{pmatrix}+k_3\begin{pmatrix}-1\\-4\\0\\0\\1\end{pmatrix},\end{aligned}$$

其中 k_1,k_2,k_3 为任意常数.

例 3.6.3 四元非齐次线性方程组 $\boldsymbol{AX}=\boldsymbol{b}$, 已知 $R(\boldsymbol{A})=2$, 它有 3 个解

$$\boldsymbol{\eta}_1=\begin{pmatrix}1\\0\\2\\1\end{pmatrix},\quad \boldsymbol{\eta}_2=\begin{pmatrix}2\\1\\2\\0\end{pmatrix},\quad \boldsymbol{\eta}_3=\begin{pmatrix}3\\1\\1\\1\end{pmatrix},$$

求 $\boldsymbol{AX}=\boldsymbol{b}$ 的全部解.

解 $\boldsymbol{AX}=\boldsymbol{0}$ 的基础解系的向量个数 $t=n-R(\boldsymbol{A})=4-2=2$. 又因

$$\boldsymbol{\eta}_1-\boldsymbol{\eta}_2=\begin{pmatrix}-1\\-1\\0\\1\end{pmatrix},\quad \boldsymbol{\eta}_1-\boldsymbol{\eta}_3=\begin{pmatrix}-2\\-1\\1\\0\end{pmatrix}$$

是 $\boldsymbol{AX}=\boldsymbol{0}$ 的解且线性无关, 所以它们就是 $\boldsymbol{AX}=\boldsymbol{0}$ 的基础解系. 于是 $\boldsymbol{AX}=\boldsymbol{b}$ 的通解为

$$\boldsymbol{X}=k_1\begin{pmatrix}-1\\-1\\0\\1\end{pmatrix}+k_2\begin{pmatrix}-2\\-1\\1\\0\end{pmatrix}+\begin{pmatrix}1\\0\\2\\1\end{pmatrix}\quad (k_1,k_2\text{为任意常数}).$$

例 3.6.4 设四阶方阵 $\boldsymbol{A}=(\boldsymbol{\alpha}_1,\boldsymbol{\alpha}_2,\boldsymbol{\alpha}_3,\boldsymbol{\alpha}_4)$, 其中 $\boldsymbol{\alpha}_2,\boldsymbol{\alpha}_3,\boldsymbol{\alpha}_4$ 线性无关, $\boldsymbol{\alpha}_1=2\boldsymbol{\alpha}_2-4\boldsymbol{\alpha}_4$, 如果 $\boldsymbol{\beta}=\boldsymbol{\alpha}_1+2\boldsymbol{\alpha}_2+3\boldsymbol{\alpha}_3+4\boldsymbol{\alpha}_4$, 求非齐次线性方程组 $\boldsymbol{AX}=\boldsymbol{\beta}$ 的通解.

解　由 $\boldsymbol{\alpha}_2,\boldsymbol{\alpha}_3,\boldsymbol{\alpha}_4$ 线性无关, $\boldsymbol{\alpha}_1$ 可由 $\boldsymbol{\alpha}_2,\boldsymbol{\alpha}_3,\boldsymbol{\alpha}_4$ 线性表示, 知 $R(\boldsymbol{A})=3$, 所以齐次线性方程组 $\boldsymbol{AX}=\boldsymbol{0}$ 的基础解系只含一个向量. 因 $\boldsymbol{\alpha}_1=2\boldsymbol{\alpha}_2-4\boldsymbol{\alpha}_4$, 即 $\boldsymbol{\alpha}_1-2\boldsymbol{\alpha}_2+0\boldsymbol{\alpha}_3+4\boldsymbol{\alpha}_4=\boldsymbol{0}$, 则 $\boldsymbol{\xi}=\begin{pmatrix}1\\-2\\0\\4\end{pmatrix}$ 是 $\boldsymbol{AX}=\boldsymbol{0}$ 的一个非零解, 也就是 $\boldsymbol{AX}=\boldsymbol{0}$ 的基础解系. 由 $\boldsymbol{\beta}=\boldsymbol{\alpha}_1+2\boldsymbol{\alpha}_2+3\boldsymbol{\alpha}_3+4\boldsymbol{\alpha}_4$ 知 $\boldsymbol{\eta}_0=\begin{pmatrix}1\\2\\3\\4\end{pmatrix}$ 是非齐次线性方程组 $\boldsymbol{AX}=\boldsymbol{\beta}$ 的一个解. 所以 $\boldsymbol{AX}=\boldsymbol{\beta}$ 的通解为

$$\boldsymbol{X}=k\begin{pmatrix}1\\-2\\0\\4\end{pmatrix}+\begin{pmatrix}1\\2\\3\\4\end{pmatrix}\quad (k\text{为任意常数}).$$

3.7　向量空间

我们通常把 n 维向量的全体所构成的集合 $\mathbb{R}^n$ 称为 n 维向量空间. 下面介绍向量空间的有关知识.

3.7.1　向量空间的定义

定义 3.7.1　设 V 是 n 维向量的非空集合, 集合 V 对于向量的加法及数乘两种运算封闭, 即对任意的 $\boldsymbol{\alpha},\boldsymbol{\beta}\in V$ 及 $k_1,k_2\in\mathbb{R}$, 都有 $k_1\boldsymbol{\alpha}+\boldsymbol{\beta}k_2\in V$, 则称 V 是**向量空间.**

例 3.7.1　全体三维向量构成向量空间, 记作 $\mathbb{R}^3$; 全体 n 维向量构成向量空间, 记作 $\mathbb{R}^n$.

例 3.7.2　设 $\boldsymbol{\alpha},\boldsymbol{\beta}$ 是两个线性无关的 n 维向量, 集合

$$L=\{\boldsymbol{x}=\lambda\boldsymbol{\alpha}+\mu\boldsymbol{\beta}|\lambda,\mu\in\mathbb{R}\}$$

是一个向量空间.

因为若 $\boldsymbol{x}_1=\lambda_1\boldsymbol{\alpha}+\mu_1\boldsymbol{\beta},\boldsymbol{x}_2=\lambda_2\boldsymbol{\alpha}+\mu_2\boldsymbol{\beta}$, $\lambda_1,\lambda_2,\mu_1,\mu_2,k\in\mathbb{R}$, 则有

$$\boldsymbol{x}_1+\boldsymbol{x}_2=(\lambda_1+\lambda_2)\boldsymbol{\alpha}+(\mu_1+\mu_2)\boldsymbol{\beta}\in L,$$

$$k\boldsymbol{x}_1=(k\lambda_1)\boldsymbol{\alpha}+(k\mu_1)\boldsymbol{\beta}\in L.$$

这个向量空间称为由向量 $\boldsymbol{\alpha},\boldsymbol{\beta}$ 所生成的向量空间.

例 3.7.3 非齐次线性方程组的解集

$$S=\{\boldsymbol{x}|\boldsymbol{A}\boldsymbol{x}=\boldsymbol{b}\}$$

不是向量空间. 这是因为当 S 为空集时, S 不是向量空间; 当 S 非空时, 若 $\boldsymbol{\eta}\in S$, 则 $\boldsymbol{A}(2\boldsymbol{\eta})=2\boldsymbol{b}\neq\boldsymbol{b}$, 故 $2\boldsymbol{\eta}\notin S$.

例 3.7.4 齐次线性方程组的解集

$$S=\{\boldsymbol{x}|\boldsymbol{A}\boldsymbol{x}=\boldsymbol{0}\}$$

是向量空间. 由齐次线性方程组的解的性质 3.5.1 和性质 3.5.2 知, 解集 S 对向量的加法和数乘运算封闭.

例 3.7.5 设向量组 $\boldsymbol{\alpha}_1,\boldsymbol{\alpha}_2,\cdots,\boldsymbol{\alpha}_m$ 与向量组 $\boldsymbol{\beta}_1,\boldsymbol{\beta}_2,\cdots,\boldsymbol{\beta}_n$ 等价, 记

$$V_1=\{\boldsymbol{x}=k_1\boldsymbol{\alpha}_1+k_2\boldsymbol{\alpha}_2+\cdots+k_m\boldsymbol{\alpha}_m|k_1,k_2,\cdots,k_m\in\mathbb{R}\},$$

$$V_2=\{\boldsymbol{x}=l_1\boldsymbol{\beta}_1+l_2\boldsymbol{\beta}_2+\cdots+l_n\boldsymbol{\beta}_n|l_1,l_2,\cdots,l_n\in\mathbb{R}\},$$

试证 $V_1=V_2$.

证明 设 $\boldsymbol{x}\in V_1$, 则 $\boldsymbol{x}$ 可由 $\boldsymbol{\alpha}_1,\boldsymbol{\alpha}_2,\cdots,\boldsymbol{\alpha}_m$ 线性表示, 因为向量组 $\boldsymbol{\alpha}_1,\boldsymbol{\alpha}_2,\cdots,\boldsymbol{\alpha}_m$ 与向量组 $\boldsymbol{\beta}_1,\boldsymbol{\beta}_2,\cdots,\boldsymbol{\beta}_n$ 等价, 向量组 $\boldsymbol{\alpha}_1,\boldsymbol{\alpha}_2,\cdots,\boldsymbol{\alpha}_m$ 中每个向量都可由 $\boldsymbol{\beta}_1,\boldsymbol{\beta}_2,\cdots,\boldsymbol{\beta}_n$ 线性表示, 所以 $\boldsymbol{x}\in V_2$. 这就是说, 若 $\boldsymbol{x}\in V_1$, 则 $\boldsymbol{x}\in V_2$, 因此 $V_1\subseteq V_2$.

同理可证, 若 $\boldsymbol{x}\in V_2$, 则 $\boldsymbol{x}\in V_1$, 因此 $V_2\subseteq V_1$. 所以有 $V_1=V_2$.

3.7.2 向量空间的基

定义 3.7.2 设 V 是向量空间, 如果 V 中的 r 个向量 $\boldsymbol{\alpha}_1,\boldsymbol{\alpha}_2,\cdots,\boldsymbol{\alpha}_r$ 满足:

(1) $\boldsymbol{\alpha}_1,\boldsymbol{\alpha}_2,\cdots,\boldsymbol{\alpha}_r$ 线性无关;

(2) V 中任意向量都可由 $\boldsymbol{\alpha}_1,\boldsymbol{\alpha}_2,\cdots,\boldsymbol{\alpha}_r$ 线性表示,

则称 $\boldsymbol{\alpha}_1,\boldsymbol{\alpha}_2,\cdots,\boldsymbol{\alpha}_r$ 是向量空间 V 的一个**基**, r 称为向量空间 V 的**维数**, 并称 V 为 r 维向量空间.

显然, V 的一个基就是 V 的一个最大无关组; V 的维数就是 V 的秩.

如果向量空间 V 没有基, 那么 V 的维数是 0. 0 维向量空间只含有一个零向量 $\boldsymbol{0}$.

若 $\boldsymbol{\alpha}_1,\boldsymbol{\alpha}_2,\cdots,\boldsymbol{\alpha}_r$ 是向量空间 V 的一个基, 则向量空间 V 可以表示为

$$V=\{\boldsymbol{x}=k_1\boldsymbol{\alpha}_1+k_2\boldsymbol{\alpha}_2+\cdots+k_r\boldsymbol{\alpha}_r|k_1,k_2,\cdots,k_r\in\mathbb{R}\}.$$

单位坐标向量 $\boldsymbol{\varepsilon}_1,\boldsymbol{\varepsilon}_2,\cdots,\boldsymbol{\varepsilon}_n$ 是 n 维向量空间 $\mathbb{R}^n$ 的一个基.

例如, 齐次线性方程组的解空间 $S=\{\boldsymbol{x}|\boldsymbol{A}\boldsymbol{x}=\boldsymbol{0}\}$, 若能找到解空间的一个基 $\boldsymbol{\xi}_1,\boldsymbol{\xi}_2,\cdots,\boldsymbol{\xi}_{n-r}$, 则解空间可表示为

$$S=\{\boldsymbol{x}=c_1\boldsymbol{\xi}_1+c_2\boldsymbol{\xi}_2+\cdots+c_{n-r}\boldsymbol{\xi}_{n-r}|c_1,c_2,\cdots,c_{n-r}\in\mathbb{R}\}.$$

例 3.7.6　验证 $\boldsymbol{\alpha}_1=(1,1,0)^{\mathrm{T}},\boldsymbol{\alpha}_2=(0,1,1)^{\mathrm{T}},\boldsymbol{\alpha}_3=(1,0,1)^{\mathrm{T}}$ 是三维向量空间 $\mathbb{R}^3$ 的一个基.

解　要证 $\boldsymbol{\alpha}_1,\boldsymbol{\alpha}_2,\boldsymbol{\alpha}_3$ 是 $\mathbb{R}^3$ 的一个基, 只要证 $\boldsymbol{\alpha}_1,\boldsymbol{\alpha}_2,\boldsymbol{\alpha}_3$ 线性无关, 即 $(\boldsymbol{\alpha}_1,\boldsymbol{\alpha}_2,\boldsymbol{\alpha}_3)$ 与 $\boldsymbol{E}$ 等价:

因为 $|\boldsymbol{\alpha}_1,\boldsymbol{\alpha}_2,\boldsymbol{\alpha}_3|=\begin{vmatrix}1&0&1\\1&1&0\\0&1&1\end{vmatrix}=2\neq0$, 所以 $\boldsymbol{\alpha}_1,\boldsymbol{\alpha}_2,\boldsymbol{\alpha}_3$ 线性无关.

3.8　线性方程组与向量组的应用

线性方程组的应用非常广泛, 随着计算机的发展, 人们对大型线性方程组的求解已经很成熟, 本节从几个方面简单介绍其应用.

3.8.1　应用线性方程组解决线性规划问题

在人们的生产实践中, 经常会遇到如何利用现有资源来安排生产, 以取得最大经济效益的问题. 此类问题构成了数学的重要分支——数学规划, 而线性规划 (linear programming, LP) 则是数学规划的一个重要分支, 它是建立在线性方程组的基础之上的. 自从 1947 年丹齐格 (G. B. Dantzig) 提出求解线性规划的单纯形方法以来, 线性规划在理论上趋向成熟, 在实用中日益广泛与深入. 特别是在计算机能处理成千上万个约束条件和决策变量的线性规划问题之后, 线性规划的适用领域更为广泛了, 已成为现代决策中经常采用的基本方法之一.

1. 线性规划的实例与定义

例 3.8.1　某机床厂生产甲、乙两种机床, 每台销售后的利润分别为 4000 元与 3000 元. 生产甲机床需用 A,B 机器加工, 加工时间分别为每台 2 小时和 1 小时; 生产乙机床需用 A,B,C 三种机器加工, 加工时间为每台各一小时. 若每天可用于加工的机器时数分别为 A 机器 10 小时、B 机器 8 小时和 C 机器 7 小时, 问该厂应生产甲、乙机床各几台, 才能使总利润最大?

问题可列表如表 3.8.1 所示.

表 3.8.1

车间	产品		
	工时单耗		生产能力时数
	甲	乙	
A	2	1	10
B	1	1	8
C	0	1	7
单位产品获利/千元	4	3	

设该厂生产 x_1 台甲机床和 x_2 台乙机床时总利润最大, 则 x_1, x_2 应满足

$$\text{(目标函数)}\ \max \quad z = 4x_1 + 3x_2 \tag{1}$$

$$\text{(约束条件)}\ \text{s.t.} \quad \begin{cases} 2x_1 + x_2 \leqslant 10, \\ x_1 + x_2 \leqslant 8, \\ x_2 \leqslant 7, \\ x_1, x_2 \geqslant 0. \end{cases} \tag{2}$$

这里变量 x_1, x_2 称为决策变量, (1) 式被称为问题的目标函数, (2) 中的几个不等式是问题的约束条件, 记为 s.t. (即 subject to). 上述即为一规划问题的三个要素. 由于上面的目标函数及约束条件均为线性函数, 故被称为线性规划问题.

总之, 线性规划问题是在一组线性约束条件的限制下, 求一线性目标函数最大或最小的问题.

在解决实际问题时, 把问题归结成一个线性规划问题很重要的一步, 但往往也是困难的一步. 选取适当的决策变量, 是我们建立线性规划的关键之一.

2. 线性规划的解的概念

一般线性规划问题的标准形为

$$\min \quad z = \sum_{j=1}^{n} c_j x_j \tag{3}$$

$$\text{s.t.} \quad \sum_{j=1}^{n} a_{ij} x_j \leqslant b_i, \quad i = 1, 2, \cdots, m. \tag{4}$$

可行解 满足约束条件 (4) 的解 $\boldsymbol{x} = (x_1, x_2, \cdots, x_n)$, 称为线性规划问题的可行解, 而使目标函数 (3) 达到最小值的可行解称为最优解.

可行域 所有可行解构成的集合称为问题的可行域, 记为 R.

3. 线性规划的图解法

图解法简单直观, 有助于了解线性规划问题 (LP 问题) 求解的基本原理. 我们先应用图解法来求解例 3.8.1 中的问题.

如图 3.8.1 所示, 阴影区域即为 LP 问题的可行域 R. 对于每一固定的值 z, 使目标函数值等于 z 的点构成的直线称为目标函数等位线, 当 z 变动时, 我们得到一族平行直线. 让等位线沿目标函数值减小的方向移动, 直到等位线与可行域有交点的最后位置, 此时的交点 (一个或多个) 即为 LP 问题的最优解.

对于例 3.8.1, 显然等位线越趋于右上方, 其上的点具有越大的目标函数值. 不难看出, 本例的最优解为 $\boldsymbol{x}^* = (2,6)^{\mathrm{T}}$, 最优目标值 $z^* = 26$.

从上面的图解过程可以看出: 在 R 非空时, 若线性规划存在有限最优解, 则必可找到具有最优目标函数值的可行域 R 的 "顶点". 最优解只可能在顶点上达到.

线性规划问题的一般求解方法, 目前最成熟的是 "单纯形法", 有关的知识请参阅相关资料.

3.8.2 应用线性方程组解决立体电路的问题

1. 问题提出

随着大规模集成电路的飞速发展, 仅在一个平面上提高集成度的方法已经不能适应科技的发展需要, 特别是受化工、材料的限制, 所以科学家把目标转向立体结构, 即努力把集成电路做成立体结构, 以达到提高集成度, 实现高速、小体积、低功耗的目的.

下面我们对简单的纯电阻立体结构电路进行研究. 如图 3.8.2 所示, 假设: (1) 每一线段表示一纯电阻, 用 ω_{ij} 表示两节点 i 与 j 之间的电阻, 当节点 i 与 j 不直接相连时, 其值为 ∞; (2) 节点 1 接零线, 节点 8 接电源正极; (3) 电源电压为 E.

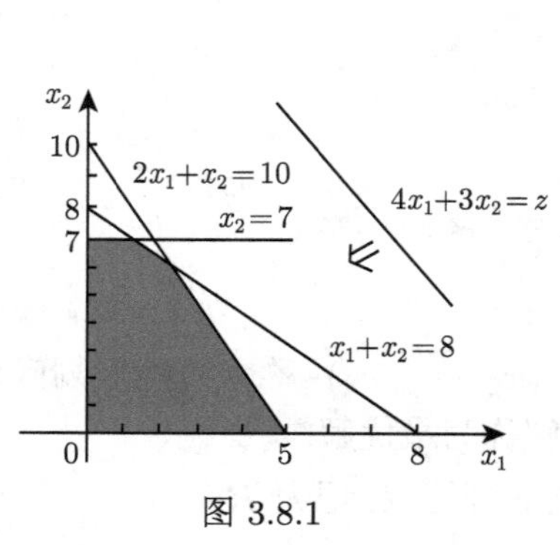

图 3.8.1

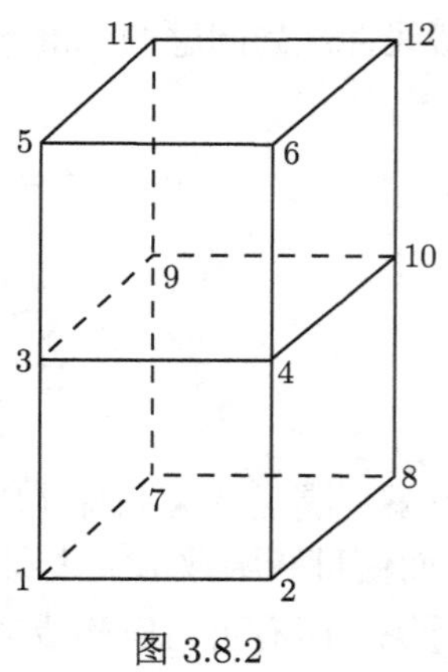

图 3.8.2

要求计算各节点的电位.

2. 建立线性方程组的数学模型

设各节点的电位为 v_i $(i=1,2,\cdots,12)$, 显然 $v_1=0$, $v_{12}=E$. 我们建立关于 $\boldsymbol{V}=(v_2,v_3,\cdots,v_{11})^{\mathrm{T}}$ 的线性方程组.

根据电路分析中的节点法, 得线性方程组

$$\boldsymbol{AV}=\boldsymbol{b},$$

其中 $\boldsymbol{A}=\begin{pmatrix} a_{22} & \cdots & a_{2,11} \\ \vdots & & \vdots \\ a_{11,2} & \cdots & a_{11,11} \end{pmatrix}$, $\boldsymbol{b}=\begin{pmatrix} b_2 \\ b_3 \\ \vdots \\ b_{11} \end{pmatrix}$, b_i 为节点电流, $b_i=\dfrac{E}{\omega_{i8}}$ $(i=2,\cdots,11)$, $a_{ii}=\sum\limits_j \dfrac{1}{\omega_{ij}}$ (j 为与节点 i 直接相连的节点, $i=2,\cdots,11$), $a_{ij}=-\dfrac{1}{\omega_{ij}}$ (节点 i,j 不直接相连时为零).

3. 求解计算

设每个线段的电阻值为 1Ω; 电源电压 E 为 10V, 则 $b_6=b_{10}=b_{11}=10$, 其余为零.

$$a_{ii}=3\ (i=2,5,6,7,8,11),\quad a_{ii}=4\ (i=3,4,9,10),$$

$$a_{ij}=-\frac{1}{\omega_{ij}}=\begin{cases} -1, & \text{节点 } i,j \text{ 直接相连,} \\ 0, & \text{节点 } i,j \text{ 不直接相连} \end{cases}\quad (i,j=2,\cdots,11 \text{ 且 } i\neq j).$$

这样线性方程组为

$$\begin{pmatrix} 3 & 0 & -1 & 0 & 0 & 0 & -1 & 0 & 0 & 0 \\ 0 & 4 & -1 & -1 & 0 & 0 & 0 & -1 & 0 & 0 \\ -1 & -1 & 4 & 0 & -1 & 0 & 0 & 0 & -1 & 0 \\ 0 & -1 & 0 & 3 & -1 & 0 & 0 & 0 & 0 & -1 \\ 0 & 0 & -1 & -1 & 3 & 0 & 0 & 0 & 0 & 0 \\ 0 & 0 & 0 & 0 & 0 & 3 & -1 & -1 & 0 & 0 \\ -1 & 0 & 0 & 0 & 0 & -1 & 3 & 0 & -1 & 0 \\ 0 & -1 & 0 & 0 & 0 & -1 & 0 & 4 & -1 & -1 \\ 0 & 0 & -1 & 0 & 0 & 0 & -1 & -1 & 4 & 0 \\ 0 & 0 & 0 & -1 & 0 & 0 & 0 & -1 & 0 & 3 \end{pmatrix}\begin{pmatrix} v_2 \\ v_3 \\ \vdots \\ v_{11} \end{pmatrix}=\begin{pmatrix} 0 \\ 0 \\ 0 \\ 0 \\ 10 \\ 0 \\ 0 \\ 0 \\ 10 \\ 10 \end{pmatrix},$$

解得

$$\begin{pmatrix} v_2 \\ v_3 \\ v_4 \\ v_5 \\ v_6 \\ v_7 \\ v_8 \\ v_9 \\ v_{10} \\ v_{11} \end{pmatrix} = \begin{pmatrix} 3 \\ 4 \\ 5 \\ 6 \\ 7 \\ 3 \\ 4 \\ 5 \\ 6 \\ 7 \end{pmatrix}.$$

注意, 手工计算此线性方程组的解是非常复杂的, 工程中应用到的线性方程组往往涉及很多未知数, 计算量非常庞大, 这就需要借助计算机来完成线性方程组的求解问题. 这也是发展高速计算机的目的之一.

3.8.3　应用线性方程组解决网络流模型

网络流模型广泛应用于交通、运输、通信、电力分配、城市规划、任务分派以及计算机辅助设计等众多领域. 当科学家、工程师和经济学家研究某种网络中的流量问题时, 线性方程组就自然而然地产生了. 例如: 城市规划设计人员和交通工程师监控城市道路网络内的交通流量, 电气工程师计算电路中流经的电流, 经济学家分析产品通过批发商和零售商网络从生产者到消费者的分配等. 大多数网络流模型中的方程组都包含了数百甚至上千个未知量和线性方程.

一个网络由一个点集以及连接部分或全部点的直线或弧线构成. 网络中的点称作连接点 (或节点), 网络中的连接线称作分支. 每一分支中的流量方向已经指定, 并且流量 (或流速) 已知或者已标为变量.

网络流的基本假设是网络流中流入与流出的总量相等, 并且每个连接点流入和流出的总量也相等.

例 3.8.2　图 3.8.3 说明了流量分别从一个或两个分支流入连接点, x_1, x_2 和 x_3 表示从其他分支流出的流量, x_4, x_5 表示从其他分支流入的流量. 因为流量在每个连接点守恒, 所以有 $x_1 + x_2 = 60, x_4 + x_5 = x_3 + 80$.

网络分析要解决的问题就是: 在部分信息 (如网络的输入量) 已知的情况下, 确定每一分支中的流量.

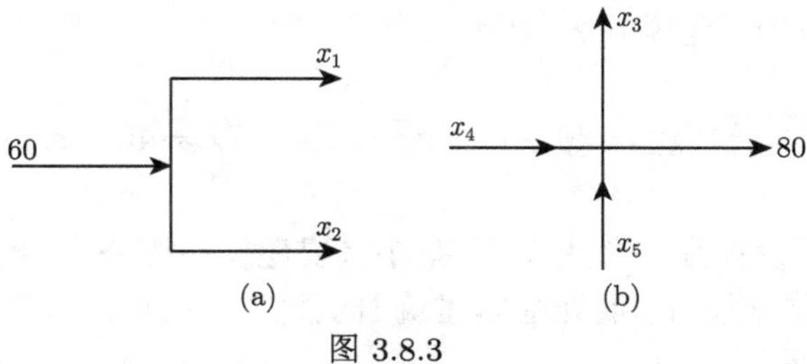

图 3.8.3

图 3.8.4 的网络给出了在下午两点钟, 某市区部分单行道的交通流量 (以每刻钟通过的汽车数量来度量). 试确定网络的流量模式.

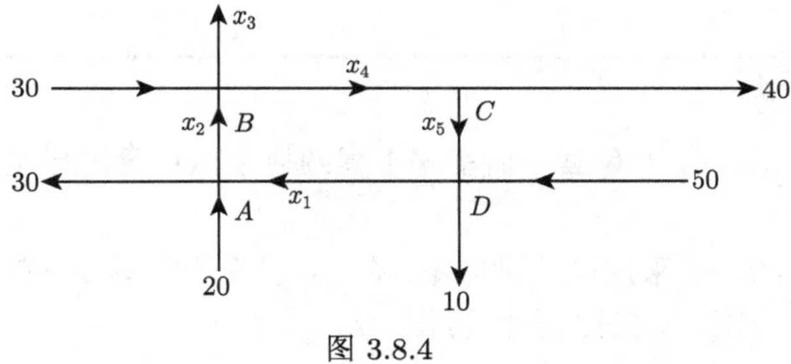

图 3.8.4

解 根据网络流模型的基本假设, 在节点 (交叉口) A, B, C, D 处, 我们可以得到下列方程

$$A: x_1 + 20 = x_2 + 30; \quad B: x_2 + 30 = x_3 + x_4;$$

$$C: x_4 = x_5 + 40; \quad D: x_5 + 50 = x_1 + 10.$$

此外, 该网络的总流入等于网络的总流出, 即

$$20 + 30 + 50 = 30 + x_3 + 40 + 10 \Rightarrow x_3 = 20.$$

联立以上方程的方程组为

$$\begin{cases} x_1 - x_2 = 10, \\ x_2 - x_3 - x_4 = -30, \\ x_4 - x_5 = 40, \\ x_1 - x_5 = 40, \\ x_3 = 20. \end{cases}$$

取 $x_5 = c$, 则网络的流量模式表示为

$$x_1 = 40 + c, \quad x_2 = 30 + c, \quad x_3 = 20, \quad x_4 = 40 + c, \quad x_5 = c.$$

例 3.8.3 假设你是一个建筑师, 某小区要建设一栋公寓, 现在有一个模块构造计划方案需要你来设计, 根据基本建筑面积每个楼层可以有三种设置户型的方案, 如表 3.8.2 所示.

表 3.8.2

方案	一居室/套	两居室/套	三居室/套
A	8	7	3
B	8	4	4
C	9	3	5

如果要设计出含有 136 套一居室, 74 套两居室, 66 套三居室, 是否可行? 设计方案是否唯一?

解 设公寓的每层采用同一种方案, 有 x_1 层采用方案 A, 有 x_2 层采用方案 B, 有 x_3 层采用方案 C, 根据题意, 可得

$$\begin{cases} 8x_1 + 8x_2 + 9x_3 = 136, \\ 7x_1 + 4x_2 + 3x_3 = 74, \\ 3x_1 + 4x_2 + 5x_3 = 66. \end{cases}$$

将上述方程组的增广矩阵化成行最简形矩阵

$$\tilde{\boldsymbol{A}} = (\boldsymbol{A}, \boldsymbol{b}) = \begin{pmatrix} 8 & 8 & 9 & 136 \\ 7 & 4 & 3 & 74 \\ 3 & 4 & 5 & 66 \end{pmatrix} \to \begin{pmatrix} 1 & 0 & -\dfrac{1}{2} & 2 \\ 0 & 1 & \dfrac{13}{8} & 15 \\ 0 & 0 & 0 & 0 \end{pmatrix},$$

对应的方程组为

$$\begin{cases} x_1 = 2 + \dfrac{1}{2}x_3, \\ x_2 = 15 - \dfrac{13}{8}x_3. \end{cases}$$

取自由变元 $x_3 = c$ (c 为正整数), 则方程组的通解为

$$\begin{cases} x_1 = 2 + \dfrac{1}{2}c, \\ x_2 = 15 - \dfrac{13}{8}c, \\ x_3 = c. \end{cases}$$

又由题意可知, x_1, x_2, x_3 都为正整数, 则方程组有唯一解 $x_1 = 6, x_2 = 2, x_3 = 8$. 所以设计方案可行且唯一, 设计方案为: 6 层采用方案 A, 2 层采用方案 B, 8 层采用方案 C.

3.9 MATLAB 在线性方程组计算中的实现

3.9.1 向量组的秩, 向量组的线性相关性、最大无关组

例 3.9.1 设矩阵 $\boldsymbol{A}$ 如下:

$$\boldsymbol{A} = \begin{pmatrix} 1 & -1 & 5 & -2 & 2 \\ 2 & -1 & 0 & 1 & 0 \\ 3 & -3 & 15 & -6 & 5 \\ 0 & 1 & -10 & 5 & -4 \end{pmatrix}.$$

求 (1) 矩阵 $\boldsymbol{A}$ 的秩, 列 (行) 向量组的秩;

(2) 判断 $\boldsymbol{A}$ 的列向量组的线性相关性;

(3) 求 $\boldsymbol{A}$ 的列向量组的一个最大无关组, 并将不属于最大无关组的列向量用最大无关组线性表示.

程序如下:

```
A=[1,-1,5,-2,2;2,-1,0,1,0;3,-3,15,-6,5;0,1,-10,5,-4];
R=rank(A)
B=rref(A)
```

运行结果:

```
R=3
B=
      1     0    -5     3     0
      0     1   -10     5     0
      0     0     0     0     1
      0     0     0     0     0
```

由此可得:

(1) 矩阵 $\boldsymbol{A}$ 的秩、列 (行) 向量组的秩都是 3;

(2) 因为秩小于列向量个数 5, 故 $\boldsymbol{A}$ 的列向量组线性相关;

(3) 记 $\boldsymbol{A}$ 的 1, 2, 3, 4, 5 列分别为 $\boldsymbol{\alpha}_1, \boldsymbol{\alpha}_2, \boldsymbol{\alpha}_3, \boldsymbol{\alpha}_4, \boldsymbol{\alpha}_5$, 由行最简形矩阵 $\boldsymbol{B}$ 可以看出, $\boldsymbol{\alpha}_1, \boldsymbol{\alpha}_2, \boldsymbol{\alpha}_5$ 是 $\boldsymbol{A}$ 的列向量组的一个最大无关组, 且有

$$\boldsymbol{\alpha}_3 = -5\boldsymbol{\alpha}_1 - 10\boldsymbol{\alpha}_2, \quad \boldsymbol{\alpha}_4 = 3\boldsymbol{\alpha}_1 + 5\boldsymbol{\alpha}_2.$$

3.9.2　线性方程组的求解

设方程组为 $\boldsymbol{A}_{m\times n}\boldsymbol{x}_{n\times 1} = \boldsymbol{b}_{m\times 1}$, 则

(1) 使用 `null`, 可得 $\boldsymbol{A}\boldsymbol{x} = \boldsymbol{0}$ 的基础解系: `null(A,'r')`.

(2) 使用 `rank` 及 `rref`, 因为

$$\operatorname{rank}(\boldsymbol{B})\begin{cases} = \operatorname{rank}(\boldsymbol{A}) = n, & \text{方程组有唯一解,} \\ = \operatorname{rank}(\boldsymbol{A}) < n, & \text{方程组有无穷多解,} \\ \neq \operatorname{rank}(\boldsymbol{A}), & \text{方程组无解,} \end{cases}$$

其中 $\boldsymbol{B} = (\boldsymbol{A}, \boldsymbol{b})$, 所以可根据系数矩阵 $\boldsymbol{A}$ 的秩及增广矩阵 $\boldsymbol{B}$ 的秩判断方程组解的情况; 在有解的情况下用 `rref` 把增广矩阵化为行最简形, 并得到相应的解.

特殊情形: 当 `A` 是方阵且其行列式不为 0 时, 方程组的唯一解可用 `A\b` 或者 `inv(A)*b` 表示.

例 3.9.2　求下列方程组的解:

$$\begin{cases} x_1 - x_2 - x_3 - 3x_4 = -2, \\ x_1 - x_2 + x_3 + 5x_4 = 4, \\ -4x_1 + 4x_2 + x_3 = -1. \end{cases}$$

程序如下:

```
A=[1,-1,-1,-3;1,-1,1,5;-4,4,1,0];
b=[-2;4;-1];
B=[A,b];
R1=rank(A)
R2=rank(B)
if R1~=R2
    Z='方程组无解'
else
    Z='方程组有解'
```

```
    display('增广矩阵的行最简形如下：')
    R=rref(B)
end
n1=null(A,'r')
```

运行结果如下:

```
R1 =
     2
R2 =
     2
Z =
    '方程组有解'
    增广矩阵的行最简形如下：

R =
     1    -1     0     1     1
     0     0     1     4     3
     0     0     0     0     0
n1 =
     1    -1
     1     0
     0    -4
     0     1
```

由运行结果可知, 该方程组有解, 其对应导出组的基础解系中含 2 个解向量, 有 2 个自由变量, 取 $x_2 = c_1, x_4 = c_2$, 由此得到方程组的通解为

$$\boldsymbol{x} = c_1 \begin{pmatrix} 1 \\ 1 \\ 0 \\ 0 \end{pmatrix} + c_2 \begin{pmatrix} -1 \\ 0 \\ -4 \\ 1 \end{pmatrix} + \begin{pmatrix} 1 \\ 0 \\ 3 \\ 0 \end{pmatrix}, \quad c_1, c_2 \in \mathbb{R}.$$

习 题 3

1. 设非齐次线性方程组 $\boldsymbol{AX} = \boldsymbol{b}$ 中, 系数矩阵 $\boldsymbol{A}$ 是 $m \times n$ 矩阵, 且 $R(\boldsymbol{A}) = r$, 则 (　　).

(A) $r = m$ 时, 非齐次线性方程组 $\boldsymbol{AX} = \boldsymbol{b}$ 有解;
(B) $r = n$ 时, 非齐次线性方程组 $\boldsymbol{AX} = \boldsymbol{b}$ 有唯一解;
(C) $m = n$ 时, 非齐次线性方程组 $\boldsymbol{AX} = \boldsymbol{b}$ 有唯一解;
(D) $r < n$ 时, 非齐次线性方程组 $\boldsymbol{AX} = \boldsymbol{b}$ 有无穷多解.

2. 设非齐次线性方程组 $\boldsymbol{AX}=\boldsymbol{b}$ 中, 系数矩阵 $\boldsymbol{A}$ 是 $m\times n$ 矩阵, 对应的齐次线性方程组为 $\boldsymbol{AX}=\boldsymbol{0}$, 则正确的是 (　　).

(A) 若 $\boldsymbol{AX}=\boldsymbol{0}$ 只有零解, 则 $\boldsymbol{AX}=\boldsymbol{b}$ 有唯一解;

(B) 若 $\boldsymbol{AX}=\boldsymbol{0}$ 有非零解, 则 $\boldsymbol{AX}=\boldsymbol{b}$ 有无穷解;

(C) 若 $\boldsymbol{AX}=\boldsymbol{b}$ 有无穷解, 则 $\boldsymbol{AX}=\boldsymbol{0}$ 只有零解;

(D) 若 $\boldsymbol{AX}=\boldsymbol{b}$ 有无穷解, 则 $\boldsymbol{AX}=\boldsymbol{0}$ 有非零解.

3. 用消元法解下列线性方程组:

(1) $\begin{cases} 5x_1-x_2+2x_3+x_4=7, \\ 2x_1+x_2+4x_3-2x_4=1, \\ x_1-3x_2-6x_3+5x_4=0; \end{cases}$　(2) $\begin{cases} x_1+2x_2-x_4=-1, \\ -x_1-3x_2+x_3+2x_4=3, \\ x_1-x_2+3x_3+x_4=1, \\ 2x_1-3x_2+7x_3+3x_4=4; \end{cases}$

(3) $\begin{cases} 2x_1-4x_2+5x_3+3x_4=0, \\ 3x_1-6x_2+4x_3+2x_4=0, \\ 4x_1-8x_2+17x_3+11x_4=0; \end{cases}$　(4) $\begin{cases} x_1+x_2+x_3+x_4+x_5=0, \\ 3x_1+2x_2+x_3+x_4-3x_5=0, \\ x_2+2x_3+2x_4+6x_5=0, \\ 5x_1+4x_2+2x_3+3x_4-x_5=0. \end{cases}$

4. 问 λ 取何值时, 非齐次线性方程组

$$\begin{cases} \lambda x_1+x_2+x_3=1, \\ x_1+\lambda x_2+x_3=\lambda, \\ x_1+x_2+\lambda x_3=\lambda^2 \end{cases}$$

(1) 有唯一解; (2) 无解; (3) 有无穷多个解? 有无穷解时, 求出通解.

5. 问 k 取何值时, 齐次线性方程组

$$\begin{cases} (1-k)x_1-2x_2+4x_3=0, \\ 2x_1+(3-k)x_2+x_3=0, \\ x_1+x_2+(1-k)x_3=0 \end{cases}$$

有非零解? 并求出非零解.

6. 已知齐次线性方程组 $\begin{cases} \lambda x_1+x_2+x_3=0, \\ x_1+\mu x_2+x_3=0, \\ x_1+2\mu x_2+x_3=0 \end{cases}$ 有非零解, 试确定 λ,μ 的取值.

7. 判断下列各组中的向量 $\boldsymbol{\beta}$ 是否能由其余向量线性表示, 若可以, 求出表示式.

(1) $\boldsymbol{\beta}=(4,5,6)^{\mathrm{T}}$, $\boldsymbol{\alpha}_1=(3,-3,2)^{\mathrm{T}}$, $\boldsymbol{\alpha}_2=(-2,1,2)^{\mathrm{T}}$, $\boldsymbol{\alpha}_3=(1,2,-1)^{\mathrm{T}}$;

(2) $\boldsymbol{\beta}=(-1,1,3,1)^{\mathrm{T}}$, $\boldsymbol{\alpha}_1=(1,2,1,1)^{\mathrm{T}}$, $\boldsymbol{\alpha}_2=(1,1,1,2)^{\mathrm{T}}$, $\boldsymbol{\alpha}_3=(-3,-2,1,-3)^{\mathrm{T}}$;

(3) $\boldsymbol{\beta}=(1,0,-\frac{1}{2})^{\mathrm{T}}$, $\boldsymbol{\alpha}_1=(1,1,1)^{\mathrm{T}}$, $\boldsymbol{\alpha}_2=(1,-1,-2)^{\mathrm{T}}$, $\boldsymbol{\alpha}_3=(-1,1,2)^{\mathrm{T}}$.

8. 设向量组 $\boldsymbol{\alpha}_1=(a,2,10)^{\mathrm{T}},\boldsymbol{\alpha}_2=(-2,1,5)^{\mathrm{T}},\boldsymbol{\alpha}_3=(-1,1,4)^{\mathrm{T}},\boldsymbol{\beta}=(1,b,c)^{\mathrm{T}}$. 试问: a,b,c 满足什么条件时,

(1) $\boldsymbol{\beta}$ 可由 $\boldsymbol{\alpha}_1,\boldsymbol{\alpha}_2,\boldsymbol{\alpha}_3$ 线性表示, 且表示法唯一;

(2) $\boldsymbol{\beta}$ 不能由 $\boldsymbol{\alpha}_1,\boldsymbol{\alpha}_2,\boldsymbol{\alpha}_3$ 线性表示;

(3) $\boldsymbol{\beta}$ 可由 $\boldsymbol{\alpha}_1,\boldsymbol{\alpha}_2,\boldsymbol{\alpha}_3$ 线性表示, 但表示法不唯一.

9. 设向量 $\boldsymbol{\beta}$ 可由向量组 $\boldsymbol{\alpha}_1,\boldsymbol{\alpha}_2,\cdots,\boldsymbol{\alpha}_s$ 线性表示, 但不能由 $\boldsymbol{\alpha}_1,\boldsymbol{\alpha}_2,\cdots,\boldsymbol{\alpha}_{s-1}$ 线性表示, 试证明: 向量组 $\boldsymbol{\alpha}_1,\boldsymbol{\alpha}_2,\cdots,\boldsymbol{\alpha}_{s-1},\boldsymbol{\beta}$ 与向量组 $\boldsymbol{\alpha}_1,\boldsymbol{\alpha}_2,\cdots,\boldsymbol{\alpha}_s$ 等价.

10. 向量组 $\boldsymbol{\alpha}_1,\boldsymbol{\alpha}_2,\cdots,\boldsymbol{\alpha}_s$ $(s\geqslant 2)$ 线性相关的充要条件是 (　　).

(A) $\boldsymbol{\alpha}_1,\boldsymbol{\alpha}_2,\cdots,\boldsymbol{\alpha}_s$ 中至少有一个零向量;

(B) $\boldsymbol{\alpha}_1,\boldsymbol{\alpha}_2,\cdots,\boldsymbol{\alpha}_s$ 中至少有两个向量成比例;

(C) $\boldsymbol{\alpha}_1,\boldsymbol{\alpha}_2,\cdots,\boldsymbol{\alpha}_s$ 中至少有一个向量可由其余向量线性表示;

(D) $\boldsymbol{\alpha}_1,\boldsymbol{\alpha}_2,\cdots,\boldsymbol{\alpha}_s$ 中的每一个向量可由其余向量线性表示.

11. 向量组 $\boldsymbol{\alpha}_1,\boldsymbol{\alpha}_2,\cdots,\boldsymbol{\alpha}_s$ $(s\geqslant 2)$ 线性无关的充要条件是 (　　).

(A) $\boldsymbol{\alpha}_1,\boldsymbol{\alpha}_2,\cdots,\boldsymbol{\alpha}_s$ 均不是零向量;

(B) $\boldsymbol{\alpha}_1,\boldsymbol{\alpha}_2,\cdots,\boldsymbol{\alpha}_s$ 中任意两个向量的分量都不成比例;

(C) $\boldsymbol{\alpha}_1,\boldsymbol{\alpha}_2,\cdots,\boldsymbol{\alpha}_s$ 中任意一个向量都不能由其余的 $s-1$ 个向量线性表示;

(D) $\boldsymbol{\alpha}_1,\boldsymbol{\alpha}_2,\cdots,\boldsymbol{\alpha}_s$ 中有一个部分组线性无关.

12. n 个向量 $\boldsymbol{\alpha}_1,\boldsymbol{\alpha}_2,\cdots,\boldsymbol{\alpha}_n$ 线性无关, 去掉一个向量 $\boldsymbol{\alpha}_n$, 则剩下的 $n-1$ 个向量 (　　).

(A) 线性相关;　　　　(B) 线性无关;

(C) 和原向量组等价;　　(D) 无法确定其线性关系.

13. 设 $\boldsymbol{A}$ 为 n 阶矩阵, $|\boldsymbol{A}|=0$, 则 (　　).

(A) $\boldsymbol{A}$ 中有两行 (列) 的元素对应成比例;

(B) $\boldsymbol{A}$ 中任意一行 (列) 向量是其余各行 (列) 的线性组合;

(C) $\boldsymbol{A}$ 中至少有一行元素全为 0;

(D) $\boldsymbol{A}$ 中必有一行 (列) 向量是其余各行 (列) 的线性组合.

14. 设 n 阶矩阵 $\boldsymbol{A}$ 的秩 $R(\boldsymbol{A})=r<n$, 则 $\boldsymbol{A}$ 的 n 个列向量中 (　　).

(A) 必有 r 个列向量线性无关;　(B) 任意 r 个列向量线性无关;

(C) 任意 $r-1$ 个列向量线性无关; (D) 任意一个列向量都可由其他 r 个列向量线性表示.

15. 判断下列向量组的线性相关性:

(1) $\boldsymbol{\alpha}=(1,2,0)^{\mathrm{T}}$;

(2) $\boldsymbol{\alpha}_1=(1,2,1,2)^{\mathrm{T}},\boldsymbol{\alpha}_2=(0,0,0,0)^{\mathrm{T}},\boldsymbol{\alpha}_3=(1,-1,1,3)^{\mathrm{T}}$;

(3) $\boldsymbol{\alpha}_1=(2,1,3,2)^{\mathrm{T}},\boldsymbol{\alpha}_2=(1,-1,1,3)^{\mathrm{T}}$;

(4) $\boldsymbol{\alpha}_1=(1,1,-1,1)^{\mathrm{T}},\boldsymbol{\alpha}_2=(1,-1,2,-1)^{\mathrm{T}},\boldsymbol{\alpha}_3=(3,1,0,1)^{\mathrm{T}}$;

(5) $\boldsymbol{\alpha}_1=(2,1,3)^{\mathrm{T}},\boldsymbol{\alpha}_2=(-3,1,1)^{\mathrm{T}},\boldsymbol{\alpha}_3=(1,1,-2)^{\mathrm{T}}$.

16. 已知向量组 $\boldsymbol{\alpha}_1=(k,2,1)^{\mathrm{T}},\boldsymbol{\alpha}_2=(2,k,0)^{\mathrm{T}},\boldsymbol{\alpha}_3=(1,-1,1)^{\mathrm{T}}$. 试求 k 为何值时, 向量组 $\boldsymbol{\alpha}_1,\boldsymbol{\alpha}_2,\boldsymbol{\alpha}_3$ 线性相关? 线性无关?

17. 已知向量组 $\boldsymbol{\alpha}_1,\boldsymbol{\alpha}_2,\boldsymbol{\alpha}_3$ 线性无关, $\boldsymbol{\beta}_1=\boldsymbol{\alpha}_2+\boldsymbol{\alpha}_3$, $\boldsymbol{\beta}_2=\boldsymbol{\alpha}_1+\boldsymbol{\alpha}_3$, $\boldsymbol{\beta}_3=\boldsymbol{\alpha}_1+\boldsymbol{\alpha}_2-\boldsymbol{\alpha}_3$, 证明: $\boldsymbol{\beta}_1,\boldsymbol{\beta}_2,\boldsymbol{\beta}_3$ 线性无关.

18. 已知向量组 $\boldsymbol{\alpha}_1,\boldsymbol{\alpha}_2,\boldsymbol{\alpha}_3,\boldsymbol{\alpha}_4$ 线性无关, 若向量组 $\boldsymbol{\alpha}_1+k\boldsymbol{\alpha}_2,\boldsymbol{\alpha}_2+\boldsymbol{\alpha}_3,\boldsymbol{\alpha}_3+\boldsymbol{\alpha}_4,\boldsymbol{\alpha}_4+\boldsymbol{\alpha}_1$ 线性相关, 求 k 值.

19. 如果向量组 $\boldsymbol{\alpha}_1,\boldsymbol{\alpha}_2,\cdots,\boldsymbol{\alpha}_s$ 线性无关, 证明: 向量组 $\boldsymbol{\alpha}_1,\boldsymbol{\alpha}_1+\boldsymbol{\alpha}_2,\boldsymbol{\alpha}_1+\boldsymbol{\alpha}_2+\boldsymbol{\alpha}_3,\cdots,\boldsymbol{\alpha}_1+\boldsymbol{\alpha}_2+\cdots+\boldsymbol{\alpha}_s$ 线性无关.

20. 证明: 如果 n 维单位向量组 $\boldsymbol{\varepsilon}_1,\boldsymbol{\varepsilon}_2,\cdots,\boldsymbol{\varepsilon}_n$ 可由向量组 $\boldsymbol{\alpha}_1,\boldsymbol{\alpha}_2,\cdots,\boldsymbol{\alpha}_n$ 线性表示, 则向量组 $\boldsymbol{\alpha}_1,\boldsymbol{\alpha}_2,\cdots,\boldsymbol{\alpha}_n$ 线性无关.

21. 证明: 向量组 $\boldsymbol{\alpha}_1,\boldsymbol{\alpha}_2,\cdots,\boldsymbol{\alpha}_n$ 线性无关的充要条件是任意 n 维向量都可由向量组 $\boldsymbol{\alpha}_1,\boldsymbol{\alpha}_2,\cdots,\boldsymbol{\alpha}_n$ 线性表示.

22. 若向量组 $\boldsymbol{\alpha}_1,\boldsymbol{\alpha}_2,\cdots,\boldsymbol{\alpha}_s$ 的秩为 r, 则 (　　).

(A) 必有 $r<s$;

(B) 向量组中任意少于 r 个向量的部分组线性无关;

(C) 向量组中任意 r 个向量线性无关;

(D) 向量组中任意 $r+1$ 个向量线性相关.

23. 若两个 n 维向量组: $\boldsymbol{\alpha}_1,\boldsymbol{\alpha}_2,\cdots,\boldsymbol{\alpha}_s$ 与 $\boldsymbol{\beta}_1,\boldsymbol{\beta}_2,\cdots,\boldsymbol{\beta}_t$ 的秩相同, 都为 r, 则 (　　).

(A) 两个向量组等价;

(B) 向量组 $\boldsymbol{\alpha}_1,\boldsymbol{\alpha}_2,\cdots,\boldsymbol{\alpha}_s,\boldsymbol{\beta}_1,\boldsymbol{\beta}_2,\cdots,\boldsymbol{\beta}_t$ 的秩也为 r;

(C) 当向量组 $\boldsymbol{\alpha}_1,\boldsymbol{\alpha}_2,\cdots,\boldsymbol{\alpha}_s$ 能由 $\boldsymbol{\beta}_1,\boldsymbol{\beta}_2,\cdots,\boldsymbol{\beta}_t$ 线性表示时, 向量组 $\boldsymbol{\beta}_1,\boldsymbol{\beta}_2,\cdots,\boldsymbol{\beta}_t$ 也能由 $\boldsymbol{\alpha}_1,\boldsymbol{\alpha}_2,\cdots,\boldsymbol{\alpha}_s$ 线性表示;

(D) 当 $s=t$ 时两个向量组等价.

24. 求下列向量组的秩及其一个最大无关组, 并将不属于最大无关组的向量 (若有) 用极大线性无关组线性表示.

(1) $\boldsymbol{\alpha}_1=(0,-1,3)^{\mathrm{T}}$, $\boldsymbol{\alpha}_2=(2,4,5)^{\mathrm{T}}$;

(2) $\boldsymbol{\alpha}_1=(3,-1,1)^{\mathrm{T}}$, $\boldsymbol{\alpha}_2=(3,-4,5)^{\mathrm{T}}$, $\boldsymbol{\alpha}_3=(0,3,6)^{\mathrm{T}}$, $\boldsymbol{\alpha}_4=(-2,0,-2)^{\mathrm{T}}$;

(3) $\boldsymbol{\alpha}_1=(1,-1,2,4)^{\mathrm{T}},\boldsymbol{\alpha}_2=(0,3,1,2)^{\mathrm{T}},\boldsymbol{\alpha}_3=(3,0,7,14)^{\mathrm{T}},\boldsymbol{\alpha}_4=(1,-1,2,0)^{\mathrm{T}}$, $\boldsymbol{\alpha}_5=(2,1,5,6)^{\mathrm{T}}$.

25. 已知向量组 $\boldsymbol{\alpha}_1=(1,1,t)^{\mathrm{T}}$, $\boldsymbol{\alpha}_2=(1,t,1)^{\mathrm{T}}$, $\boldsymbol{\alpha}_3=(t,1,1)^{\mathrm{T}}$ 的秩是 2, 求 t 的值.

26. 已知两组向量组 $A:\boldsymbol{\alpha}_1=(1,-3,2)^{\mathrm{T}}$, $\boldsymbol{\alpha}_2=(3,1,0)^{\mathrm{T}}$, $\boldsymbol{\alpha}_3=(9,-7,6)^{\mathrm{T}}$ 与 $B:\boldsymbol{\beta}_1=(0,-1,1)^{\mathrm{T}}$, $\boldsymbol{\beta}_2=(a,1,2)^{\mathrm{T}}$, $\boldsymbol{\beta}_3=(b,0,1)^{\mathrm{T}}$ 的秩相同, 且 $\boldsymbol{\beta}_3$ 可由向量组 A 线性表示, 求 a,b 的值.

27. 设 $\boldsymbol{A}$ 为 $m\times n$ 矩阵, 齐次线性方程组 $\boldsymbol{AX}=\boldsymbol{0}$ 仅有零解的充分条件是 (　　).

(A) $\boldsymbol{A}$ 的列向量线性无关;　　(B) $\boldsymbol{A}$ 的列向量线性相关;

(C) $\boldsymbol{A}$ 的行向量线性无关;　　(D) $\boldsymbol{A}$ 的行向量线性相关.

28. 设 $\boldsymbol{\xi}_1,\boldsymbol{\xi}_2,\boldsymbol{\xi}_3$ 是齐次线性方程组 $\boldsymbol{AX}=\boldsymbol{0}$ 的一个基础解系, 该方程组的基础解系还可以表示为 (　　).

(A) 与 $\boldsymbol{\xi}_1,\boldsymbol{\xi}_2,\boldsymbol{\xi}_3$ 等价的一个向量组;　　(B) 与 $\boldsymbol{\xi}_1,\boldsymbol{\xi}_2,\boldsymbol{\xi}_3$ 等秩的一个向量组;

(C) $\boldsymbol{\xi}_1,\boldsymbol{\xi}_1+\boldsymbol{\xi}_2,\boldsymbol{\xi}_1+\boldsymbol{\xi}_2+\boldsymbol{\xi}_3$;　　(D) $\boldsymbol{\xi}_1-\boldsymbol{\xi}_2,\boldsymbol{\xi}_2-\boldsymbol{\xi}_3,\boldsymbol{\xi}_3-\boldsymbol{\xi}_1$.

29. 求下列齐次线性方程组的一个基础解系及通解:

$$(1)\begin{cases}x_1-8x_2+10x_3+2x_4=0,\\2x_1+4x_2+5x_3-x_4=0,\\3x_1+8x_2+6x_3-2x_4=0;\end{cases}\qquad(2)\begin{cases}x_1+x_2+2x_3+3x_4=0,\\2x_1+2x_2+5x_3+8x_4=0,\\x_1+x_2+2x_3+2x_4=0.\end{cases}$$

30. 设齐次线性方程组 Ⅰ 的通解为 $\boldsymbol{X}=k_1(-1,1,0,1)^{\mathrm{T}}+k_2(0,0,1,0)^{\mathrm{T}}$; 齐次线性方程组 Ⅱ 的通解为 $\boldsymbol{X}=k_1(0,1,1,0)^{\mathrm{T}}+k_2(-1,2,2,1)^{\mathrm{T}}$, 判断线性方程组 Ⅰ 和 Ⅱ 是否有公共解? 若有, 求出所有公共解.

31. (1) 设 $\boldsymbol{A}$ 为 n 阶非零方阵, 求证: 存在 n 阶非零方阵 $\boldsymbol{B}$ 使 $\boldsymbol{AB}=\boldsymbol{O}$ 的充要条件是 $|\boldsymbol{A}|=0$.

(2) 设 $\boldsymbol{A}=\begin{pmatrix}1&2&-1\\2&-1&a\\3&1&1\end{pmatrix}$, $\boldsymbol{B}$ 为三阶非零方阵, 且 $\boldsymbol{AB}=\boldsymbol{O}$, 求 a 值和 $\boldsymbol{B}$ 的秩.

32. 设 n 阶方阵 $\boldsymbol{A}$ 的各行元素之和为零, 且 $R(\boldsymbol{A})=n-1$, 求齐次线性方程组 $\boldsymbol{AX}=\boldsymbol{0}$ 的通解.

33. 求下列非齐次线性方程组的通解, 并用其导出组的基础解系表示:

(1) $\begin{cases}x_1+x_2=5,\\2x_1+x_2+x_3+2x_4=1,\\5x_1+3x_2+2x_3+2x_4=3;\end{cases}$ (2) $\begin{cases}x_1+2x_2+3x_3-x_4=1,\\2x_1+4x_2+7x_3=3.\end{cases}$

34. 设四元非齐次线性方程组的系数矩阵的秩为 3, $\boldsymbol{\eta}_1,\boldsymbol{\eta}_2,\boldsymbol{\eta}_3$ 是它的三个解向量, 且

$$\boldsymbol{\eta}_1=\begin{pmatrix}2\\3\\4\\5\end{pmatrix},\quad \boldsymbol{\eta}_2+\boldsymbol{\eta}_3=\begin{pmatrix}1\\2\\3\\4\end{pmatrix},$$

求该方程组的通解.

35. 已知 $\boldsymbol{\xi}_1,\boldsymbol{\xi}_2$ 是齐次线性方程组 $\boldsymbol{AX}=\boldsymbol{0}$ 的两个线性无关的解, $\boldsymbol{\eta}$ 为非齐次线性方程组 $\boldsymbol{AX}=\boldsymbol{b}$ 的解, 求证 $\boldsymbol{\eta},\boldsymbol{\xi}_1+\boldsymbol{\eta},\boldsymbol{\xi}_2+\boldsymbol{\eta}$ 线性无关.

36. 证明: $\boldsymbol{\alpha}_1=(1,1,1)^{\mathrm{T}}$, $\boldsymbol{\alpha}_2=(0,1,2)^{\mathrm{T}}$, $\boldsymbol{\alpha}_3=(1,2,1)^{\mathrm{T}}$ 是 $\mathbb{R}^3$ 的一个基.

37. 由 $\boldsymbol{\alpha}_1=(1,1,0)^{\mathrm{T}}$, $\boldsymbol{\alpha}_2=(0,1,1)^{\mathrm{T}}$ 生成的向量空间记为 V_1, 由 $\boldsymbol{\beta}_1=(1,3,2)^{\mathrm{T}}$, $\boldsymbol{\beta}_2=(2,3,1)^{\mathrm{T}}$ 生成的向量空间记为 V_2, 证明: $V_1=V_2$.

38. 用图解法求下面线性规划的最优解.

$$\max\quad z=10x_1+5x_2$$
$$\text{s.t.}\quad\begin{cases}3x_1+4x_2\leqslant 9,\\5x_1+2x_2\leqslant 8,\\x_1\geqslant 0,\ x_2\geqslant 0.\end{cases}$$

39. 计算如图立体电路各节点的点位, 其中节点 1 连接电源零线, 节点 8 连接电源正极, 电源电压为 5V, 每段电阻都为 1Ω.

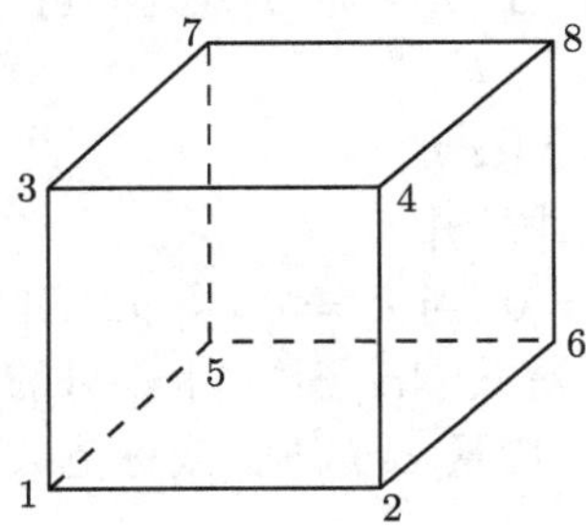

第 4 章　矩阵的特征值与特征向量

矩阵的特征值与特征向量是线性代数中的两个基本概念, 矩阵的相似对角化的理论是矩阵理论的重要组成部分, 它们在处理各类线性系统变换的问题中, 都有着极其广泛的应用. 本章首先介绍向量的内积, 然后介绍矩阵的特征值与特征向量, 接着讨论矩阵的相似对角化问题, 最后介绍一类特殊矩阵——实对称矩阵的相似对角化.

4.1　向量的内积

4.1.1　向量的内积的定义

我们知道, n 维实向量是解析几何中向量概念的推广, 但推广后的 n 维向量缺少几何中诸如向量的长度、夹角等度量性质, 我们首先参考解析几何中向量的数量积, 在 n 维实向量组中定义向量内积的概念, 并由此合理地定义向量的模和夹角.

定义 4.1.1　设有 n 维列向量

$$\boldsymbol{\alpha}=\begin{pmatrix} x_1\\ x_2\\ \vdots\\ x_n \end{pmatrix},\quad \boldsymbol{\beta}=\begin{pmatrix} y_1\\ y_2\\ \vdots\\ y_n \end{pmatrix},$$

令 $[\boldsymbol{\alpha},\boldsymbol{\beta}]=x_1y_1+x_2y_2+\cdots+x_ny_n$, 称实数 $[\boldsymbol{\alpha},\boldsymbol{\beta}]$ 为向量 $\boldsymbol{\alpha}$ 与 $\boldsymbol{\beta}$ 的内积, 可以表示为 $[\boldsymbol{\alpha},\boldsymbol{\beta}]=\boldsymbol{\alpha}^{\mathrm{T}}\boldsymbol{\beta}$.

内积具有以下性质 (其中 $\boldsymbol{\alpha},\boldsymbol{\beta},\boldsymbol{\gamma}$ 为 n 维列向量, λ 为实数):

(1) $[\boldsymbol{\alpha},\boldsymbol{\beta}]=[\boldsymbol{\beta},\boldsymbol{\alpha}]$;

(2) $[\lambda\boldsymbol{\alpha},\boldsymbol{\beta}]=[\boldsymbol{\alpha},\ \lambda\boldsymbol{\beta}]=\lambda[\boldsymbol{\alpha},\boldsymbol{\beta}]$;

(3) $[\boldsymbol{\alpha}+\boldsymbol{\beta},\boldsymbol{\gamma}]=[\boldsymbol{\alpha},\boldsymbol{\gamma}]+[\boldsymbol{\beta},\boldsymbol{\gamma}]$;

(4) 当 $\boldsymbol{\alpha}=0$ 时, $[\boldsymbol{\alpha},\boldsymbol{\alpha}]=0$; 当 $\boldsymbol{\alpha}\neq 0$ 时, $[\boldsymbol{\alpha},\boldsymbol{\alpha}]>0$;

(5) 施瓦茨 (Schwarz) 不等式: $[\boldsymbol{\alpha},\boldsymbol{\beta}]^2\leqslant[\boldsymbol{\alpha},\boldsymbol{\alpha}]\,[\boldsymbol{\beta},\boldsymbol{\beta}]$.

利用向量的内积可以定义向量 $\boldsymbol{\alpha}$ 的模 (或称范数) $\|\boldsymbol{\alpha}\|$ 为

$$\|\boldsymbol{\alpha}\|=\sqrt{[\boldsymbol{\alpha},\boldsymbol{\alpha}]}=\sqrt{x_1^2+x_2^2+\cdots+x_n^2}=\sqrt{\boldsymbol{\alpha}^{\mathrm{T}}\boldsymbol{\alpha}}\ .$$

对于二、三维向量, 模也就是长度.

对于任意向量 $\boldsymbol{\alpha}$, $\boldsymbol{\beta}$ 及实数 λ, 向量的模具有以下性质:

(1) 非负性: 当 $\boldsymbol{\alpha} \neq 0$ 时, $\|\boldsymbol{\alpha}\| > 0$; 当 $\boldsymbol{\alpha} = 0$ 时, $\|\boldsymbol{\alpha}\| = 0$;

(2) 齐次性: $\|\lambda\boldsymbol{\alpha}\| = |\lambda| \, \|\boldsymbol{\alpha}\|$;

(3) 三角不等式: $\|\boldsymbol{\alpha}+\boldsymbol{\beta}\| \leqslant \|\boldsymbol{\alpha}\| + \|\boldsymbol{\beta}\|$.

证明 (1) 和 (2) 由定义直接可得, 对于 (3), 由

$$\|\boldsymbol{\alpha}+\boldsymbol{\beta}\|^2 = [\boldsymbol{\alpha}+\boldsymbol{\beta}, \boldsymbol{\alpha}+\boldsymbol{\beta}] = [\boldsymbol{\alpha}, \boldsymbol{\alpha}] + 2[\boldsymbol{\alpha}, \boldsymbol{\beta}] + [\boldsymbol{\beta}, \boldsymbol{\beta}],$$

根据施瓦茨不等式 $[\boldsymbol{\alpha}, \boldsymbol{\beta}]^2 \leqslant [\boldsymbol{\alpha}, \boldsymbol{\alpha}][\boldsymbol{\beta}, \boldsymbol{\beta}]$, 有

$$\begin{aligned}\|\boldsymbol{\alpha}+\boldsymbol{\beta}\|^2 &\leqslant [\boldsymbol{\alpha}, \boldsymbol{\alpha}] + 2\sqrt{[\boldsymbol{\alpha}, \boldsymbol{\alpha}][\boldsymbol{\beta}, \boldsymbol{\beta}]} + [\boldsymbol{\beta}, \boldsymbol{\beta}] \\ &= \|\boldsymbol{\alpha}\|^2 + 2\|\boldsymbol{\alpha}\|\,\|\boldsymbol{\beta}\| + \|\boldsymbol{\beta}\|^2 = (\|\boldsymbol{\alpha}\| + \|\boldsymbol{\beta}\|)^2,\end{aligned}$$

即 $\|\boldsymbol{\alpha}+\boldsymbol{\beta}\| \leqslant \|\boldsymbol{\alpha}\| + \|\boldsymbol{\beta}\|$.

相应地, 可以定义:

(1) n 维向量 $\boldsymbol{\alpha}$ 与 $\boldsymbol{\beta}$ 的距离:

$$d = \|\boldsymbol{\alpha}-\boldsymbol{\beta}\| = \sqrt{(x_1-y_1)^2 + (x_2-y_2)^2 + \cdots + (x_n-y_n)^2};$$

(2) n 维向量 $\boldsymbol{\alpha}$ 与 $\boldsymbol{\beta}$ 的夹角 $\theta = \arccos \dfrac{[\boldsymbol{\alpha}, \boldsymbol{\beta}]}{\|\boldsymbol{\alpha}\|\,\|\boldsymbol{\beta}\|}$;

(3) 对于向量 $\boldsymbol{\alpha}$, 若 $\|\boldsymbol{\alpha}\| = 1$, 则称向量 $\boldsymbol{\alpha}$ 为单位向量, 那么对于任意的非零向量 $\boldsymbol{\alpha}$, $\boldsymbol{\alpha}_0 = \dfrac{\boldsymbol{\alpha}}{\|\boldsymbol{\alpha}\|}$ 称为向量 $\boldsymbol{\alpha}$ 对应的单位向量.

4.1.2 正交向量组、正交矩阵

定义 4.1.2 设 n 维向量 $\boldsymbol{\alpha}$ 与 $\boldsymbol{\beta}$, 满足 $[\boldsymbol{\alpha}, \boldsymbol{\beta}] = 0$, 则称向量 $\boldsymbol{\alpha}$ 与 $\boldsymbol{\beta}$ 正交, 记为 $\boldsymbol{\alpha} \perp \boldsymbol{\beta}$.

显然, 零向量与任何向量都正交.

在由非零向量组成的向量组中, 如果其中的向量两两正交, 则称该向量组为**正交向量组**. 仅由一个非零向量组成的向量组也是正交向量组. 若正交向量组中的每个向量均为单位向量, 则称该向量组为**单位正交向量组**, 如

$$\boldsymbol{p}_1 = \begin{pmatrix} \frac{1}{\sqrt{2}} \\ \frac{1}{\sqrt{2}} \\ 0 \\ 0 \end{pmatrix}, \quad \boldsymbol{p}_2 = \begin{pmatrix} \frac{1}{\sqrt{2}} \\ -\frac{1}{\sqrt{2}} \\ 0 \\ 0 \end{pmatrix}, \quad \boldsymbol{p}_3 = \begin{pmatrix} 0 \\ 0 \\ \frac{1}{\sqrt{2}} \\ \frac{1}{\sqrt{2}} \end{pmatrix}, \quad \boldsymbol{p}_4 = \begin{pmatrix} 0 \\ 0 \\ \frac{1}{\sqrt{2}} \\ -\frac{1}{\sqrt{2}} \end{pmatrix}$$

是一个单位正交向量组.

定理 4.1.1 正交向量组一定是线性无关的.

证明 设 $\boldsymbol{\alpha}_1,\boldsymbol{\alpha}_2,\cdots,\boldsymbol{\alpha}_r$ 是正交向量组, 若存在 $l_1,l_2,\cdots,l_r$, 使

$$l_1\boldsymbol{\alpha}_1+l_2\boldsymbol{\alpha}_2+\cdots+l_r\boldsymbol{\alpha}_r=\mathbf{0},$$

用 $\boldsymbol{\alpha}_i^{\mathrm{T}}(1\leqslant i\leqslant r)$ 左乘上式两端, 由于 $[\boldsymbol{\alpha}_i,\boldsymbol{\alpha}_j]=0\ (i\neq j)$, 得 $l_i\boldsymbol{\alpha}_i^{\mathrm{T}}\boldsymbol{\alpha}_i=0$, 因 $\boldsymbol{\alpha}_i\neq\mathbf{0}$, 故

$$\boldsymbol{\alpha}_i^{\mathrm{T}}\boldsymbol{\alpha}_i=\|\boldsymbol{\alpha}_i\|^2\neq 0,$$

从而必有 $l_i=0$, 其中 $i=1,2,\cdots,r$. 于是向量组 $\boldsymbol{\alpha}_1,\boldsymbol{\alpha}_2,\cdots,\boldsymbol{\alpha}_r$ 线性无关.

例 4.1.1 已知两正交向量 $\boldsymbol{\alpha}_1=\begin{pmatrix}1\\1\\1\end{pmatrix},\boldsymbol{\alpha}_2=\begin{pmatrix}1\\-2\\1\end{pmatrix}$, 试求一个非零向量 $\boldsymbol{\alpha}_3$, 使 $\boldsymbol{\alpha}_1,\boldsymbol{\alpha}_2,\boldsymbol{\alpha}_3$ 两两正交.

解 设 $\boldsymbol{\alpha}_3=\begin{pmatrix}x_1\\x_2\\x_3\end{pmatrix}$, 因为 $\boldsymbol{\alpha}_1$ 与 $\boldsymbol{\alpha}_3$ 正交, 即有 $x_1+x_2+x_3=0$, 又因为 $\boldsymbol{\alpha}_2$ 与 $\boldsymbol{\alpha}_3$ 正交, 即有 $x_1-2x_2+x_3=0$, 得齐次线性方程组 $\boldsymbol{Ax}=\mathbf{0}$, 即 $\begin{pmatrix}1&1&1\\1&-2&1\end{pmatrix}\begin{pmatrix}x_1\\x_2\\x_3\end{pmatrix}=\begin{pmatrix}0\\0\end{pmatrix}$, 其中 $\boldsymbol{A}=\begin{pmatrix}1&1&1\\1&-2&1\end{pmatrix}$. 由 $A=\begin{pmatrix}1&1&1\\1&-2&1\end{pmatrix}$ $\overset{r}{\sim}\begin{pmatrix}1&0&1\\0&1&0\end{pmatrix}$, 得 $\begin{cases}x_1=-x_3,\\x_2=0,\end{cases}$ 得基础解系 $\begin{pmatrix}-1\\0\\1\end{pmatrix}$, 取 $\boldsymbol{\alpha}_3=\begin{pmatrix}-1\\0\\1\end{pmatrix}$ 即为所求.

对于本例中的三维向量, 应用高等数学的向量积 (叉乘) 的方法也可求出 $\boldsymbol{\alpha}_3$:

$$\boldsymbol{\alpha}_3=\boldsymbol{\alpha}_1\times\boldsymbol{\alpha}_2=\begin{vmatrix}i&j&k\\1&1&1\\1&-2&1\end{vmatrix}=(3,\ 0,\ -3)^{\mathrm{T}}.$$

对于一个线性无关的向量组我们可以通过以下方法构造出一个与之等价的正交向量组.

定理 4.1.2 设 $\boldsymbol{\alpha}_1,\boldsymbol{\alpha}_2,\cdots,\boldsymbol{\alpha}_r$ 是一组线性无关的 n 维向量, 令

$$\boldsymbol{\eta}_1=\boldsymbol{\alpha}_1;$$

$$\boldsymbol{\eta}_2=\boldsymbol{\alpha}_2-\frac{[\boldsymbol{\eta}_1,\boldsymbol{\alpha}_2]}{[\boldsymbol{\eta}_1,\boldsymbol{\eta}_1]}\boldsymbol{\eta}_1;$$

$$\cdots\cdots$$

$$\boldsymbol{\eta}_r=\boldsymbol{\alpha}_r-\frac{[\boldsymbol{\eta}_1,\boldsymbol{\alpha}_r]}{[\boldsymbol{\eta}_1,\boldsymbol{\eta}_1]}\boldsymbol{\eta}_1-\frac{[\boldsymbol{\eta}_2,\boldsymbol{\alpha}_r]}{[\boldsymbol{\eta}_2,\boldsymbol{\eta}_2]}\boldsymbol{\eta}_2-\cdots-\frac{[\boldsymbol{\eta}_{r-1},\boldsymbol{\alpha}_r]}{[\boldsymbol{\eta}_{r-1},\boldsymbol{\eta}_{r-1}]}\boldsymbol{\eta}_{r-1}.$$

则 $\boldsymbol{\eta}_1,\boldsymbol{\eta}_2,\cdots,\boldsymbol{\eta}_r$ 是一个正交向量组, 且 $\boldsymbol{\eta}_1,\boldsymbol{\eta}_2,\cdots,\boldsymbol{\eta}_r$ 与 $\boldsymbol{\alpha}_1,\boldsymbol{\alpha}_2,\cdots,\boldsymbol{\alpha}_r$ 等价.

证明 读者可通过待定系数法自行证明.

定理 4.1.2 给出了由一个线性无关的向量组 $\boldsymbol{\alpha}_1,\boldsymbol{\alpha}_2,\cdots,\boldsymbol{\alpha}_r$, 构造出一个与 $\boldsymbol{\alpha}_1,\boldsymbol{\alpha}_2,\cdots,\boldsymbol{\alpha}_r$ 等价的正交向量组 $\boldsymbol{\eta}_1,\boldsymbol{\eta}_2,\cdots,\boldsymbol{\eta}_r$ 的方法, 这种方法称为**施密特 (Schmidt) 正交化方法**. 如果再将 $\boldsymbol{\eta}_1,\boldsymbol{\eta}_2,\cdots,\boldsymbol{\eta}_r$ 中的每一个向量单位化: $\boldsymbol{p}_i=\dfrac{1}{\|\boldsymbol{\eta}_i\|}\boldsymbol{\eta}_i$, $i=1,2,\cdots,r$, 便可得到一个与 $\boldsymbol{\alpha}_1,\boldsymbol{\alpha}_2,\cdots,\boldsymbol{\alpha}_r$ 等价的单位正交向量组 $\boldsymbol{p}_1,\boldsymbol{p}_2,\cdots,\boldsymbol{p}_r$.

以上单位正交化过程包含了正交化、单位化两个步骤.

例 4.1.2 将向量组 $\boldsymbol{\alpha}_1=\begin{pmatrix}1\\2\\-1\end{pmatrix},\boldsymbol{\alpha}_2=\begin{pmatrix}-1\\3\\1\end{pmatrix},\boldsymbol{\alpha}_3=\begin{pmatrix}4\\-1\\0\end{pmatrix}$, 化为单位正交向量组.

解 取 $\boldsymbol{\eta}_1=\boldsymbol{\alpha}_1$;

$$\boldsymbol{\eta}_2=\boldsymbol{\alpha}_2-\frac{[\boldsymbol{\alpha}_2,\boldsymbol{\eta}_1]}{\|\boldsymbol{\eta}_1\|^2}\boldsymbol{\eta}_1=\begin{pmatrix}-1\\3\\1\end{pmatrix}-\frac{4}{6}\begin{pmatrix}1\\2\\-1\end{pmatrix}=\frac{5}{3}\begin{pmatrix}-1\\1\\1\end{pmatrix};$$

$$\boldsymbol{\eta}_3=\boldsymbol{\alpha}_3-\frac{[\boldsymbol{\alpha}_3,\boldsymbol{\eta}_1]}{\|\boldsymbol{\eta}_1\|^2}\boldsymbol{\eta}_1-\frac{[\boldsymbol{\alpha}_3,\boldsymbol{\eta}_2]}{\|\boldsymbol{\eta}_2\|^2}\boldsymbol{\eta}_2=\begin{pmatrix}4\\-1\\0\end{pmatrix}-\frac{1}{3}\begin{pmatrix}1\\2\\-1\end{pmatrix}+\frac{5}{3}\begin{pmatrix}-1\\1\\1\end{pmatrix}=2\begin{pmatrix}1\\0\\1\end{pmatrix}.$$

将所得正交向量组 $\boldsymbol{\eta}_1,\boldsymbol{\eta}_2,\boldsymbol{\eta}_3$ 单位化, 得

$$\boldsymbol{p}_1=\frac{\boldsymbol{\eta}_1}{\|\boldsymbol{\eta}_1\|}=\frac{1}{\sqrt{6}}\begin{pmatrix}1\\2\\-1\end{pmatrix},\quad \boldsymbol{p}_2=\frac{\boldsymbol{\eta}_2}{\|\boldsymbol{\eta}_2\|}=\frac{1}{\sqrt{3}}\begin{pmatrix}-1\\1\\1\end{pmatrix},\quad \boldsymbol{p}_3=\frac{\boldsymbol{\eta}_3}{\|\boldsymbol{\eta}_3\|}=\frac{1}{\sqrt{2}}\begin{pmatrix}1\\0\\1\end{pmatrix}.$$

则 $\boldsymbol{p}_1, \boldsymbol{p}_2, \boldsymbol{p}_3$ 即为所求.

由于施密特正交化公式的证明是用待定系数法递推的, 在具体题目中可直接用待定系数法计算, 在上例中: 取 $\boldsymbol{\eta}_1 = \boldsymbol{\alpha}_1$; 令 $\boldsymbol{\eta}_2 = \boldsymbol{\alpha}_2 + k\boldsymbol{\alpha}_1 = \begin{pmatrix} -1+k \\ 3+2k \\ 1-k \end{pmatrix}$, 因为它与 $\boldsymbol{\eta}_1$ 正交, 得 $k = -\dfrac{2}{3}$, 所以有 $\boldsymbol{\eta}_2 = \dfrac{5}{3}\begin{pmatrix} -1 \\ 1 \\ 1 \end{pmatrix}$.

本例中的 $\boldsymbol{\eta}_3$ 也可用向量积求出.

定义 4.1.3　若实方阵 $\boldsymbol{A}$, 满足 $\boldsymbol{A}^{\mathrm{T}}\boldsymbol{A} = \boldsymbol{E}$ (即 $\boldsymbol{A}^{-1} = \boldsymbol{A}^{\mathrm{T}}$), 那么称 $\boldsymbol{A}$ 为正交矩阵, 简称正交阵.

设 n 阶方阵 $\boldsymbol{A} = (\boldsymbol{\alpha}_1, \boldsymbol{\alpha}_2, \cdots, \boldsymbol{\alpha}_n)$, 由 $\boldsymbol{A}^{\mathrm{T}}\boldsymbol{A} = \boldsymbol{E}$, 即 $\begin{pmatrix} \boldsymbol{\alpha}_1^{\mathrm{T}} \\ \boldsymbol{\alpha}_2^{\mathrm{T}} \\ \vdots \\ \boldsymbol{\alpha}_n^{\mathrm{T}} \end{pmatrix}(\boldsymbol{\alpha}_1, \boldsymbol{\alpha}_2, \cdots, \boldsymbol{\alpha}_n) = \boldsymbol{E}$, 也即

$$\boldsymbol{\alpha}_i^{\mathrm{T}}\boldsymbol{\alpha}_j = \delta_{ij}, \quad \delta_{ij} = \begin{cases} 1, & i = j, \\ 0, & i \neq j \end{cases} \qquad (i, j = 1, 2, \cdots, n).$$

从而我们又有:

(1) 方阵 $\boldsymbol{A}$ 为正交矩阵的充分必要条件是 $\boldsymbol{A}$ 的列向量组是正交单位向量组, 类似可得, 方阵 $\boldsymbol{A}$ 为正交矩阵的充分必要条件是 $\boldsymbol{A}$ 的行向量组是单位正交向量组.

(2) 实方阵 $\boldsymbol{A}$ 为正交矩阵 $\Leftrightarrow \boldsymbol{A}^{\mathrm{T}}\boldsymbol{A} = \boldsymbol{E} \Leftrightarrow \boldsymbol{A}$ 可逆, 且 $\boldsymbol{A}^{-1} = \boldsymbol{A}^{\mathrm{T}}$.

例 4.1.3　判断方阵 $\boldsymbol{A} = \begin{pmatrix} 0 & 1 \\ -1 & 0 \end{pmatrix}$ 是否为正交矩阵.

解　由 $\boldsymbol{A}\boldsymbol{A}^{\mathrm{T}} = \begin{pmatrix} 0 & 1 \\ -1 & 0 \end{pmatrix}\begin{pmatrix} 0 & -1 \\ 1 & 0 \end{pmatrix} = \begin{pmatrix} 1 & 0 \\ 0 & 1 \end{pmatrix}$, 得方阵 $\boldsymbol{A}$ 为正交矩阵.

由正交矩阵的定义直接可得正交矩阵的性质:

(1) 若 $\boldsymbol{A}$ 为正交矩阵, 则 $|\boldsymbol{A}| = 1$或(-1);

(2) 若 $\boldsymbol{A}$ 和 $\boldsymbol{B}$ 都是正交矩阵, 则 $\boldsymbol{AB}$ 也是正交矩阵;

(3) 若 $\boldsymbol{A}$ 为正交矩阵, 则 $\boldsymbol{A}^{-1}=\boldsymbol{A}^{\mathrm{T}}$ 也是正交矩阵.

例 4.1.4 设 $\boldsymbol{P}$ 为正交矩阵, 且 $|\boldsymbol{P}|<0$, 计算 $|\boldsymbol{P}+\boldsymbol{E}|$.

解 由 $|\boldsymbol{P}+\boldsymbol{E}|=\left|\boldsymbol{P}+\boldsymbol{P}^{\mathrm{T}}\boldsymbol{P}\right|=\left|(\boldsymbol{E}+\boldsymbol{P})^{\mathrm{T}}\boldsymbol{P}\right|=\left|(\boldsymbol{E}+\boldsymbol{P})^{\mathrm{T}}\right||\boldsymbol{P}|=|\boldsymbol{P}+\boldsymbol{E}||\boldsymbol{P}|$, 又 $|\boldsymbol{P}|<0$, 故取 $|\boldsymbol{P}|=-1$, 于是, 有 $|\boldsymbol{P}+\boldsymbol{E}|=-|\boldsymbol{P}+\boldsymbol{E}|$, 所以 $|\boldsymbol{P}+\boldsymbol{E}|=0$.

4.1.3 正交变换

定义 4.1.4 若 $\boldsymbol{P}$ 为正交矩阵, 则称线性变换 $\boldsymbol{y}=\boldsymbol{P}\boldsymbol{x}$ 为正交变换. 正交变换有下列性质 (其中 $\boldsymbol{A}$ 为正交矩阵).

(1) 保模性: 若 $\boldsymbol{y}=\boldsymbol{A}\boldsymbol{x}$, 则 $\|\boldsymbol{y}\|=\|\boldsymbol{x}\|$.

(2) 保角性: 若 $\boldsymbol{y}_1=\boldsymbol{A}\boldsymbol{x}_1$, $\boldsymbol{y}_2=\boldsymbol{A}\boldsymbol{x}_2$, 则向量 $\boldsymbol{x}_1,\boldsymbol{x}_2$ 之间的夹角与 $\boldsymbol{y}_1,\boldsymbol{y}_2$ 之间的夹角相等.

证明 (1) 由 $\|\boldsymbol{y}\|=\sqrt{[\boldsymbol{y},\boldsymbol{y}]}=\sqrt{\boldsymbol{x}^{\mathrm{T}}\boldsymbol{A}^{\mathrm{T}}\boldsymbol{A}\boldsymbol{x}}=\sqrt{\boldsymbol{x}^{\mathrm{T}}\boldsymbol{x}}=\|\boldsymbol{x}\|$ 可得.

(2) 因为 $[\boldsymbol{y}_1,\boldsymbol{y}_2]=\boldsymbol{y}_1^{\mathrm{T}}\boldsymbol{y}_2=\boldsymbol{x}_1^{\mathrm{T}}\boldsymbol{A}^{\mathrm{T}}\boldsymbol{A}\boldsymbol{x}_2=\boldsymbol{x}_1^{\mathrm{T}}\boldsymbol{x}_2=[\boldsymbol{x}_1,\boldsymbol{x}_2]$, 即正交变换是保内积的, 而向量 $\boldsymbol{\alpha}$ 与 $\boldsymbol{\beta}$ 的夹角 θ 的计算公式是 $\theta=\arccos\dfrac{[\boldsymbol{\alpha},\boldsymbol{\beta}]}{\|\boldsymbol{\alpha}\|\,\|\boldsymbol{\beta}\|}$, 所以正交变换具有保角性.

从以上两条性质还可以得到, 正交变换可使向量的长度及向量间的夹角保持不变, 这些都是正交变换的重要特性, 如在解析几何中, 正交变换即为向量的旋转变换或平面反射.

4.2 矩阵的特征值与特征向量

4.2.1 特征值与特征向量的定义

定义 4.2.1 设 $\boldsymbol{A}=(a_{ij})_{n\times n}$ 是数域 P 上的 n 阶矩阵, 若对于数域 P 中的数 λ, 存在数域 P 上的非零 n 维列向量 $\boldsymbol{X}$, 使得

$$\boldsymbol{A}\boldsymbol{X}=\lambda\boldsymbol{X} \tag{4.2.1}$$

成立, 则称 λ 为矩阵 $\boldsymbol{A}$ 的特征值, 称 $\boldsymbol{X}$ 为矩阵 $\boldsymbol{A}$ 属于 (或对应于) 特征值 λ 的特征向量.

例 4.2.1 设

$$\boldsymbol{A}=\begin{pmatrix}1&-2&2\\-2&-2&4\\2&4&-2\end{pmatrix},\quad \boldsymbol{X}=\begin{pmatrix}2\\0\\1\end{pmatrix},$$

有

$$\boldsymbol{AX}=\begin{pmatrix}1&-2&2\\-2&-2&4\\2&4&-2\end{pmatrix}\begin{pmatrix}2\\0\\1\end{pmatrix}=\begin{pmatrix}4\\0\\2\end{pmatrix}=2\begin{pmatrix}2\\0\\1\end{pmatrix}=2\boldsymbol{X}.$$

由定义 4.2.1 知 2 是 $\boldsymbol{A}$ 的一个特征值, $\boldsymbol{X}$ 是 $\boldsymbol{A}$ 属于特征值 2 的特征向量.

例 4.2.2　考虑一个城市的工业发展与环境污染问题. 设 x_0, y_0 分别表示目前该市的环境污染程度和工业发展水平, x_1, y_1 分别表示 3 年后的污染程度和工业发展水平, 3 年后该市的污染程度和工业发展水平的预测公式为

$$\begin{cases}x_1=2x_0+2y_0,\\y_1=x_0+3y_0.\end{cases}$$

$3k$ 年后该市的污染程度和工业发展水平的预测公式为

$$\begin{cases}x_k=2x_{k-1}+2y_{k-1},\\y_k=x_{k-1}+3y_{k-1}.\end{cases}$$

上述预测公式可用矩阵形式表为

$$\begin{pmatrix}x_1\\y_1\end{pmatrix}=\begin{pmatrix}2&2\\1&3\end{pmatrix}\begin{pmatrix}x_0\\y_0\end{pmatrix},\quad\text{即}\quad \boldsymbol{X}_1=\boldsymbol{AX}_0,$$

$$\begin{pmatrix}x_k\\y_k\end{pmatrix}=\begin{pmatrix}2&2\\1&3\end{pmatrix}\begin{pmatrix}x_{k-1}\\y_{k-1}\end{pmatrix},\quad\text{即}\quad \boldsymbol{X}_k=\boldsymbol{AX}_{k-1},$$

其中 $\boldsymbol{A}=\begin{pmatrix}2&2\\1&3\end{pmatrix}$, $\boldsymbol{X}_i=\begin{pmatrix}x_i\\y_i\end{pmatrix}$ $(i=0,1,\cdots,k)$.

如果我们取污染程度和工业发展水平的初始值为

$$\boldsymbol{X}_0=\begin{pmatrix}x_0\\y_0\end{pmatrix}=\begin{pmatrix}1\\1\end{pmatrix},$$

则 3 年后的污染程度和工业发展水平为

$$\begin{pmatrix}x_1\\y_1\end{pmatrix}=\begin{pmatrix}2&2\\1&3\end{pmatrix}\begin{pmatrix}1\\1\end{pmatrix}=4\begin{pmatrix}1\\1\end{pmatrix}.$$

由特征值与特征向量定义易知 4 是矩阵 $\boldsymbol{A}=\begin{pmatrix}2&2\\1&3\end{pmatrix}$ 的特征值, $\begin{pmatrix}1\\1\end{pmatrix}$ 是 $\boldsymbol{A}$ 属于特征值 4 的特征向量. 6 年后该市的污染程度和工业发展水平为

$$\begin{pmatrix}x_2\\y_2\end{pmatrix}=\begin{pmatrix}2&2\\1&3\end{pmatrix}\begin{pmatrix}x_1\\y_1\end{pmatrix}=\begin{pmatrix}2&2\\1&3\end{pmatrix}\begin{pmatrix}2&2\\1&3\end{pmatrix}\begin{pmatrix}1\\1\end{pmatrix}$$
$$=\begin{pmatrix}2&2\\1&3\end{pmatrix}^2\begin{pmatrix}1\\1\end{pmatrix}=4^2\begin{pmatrix}1\\1\end{pmatrix}.$$

于是, $3k$ 年后的污染程度和工业发展水平为

$$\begin{pmatrix}x_k\\y_k\end{pmatrix}=\begin{pmatrix}2&2\\1&3\end{pmatrix}^k\begin{pmatrix}1\\1\end{pmatrix}=4^k\begin{pmatrix}1\\1\end{pmatrix}.$$

注 一个矩阵是否有特征值与特征向量, 与所考虑的数域有关.

例如在复数域上, 对于矩阵 $\boldsymbol{B}=\begin{pmatrix}0&1\\-1&0\end{pmatrix}$, 有

$$\boldsymbol{B}\begin{pmatrix}1\\\mathrm{i}\end{pmatrix}=\begin{pmatrix}0&1\\-1&0\end{pmatrix}\begin{pmatrix}1\\\mathrm{i}\end{pmatrix}=\begin{pmatrix}\mathrm{i}\\-1\end{pmatrix}=\mathrm{i}\begin{pmatrix}1\\\mathrm{i}\end{pmatrix}.$$

这表明 i 是 $\boldsymbol{B}$ 的特征值, $\boldsymbol{X}=\begin{pmatrix}1\\\mathrm{i}\end{pmatrix}$ 是 $\boldsymbol{B}$ 属于特征值 i 的特征向量. 若限定在实数域上考虑 $\boldsymbol{B}$ 的特征值问题, 则因 $\mathrm{i}\notin\mathbb{R}$, 故 i 不是 $\boldsymbol{B}$ 的特征值.

今后我们约定, 如果没有特别说明, 本书有关特征值与特征向量的讨论均在复数域上进行.

容易证明:

(1) 若 $\boldsymbol{X}$ 是矩阵 $\boldsymbol{A}$ 属于特征值 λ 的特征向量, 则 $k\boldsymbol{X}$ $(k\neq 0)$ 也是 $\boldsymbol{A}$ 属于 λ 的特征向量;

(2) 若 $\boldsymbol{X}_1,\boldsymbol{X}_2,\cdots,\boldsymbol{X}_s$ 是矩阵 $\boldsymbol{A}$ 属于特征值 λ 的特征向量, 则它们的非零线性组合 $k_1\boldsymbol{X}_1+k_2\boldsymbol{X}_2+\cdots+k_s\boldsymbol{X}_s$ 也是 $\boldsymbol{A}$ 属于 λ 的特征向量.

由此可知, 如果矩阵 $\boldsymbol{A}$ 有属于特征值 λ 的特征向量, 则 $\boldsymbol{A}$ 属于特征值 λ 的特征向量必有无穷多个.

下面我们要解决的问题是: 在复数域上, 一个 n 阶矩阵是否一定有特征值与特征向量? 如果有, 怎样求出其特征值与特征向量?

由于 (4.2.1) 式等价于

$$(\lambda \boldsymbol{E} - \boldsymbol{A})\boldsymbol{X} = \boldsymbol{0}. \tag{4.2.2}$$

(4.2.2) 式是一个以 $\lambda \boldsymbol{E} - \boldsymbol{A}$ 为系数矩阵的 n 元齐次线性方程组. 由定义可知 $\boldsymbol{A}$ 属于特征值 λ 的特征向量 $\boldsymbol{X}$ 就是方程组 (4.2.2) 的非零解向量; 反之, 若数 λ 使方程组 (4.2.2) 有非零解, 则 λ 就是矩阵 $\boldsymbol{A}$ 的特征值, 所对应的方程组 (4.2.2) 的非零解向量就是矩阵 $\boldsymbol{A}$ 属于特征值 λ 的特征向量. 于是, 矩阵 $\boldsymbol{A}$ 有特征值与特征向量的充要条件是方程组 (4.2.2) 有非零解, 而齐次线性方程组 (4.2.2) 有非零解的充要条件是它的系数行列式为零, 即

$$|\lambda \boldsymbol{E} - \boldsymbol{A}| = 0. \tag{4.2.3}$$

在行列式

$$f(\lambda) = |\lambda \boldsymbol{E} - \boldsymbol{A}| = \begin{vmatrix} \lambda - a_{11} & -a_{12} & \cdots & -a_{1n} \\ -a_{21} & \lambda - a_{22} & \cdots & -a_{2n} \\ \vdots & \vdots & & \vdots \\ -a_{n1} & -a_{n2} & \cdots & \lambda - a_{nn} \end{vmatrix}$$

的展开式中, 有一项是主对角元的连乘积:

$$(\lambda - a_{11})(\lambda - a_{22}) \cdots (\lambda - a_{nn}), \tag{4.2.4}$$

而展开式的其余各项的因子最多只有 $n-2$ 个主对角元, 故对 λ 的次数最多是 $n-2$, 因此 $f(\lambda)$ 的展开式中 λ 的 n 次幂与 $n-1$ 次幂只可能在连乘积 (4.2.4) 中出现, 它们是

$$\lambda^n - (a_{11} + a_{22} + \cdots + a_{nn})\lambda^{n-1}.$$

在 $f(\lambda)$ 中令 $\lambda = 0$, 得 $f(\lambda)$ 的常数项

$$|-\boldsymbol{A}| = (-1)^n |\boldsymbol{A}|.$$

因此

$$f(\lambda) = |\lambda \boldsymbol{E} - \boldsymbol{A}| = \lambda^n - (a_{11} + a_{22} + \cdots + a_{nn})\lambda^{n-1} + \cdots + (-1)^n |\boldsymbol{A}|, \tag{4.2.5}$$

上式说明 $|\lambda \boldsymbol{E} - \boldsymbol{A}|$ 是关于 λ 的 n 次多项式, 因此 $|\lambda \boldsymbol{E} - \boldsymbol{A}| = 0$ 是一个关于 λ 的 n 次代数方程, 所以, 数 λ 是矩阵 $\boldsymbol{A}$ 的特征值的充要条件是: λ 是方程 (4.2.3) 的根. 这样, 求矩阵 $\boldsymbol{A}$ 的特征值问题就转化为求 n 次代数方程 (4.2.3) 的根的问题.

4.2.2 特征值与特征向量的计算

定义 4.2.2 设 $\boldsymbol{A}=(a_{ij})$ 为 n 阶矩阵, 称矩阵 $\lambda\boldsymbol{E}-\boldsymbol{A}$ 为 $\boldsymbol{A}$ 的特征矩阵, $|\lambda\boldsymbol{E}-\boldsymbol{A}|$ 为 $\boldsymbol{A}$ 的特征多项式, $|\lambda\boldsymbol{E}-\boldsymbol{A}|=0$ 为 $\boldsymbol{A}$ 的特征方程, 特征方程的根称为 $\boldsymbol{A}$ 的特征根.

根据代数学基本定理, 在复数域内, n 次代数方程恰有 n 个根. 所以, 在复数域内, $\boldsymbol{A}$ 的特征方程 $|\lambda\boldsymbol{E}-\boldsymbol{A}|=0$ 必有 n 个根 (k 重根算 k 个根), 它们就是 n 阶矩阵 $\boldsymbol{A}$ 在复数域上的全部特征值. 可见在复数域上, n 阶矩阵 $\boldsymbol{A}$ 必有 n 个特征值. $\boldsymbol{A}$ 属于特征值 λ_0 的全体特征向量就是齐次线性方程组

$$(\lambda_0\boldsymbol{E}-\boldsymbol{A})\boldsymbol{X}=\boldsymbol{0}$$

的全体非零解向量.

计算矩阵 $\boldsymbol{A}$ 的特征值与特征向量的步骤为:

(1) 计算 n 阶矩阵 $\boldsymbol{A}$ 的特征多项式 $|\lambda\boldsymbol{E}-\boldsymbol{A}|$;

(2) 求出特征方程 $|\lambda\boldsymbol{E}-\boldsymbol{A}|=0$ 的全部根, 它们就是矩阵 $\boldsymbol{A}$ 的全部特征值;

(3) 设 $\lambda_1,\lambda_2,\cdots,\lambda_s$ 是 $\boldsymbol{A}$ 的全部互异特征值. 对于每一个 λ_i, 解齐次线性方程组 $(\lambda_i\boldsymbol{E}-\boldsymbol{A})\boldsymbol{X}=\boldsymbol{0}$, 求出它的一个基础解系, 该基础解系的向量就是 $\boldsymbol{A}$ 属于特征值 λ_i 的线性无关的特征向量, 方程组的全体非零解向量就是 $\boldsymbol{A}$ 属于特征值 λ_i 的全体特征向量.

例 4.2.3 设

$$\boldsymbol{A}=\begin{pmatrix}0&1&1\\1&0&1\\1&1&0\end{pmatrix},$$

求 $\boldsymbol{A}$ 的特征值与特征向量.

解 $\boldsymbol{A}$ 的特征多项式为

$$|\lambda\boldsymbol{E}-\boldsymbol{A}|=\begin{vmatrix}\lambda&-1&-1\\-1&\lambda&-1\\-1&-1&\lambda\end{vmatrix}=(\lambda-2)(\lambda+1)^2,$$

$\boldsymbol{A}$ 的特征值为 $\lambda_1=2,\lambda_2=\lambda_3=-1$.

对 $\lambda_1=2$, 解齐次线性方程组 $(2\boldsymbol{E}-\boldsymbol{A})\boldsymbol{X}=\boldsymbol{0}$, 由

$$2\boldsymbol{E}-\boldsymbol{A}=\begin{pmatrix}2&-1&-1\\-1&2&-1\\-1&-1&2\end{pmatrix}\xrightarrow{\text{初等行变换}}\begin{pmatrix}1&0&-1\\0&1&-1\\0&0&0\end{pmatrix}$$

得基础解系

$$\boldsymbol{X}_1=\begin{pmatrix}1\\1\\1\end{pmatrix}.$$

$\boldsymbol{X}_1$ 是 $\boldsymbol{A}$ 属于 $\lambda_1=2$ 的线性无关的特征向量, $\boldsymbol{A}$ 属于 $\lambda_1=2$ 的全部特征向量为

$$k_1\boldsymbol{X}_1=k_1\begin{pmatrix}1\\1\\1\end{pmatrix}\quad(k_1\neq0).$$

对 $\lambda_2=\lambda_3=-1$, 解齐次线性方程组 $(-\boldsymbol{E}-\boldsymbol{A})\boldsymbol{X}=\boldsymbol{0}$, 由

$$-\boldsymbol{E}-\boldsymbol{A}=\begin{pmatrix}-1&-1&-1\\-1&-1&-1\\-1&-1&-1\end{pmatrix}\xrightarrow{\text{初等行变换}}\begin{pmatrix}1&1&1\\0&0&0\\0&0&0\end{pmatrix}$$

得基础解系

$$\boldsymbol{X}_2=\begin{pmatrix}-1\\1\\0\end{pmatrix},\quad \boldsymbol{X}_3=\begin{pmatrix}-1\\0\\1\end{pmatrix},$$

$\boldsymbol{X}_2,\boldsymbol{X}_3$ 是 $\boldsymbol{A}$ 属于 $\lambda_2=\lambda_3=-1$ 的线性无关特征向量, $\boldsymbol{A}$ 属于 $\lambda_2=\lambda_3=-1$ 的全部特征向量为

$$k_2\boldsymbol{X}_2+k_3\boldsymbol{X}_3=k_2\begin{pmatrix}-1\\1\\0\end{pmatrix}+k_3\begin{pmatrix}-1\\0\\1\end{pmatrix}\quad(k_2,k_3\text{不全为 }0).$$

例 4.2.4 设

$$\boldsymbol{A}=\begin{pmatrix}-3&1&-1\\-7&5&-1\\-6&6&-2\end{pmatrix},$$

求 $\boldsymbol{A}$ 的特征值与特征向量.

解 $\boldsymbol{A}$ 的特征多项式为

$$|\lambda\boldsymbol{E}-\boldsymbol{A}|=\begin{vmatrix}\lambda+3&-1&1\\7&\lambda-5&1\\6&-6&\lambda+2\end{vmatrix}=(\lambda-4)(\lambda+2)^2,$$

$\boldsymbol{A}$ 的特征值为 $\lambda_1= 4$, $\lambda_2 = \lambda_3 = -2$.

对 $\lambda_1= 4$, 解齐次线性方程组 $(4\boldsymbol{E} - \boldsymbol{A})\boldsymbol{X} = \boldsymbol{0}$. 由

$$4\boldsymbol{E} - \boldsymbol{A} = \begin{pmatrix} 7 & -1 & 1 \\ 7 & -1 & 1 \\ 6 & -6 & 6 \end{pmatrix} \xrightarrow{\text{初等行变换}} \begin{pmatrix} 1 & 0 & 0 \\ 0 & 1 & -1 \\ 0 & 0 & 0 \end{pmatrix}$$

得基础解系

$$\boldsymbol{X}_1 = \begin{pmatrix} 0 \\ 1 \\ 1 \end{pmatrix},$$

$\boldsymbol{X}_1$ 是 $\boldsymbol{A}$ 属于 $\lambda_1= 4$ 的线性无关特征向量, $\boldsymbol{A}$ 属于 $\lambda_1= 4$ 的全部特征向量为

$$k_1\boldsymbol{X}_1 \quad (k_1 \neq 0).$$

对 $\lambda_2 = \lambda_3 = -2$, 解齐次线性方程组 $(-2\boldsymbol{E} - \boldsymbol{A})\boldsymbol{X} = \boldsymbol{0}$. 由

$$-2\boldsymbol{E} - \boldsymbol{A} = \begin{pmatrix} 1 & -1 & 1 \\ 7 & -7 & 1 \\ 6 & -6 & 0 \end{pmatrix} \xrightarrow{\text{初等行变换}} \begin{pmatrix} 1 & -1 & 0 \\ 0 & 0 & 1 \\ 0 & 0 & 0 \end{pmatrix}$$

得基础解系

$$\boldsymbol{X}_2 = \begin{pmatrix} 1 \\ 1 \\ 0 \end{pmatrix},$$

$\boldsymbol{X}_2$ 是 $\boldsymbol{A}$ 属于 $\lambda_2 = \lambda_3 = -2$ 的线性无关特征向量, $\boldsymbol{A}$ 的属于 $\lambda_2 = \lambda_3 = -2$ 的全部特征向量为

$$k_2\boldsymbol{X}_2 \quad (k_2 \neq 0).$$

矩阵 $\boldsymbol{A}$ 属于特征值 λ 的全部特征向量再添上零向量所得到的集合构成 $\mathbb{R}^n$ 的子空间, 称为 $\boldsymbol{A}$ 属于 λ 的特征子空间, 记作 V_λ, 方程组 $(\lambda\boldsymbol{E} - \boldsymbol{A})\boldsymbol{X} = \boldsymbol{0}$ 的一个基础解系, 就是特征子空间 V_λ 的一组基. V_λ 的维数就是该基础解系含解向量的个数即 $n - R(\lambda\boldsymbol{E} - \boldsymbol{A})$.

下面我们再导出特征根的两个很有用的性质.

设 $\boldsymbol{A}$ 的特征根为 $\lambda_1, \lambda_2, \cdots, \lambda_n$, 则有

$$\begin{aligned} f(\lambda) &= (\lambda - \lambda_1)(\lambda - \lambda_2)\cdots(\lambda - \lambda_n) \\ &= \lambda^n - (\lambda_1 + \lambda_2 + \cdots + \lambda_n)\lambda^{n-1} + \cdots + (-1)^n\lambda_1\lambda_2\cdots\lambda_n. \end{aligned} \tag{4.2.6}$$

比较 (4.2.6) 与 (4.2.5) 式的同次项系数, 得特征值的性质:

(1) $\lambda_1+\lambda_2+\cdots+\lambda_n=a_{11}+a_{22}+\cdots+a_{nn}$;

(2) $\lambda_1\lambda_2\cdots\lambda_n=|\boldsymbol{A}|$.

定义 4.2.3　矩阵 $\boldsymbol{A}$ 的主对角线上 n 个元素的和 $a_{11}+a_{22}+\cdots+a_{nn}$ 称为 $\boldsymbol{A}$ 的迹, 记作 $\operatorname{tr}(\boldsymbol{A})$.

上述特征根的性质即为 n 阶矩阵 $\boldsymbol{A}$ 的 n 个特征值的和等于 $\boldsymbol{A}$ 的迹; $\boldsymbol{A}$ 的 n 个特征值的乘积等于 $\boldsymbol{A}$ 的行列式.

例 4.2.5　设 $\boldsymbol{A}$ 是 n 阶矩阵, 证明 $\boldsymbol{A}$ 可逆的充要条件是 $\boldsymbol{A}$ 没有零特征值.

证　设 $\lambda_1,\lambda_2,\cdots,\lambda_n$ 为 $\boldsymbol{A}$ 的 n 个特征值, 由 $|\boldsymbol{A}|=\lambda_1\lambda_2\cdots\lambda_n$ 知, $|\boldsymbol{A}|\neq 0$ 的充要条件是 $\boldsymbol{A}$ 没有零特征值, 即 $\boldsymbol{A}$ 可逆的充要条件是 $\boldsymbol{A}$ 没有零特征值.

上面给出的矩阵的特征值与特征向量的计算步骤适用于具体的数值矩阵, 而对于抽象矩阵的特征值与特征向量的计算, 则往往需要用定义讨论.

例 4.2.6　若 $\boldsymbol{A}$ 是可逆矩阵, λ 是 $\boldsymbol{A}$ 的一个特征值, 证明

(1) $\dfrac{1}{\lambda}$ 是 $\boldsymbol{A}^{-1}$ 的一个特征值;

(2) $\dfrac{|\boldsymbol{A}|}{\lambda}$ 是 $\boldsymbol{A}^{*}$ 的一个特征值.

证　(1) 设 $\boldsymbol{X}$ 是 $\boldsymbol{A}$ 属于特征值 λ 的特征向量, 即

$$\boldsymbol{A}\boldsymbol{X}=\lambda\boldsymbol{X}. \tag{4.2.7}$$

用 $\boldsymbol{A}^{-1}$ 左乘上式两端, 得

$$\boldsymbol{A}^{-1}\boldsymbol{A}\boldsymbol{X}=\lambda\boldsymbol{A}^{-1}\boldsymbol{X},$$

即

$$\boldsymbol{X}=\lambda\boldsymbol{A}^{-1}\boldsymbol{X},$$

从而

$$\boldsymbol{A}^{-1}\boldsymbol{X}=\frac{1}{\lambda}\boldsymbol{X}.$$

故 $\dfrac{1}{\lambda}$ 是 $\boldsymbol{A}^{-1}$ 的一个特征值, 且 $\boldsymbol{X}$ 是 $\boldsymbol{A}^{-1}$ 属于特征值 $\dfrac{1}{\lambda}$ 的特征向量.

(2) 用 $\boldsymbol{A}^{*}$ 左乘 (4.2.7) 式两端, 得

$$\boldsymbol{A}^{*}\boldsymbol{A}\boldsymbol{X}=\lambda\boldsymbol{A}^{*}\boldsymbol{X},$$

即

$$|\boldsymbol{A}|\boldsymbol{X}=\lambda\boldsymbol{A}^{*}\boldsymbol{X},$$

故

$$\boldsymbol{A}^*\boldsymbol{X} = \frac{|\boldsymbol{A}|}{\lambda}\boldsymbol{X}.$$

故 $\dfrac{|\boldsymbol{A}|}{\lambda}$ 是 $\boldsymbol{A}^*$ 的一个特征值, $\boldsymbol{X}$ 是 $\boldsymbol{A}^*$ 属于特征值 $\dfrac{|\boldsymbol{A}|}{\lambda}$ 的特征向量.

例 4.2.7 设 λ 是 n 阶矩阵 $\boldsymbol{A}$ 的一个特征值, $f(x) = a_m x^m + a_{m-1}x^{m-1} + \cdots + a_1 x + a_0$ 为一个多项式, 求 $f(\boldsymbol{A})$ 的特征值.

解 设 $\boldsymbol{X}$ 为 $\boldsymbol{A}$ 属于特征值 λ 的特征向量, 即

$$\boldsymbol{A}\boldsymbol{X} = \lambda\boldsymbol{X}.$$

因为

$$\begin{aligned}
f(\boldsymbol{A})\boldsymbol{X} &= (a_m\boldsymbol{A}^m + a_{m-1}\boldsymbol{A}^{m-1} + \cdots + a_1\boldsymbol{A} + a_0\boldsymbol{E})\boldsymbol{X} \\
&= a_m\boldsymbol{A}^m\boldsymbol{X} + a_{m-1}\boldsymbol{A}^{m-1}\boldsymbol{X} + \cdots + a_1\boldsymbol{A}\boldsymbol{X} + a_0\boldsymbol{X} \\
&= a_m\lambda^m\boldsymbol{X} + a_{m-1}\lambda^{m-1}\boldsymbol{X} + \cdots + a_1\lambda\boldsymbol{X} + a_0\boldsymbol{X} \\
&= (a_m\lambda^m + a_{m-1}\lambda^{m-1} + \cdots + a_1\lambda + a_0)\boldsymbol{X} \\
&= f(\lambda)\boldsymbol{X},
\end{aligned}$$

所以 $f(\lambda)$ 为 $f(\boldsymbol{A})$ 的特征值, $\boldsymbol{X}$ 为 $f(\boldsymbol{A})$ 属于特征值 $f(\lambda)$ 的特征向量.

例 4.2.8 设 $\boldsymbol{A}$ 为 n 阶方阵且 $\boldsymbol{A} \neq \boldsymbol{E}$, 其秩满足

$$R(\boldsymbol{A}+\boldsymbol{E}) + R(\boldsymbol{A}-\boldsymbol{E}) = n,$$

求 $\boldsymbol{A}$ 的一个特征值.

解 由 $\boldsymbol{A} \neq \boldsymbol{E}$, 即 $\boldsymbol{A} - \boldsymbol{E} \neq \boldsymbol{O}$ 得

$$R(\boldsymbol{A}-\boldsymbol{E}) > 0.$$

从而

$$R(\boldsymbol{A}+\boldsymbol{E}) = n - R(\boldsymbol{A}-\boldsymbol{E}) < n.$$

于是

$$|\boldsymbol{E}+\boldsymbol{A}| = 0,$$

即

$$|\boldsymbol{E}+\boldsymbol{A}| = |-(-\boldsymbol{E}-\boldsymbol{A})| = (-1)^n\,|-\boldsymbol{E}-\boldsymbol{A}| = 0.$$

所以

故 $\boldsymbol{A}$ 有一个特征值 -1.

例 4.2.9　已知 $\boldsymbol{X}=\begin{pmatrix}1\\1\\-1\end{pmatrix}$ 是矩阵 $\boldsymbol{A}=\begin{pmatrix}2&-1&2\\5&a&3\\-1&b&-2\end{pmatrix}$ 的一个特征向量. 求 a,b 及 $\boldsymbol{X}$ 所对应的特征值.

解　(1) 由

$$\boldsymbol{AX}=\lambda\boldsymbol{X}$$

得

$$\begin{pmatrix}2&-1&2\\5&a&3\\-1&b&-2\end{pmatrix}\begin{pmatrix}1\\1\\-1\end{pmatrix}=\lambda\begin{pmatrix}1\\1\\-1\end{pmatrix},$$

即

$$\begin{cases}2-1-2=\lambda,\\5+a-3=\lambda,\\-1+b+2=-\lambda,\end{cases}$$

解得 $\lambda=-1, a=-3, b=0$.

4.2.3　特征值与特征向量的性质

下面我们再进一步研究特征值与特征向量的性质.

定理 4.2.1　n 阶矩阵 $\boldsymbol{A}$ 与它的转置矩阵 $\boldsymbol{A}^{\mathrm{T}}$ 有相同的特征值.

证明　因

$$|\lambda\boldsymbol{E}-\boldsymbol{A}|=\left|(\lambda\boldsymbol{E}-\boldsymbol{A})^{\mathrm{T}}\right|=\left|\lambda\boldsymbol{E}-\boldsymbol{A}^{\mathrm{T}}\right|,$$

即 $\boldsymbol{A}$ 与 $\boldsymbol{A}^{\mathrm{T}}$ 有相同的特征多项式, 从而它们有相同的特征值.

注　虽然矩阵 $\boldsymbol{A}$ 与它的转置矩阵 $\boldsymbol{A}^{\mathrm{T}}$ 有相同的特征值, 但是 $\boldsymbol{A}$ 与 $\boldsymbol{A}^{\mathrm{T}}$ 的属于同一特征值的特征向量却不一定相同.

例如

$$\boldsymbol{A}=\begin{pmatrix}1&0\\1&0\end{pmatrix},\quad \boldsymbol{A}^{\mathrm{T}}=\begin{pmatrix}1&1\\0&0\end{pmatrix},$$

$\boldsymbol{A}$ 与 $\boldsymbol{A}^{\mathrm{T}}$ 都有特征值 1.

$\boldsymbol{A}$ 属于 1 的线性无关的特征向量是 $\begin{pmatrix}1\\1\end{pmatrix}$, $\boldsymbol{A}$ 属于 1 的全部特征向量是 $k\begin{pmatrix}1\\1\end{pmatrix}(k\neq 0)$.

$\boldsymbol{A}^{\mathrm{T}}$ 属于 1 的线性无关的特征向量是 $\begin{pmatrix} 1 \\ 0 \end{pmatrix}$, $\boldsymbol{A}^{\mathrm{T}}$ 属于 1 的全部特征向量是 $k\begin{pmatrix} 1 \\ 0 \end{pmatrix}$ $(k \neq 0)$. 可见 $\boldsymbol{A}$ 与 $\boldsymbol{A}^{\mathrm{T}}$ 的属于同一特征值 1 的特征向量是不相同的.

定理 4.2.2 若 $\lambda_1, \lambda_2, \cdots, \lambda_m$ 是矩阵 $\boldsymbol{A}$ 的互异特征值, $\boldsymbol{X}_1, \boldsymbol{X}_2, \cdots, \boldsymbol{X}_m$ 是 $\boldsymbol{A}$ 分别属于 $\lambda_1, \lambda_2, \cdots, \lambda_m$ 的特征向量, 则 $\boldsymbol{X}_1, \boldsymbol{X}_2, \cdots, \boldsymbol{X}_m$ 线性无关.

证明 对 m 使用数学归纳法.

(1) $m=1$ 时, 由于单个非零向量线性无关, 所以结论成立.

(2) 假设结论对 $m-1$ 个互异特征值 $\lambda_1, \lambda_2, \cdots, \lambda_{m-1}$ 的情形成立, 即它们所对应的特征向量 $\boldsymbol{X}_1, \boldsymbol{X}_2, \cdots, \boldsymbol{X}_{m-1}$ 线性无关.

(3) 证明 m 个互异特征值 $\lambda_1, \lambda_2, \cdots, \lambda_m$ 各自对应的特征向量 $\boldsymbol{X}_1, \boldsymbol{X}_2, \cdots, \boldsymbol{X}_m$ 也线性无关.

设

$$k_1 \boldsymbol{X}_1 + k_2 \boldsymbol{X}_2 + \cdots + k_{m-1} \boldsymbol{X}_{m-1} + k_m \boldsymbol{X}_m = \boldsymbol{0}, \tag{4.2.8}$$

用 $\boldsymbol{A}$ 左乘上式两端得

$$k_1 \boldsymbol{A}\boldsymbol{X}_1 + k_2 \boldsymbol{A}\boldsymbol{X}_2 + \cdots + k_{m-1} \boldsymbol{A}\boldsymbol{X}_{m-1} + k_m \boldsymbol{A}\boldsymbol{X}_m = \boldsymbol{0}. \tag{4.2.9}$$

因

$$\boldsymbol{A}\boldsymbol{X}_i = \lambda_i \boldsymbol{X}_i \quad (i = 1, 2, \cdots, m),$$

故

$$k_1 \lambda_1 \boldsymbol{X}_1 + k_2 \lambda_2 \boldsymbol{X}_2 + \cdots + k_{m-1} \lambda_{m-1} \boldsymbol{X}_{m-1} + k_m \lambda_m \boldsymbol{X}_m = \boldsymbol{0}. \tag{4.2.10}$$

用 λ_m 乘 (4.2.8) 式两边得

$$k_1 \lambda_m \boldsymbol{X}_1 + k_2 \lambda_m \boldsymbol{X}_2 + \cdots + k_{m-1} \lambda_m \boldsymbol{X}_{m-1} + k_m \lambda_m \boldsymbol{X}_m = \boldsymbol{0}, \tag{4.2.11}$$

(4.2.11) 式减去 (4.2.10) 式得

$$k_1(\lambda_m - \lambda_1)\boldsymbol{X}_1 + k_2(\lambda_m - \lambda_2)\boldsymbol{X}_2 + \cdots + k_{m-1}(\lambda_m - \lambda_{m-1})\boldsymbol{X}_{m-1} = \boldsymbol{0}.$$

由归纳法假设, $\boldsymbol{X}_1, \boldsymbol{X}_2, \cdots, \boldsymbol{X}_{m-1}$ 线性无关, 所以

$$k_i(\lambda_m - \lambda_i) = 0 \quad (i = 1, 2, \cdots, m-1),$$

又

$$\lambda_m - \lambda_i \neq 0,$$

故只有

$$k_i = 0 \quad (i = 1, 2, \cdots, m-1).$$

代入 (4.2.8) 式得

$$k_m \boldsymbol{X}_m = \boldsymbol{0},$$

而

$$\boldsymbol{X}_m \neq \boldsymbol{0},$$

所以只有

$$k_m = 0.$$

故 $\boldsymbol{X}_1, \boldsymbol{X}_2, \cdots, \boldsymbol{X}_m$ 线性无关.

定理 4.2.3　若 $\lambda_1, \lambda_2, \cdots, \lambda_m$ 是矩阵 $\boldsymbol{A}$ 的互异特征值, 而 $\boldsymbol{X}_{i1}, \boldsymbol{X}_{i2}, \cdots, \boldsymbol{X}_{ir_i}$ $(i = 1, 2, \cdots, m)$ 是 $\boldsymbol{A}$ 的属于特征值 λ_i 的线性无关特征向量, 则向量组 $\boldsymbol{X}_{11}, \boldsymbol{X}_{12}, \cdots, \boldsymbol{X}_{1r_1}, \boldsymbol{X}_{21}, \boldsymbol{X}_{22}, \cdots, \boldsymbol{X}_{2r_2}, \cdots, \boldsymbol{X}_{m1}, \boldsymbol{X}_{m2}, \cdots, \boldsymbol{X}_{mr_m}$ 线性无关.

此定理的证明与定理 4.2.2 的证明相仿, 也是对 m 使用数学归纳法, 读者可作为练习自行证明.

根据定理 4.2.3, 对于一个 n 阶矩阵 $\boldsymbol{A}$, 首先求出它的属于每个不同特征值的线性无关特征向量, 然后把它们合在一起仍然是线性无关的, 它们就是 $\boldsymbol{A}$ 的线性无关的特征向量.

在例 4.2.3 中的矩阵 $\boldsymbol{A}$ 有 3 个线性无关的特征向量, 在例 4.2.4 中的矩阵 $\boldsymbol{A}$ 只有 2 个线性无关的特征向量. 这是因为例 4.2.3 中的矩阵 $\boldsymbol{A}$ 的二重特征值对应有 2 个线性无关的特征向量, 而例 4.2.4 中的矩阵 $\boldsymbol{A}$ 的二重特征值却只对应有 1 个线性无关的特征向量. 那么一个 n 阶矩阵 $\boldsymbol{A}$ 的线性无关的特征向量的个数与 $\boldsymbol{A}$ 的特征值的重数有什么样的关系呢？对此, 我们有如下定理.

定理 4.2.4　若 λ_0 是 n 阶矩阵 $\boldsymbol{A}$ 的 k 重特征值, 则 $\boldsymbol{A}$ 属于 λ_0 的线性无关特征向量最多有 k 个.

证明略.

例 4.2.10　设 $\boldsymbol{X}_1$ 与 $\boldsymbol{X}_2$ 是 $\boldsymbol{A}$ 分别属于特征值 λ_1 与 λ_2 的特征向量, 且 $\lambda_1 \neq \lambda_2$. 证明 $a\boldsymbol{X}_1 + b\boldsymbol{X}_2$ (a, b 均不为零) 不是 $\boldsymbol{A}$ 的特征向量.

证明　用反证法: 假设 $a\boldsymbol{X}_1 + b\boldsymbol{X}_2$ (a, b 均不为零) 为 $\boldsymbol{A}$ 的特征向量, 其对应的特征值为 λ, 即

$$\boldsymbol{A}(a\boldsymbol{X}_1 + b\boldsymbol{X}_2) = \lambda(a\boldsymbol{X}_1 + b\boldsymbol{X}_2) = \lambda a\boldsymbol{X}_1 + \lambda b\boldsymbol{X}_2.$$

因 $a\boldsymbol{X}_1, b\boldsymbol{X}_2$ 是 $\boldsymbol{A}$ 分别属于特征值 λ_1 与 λ_2 的特征向量, 故

$$\boldsymbol{A}(a\boldsymbol{X}_1) = \lambda_1 a\boldsymbol{X}_1, \tag{4.2.12}$$

$$\boldsymbol{A}(b\boldsymbol{X}_2) = \lambda_2 b\boldsymbol{X}_2. \tag{4.2.13}$$

(4.2.12) 式加 (4.2.13) 式得

$$\boldsymbol{A}(a\boldsymbol{X}_1 + b\boldsymbol{X}_2) = \lambda_1 a\boldsymbol{X}_1 + \lambda_2 b\boldsymbol{X}_2,$$

由假设有

$$\lambda_1 a\boldsymbol{X}_1 + \lambda_2 b\boldsymbol{X}_2 = \lambda a\boldsymbol{X}_1 + \lambda b\boldsymbol{X}_2,$$

即

$$(\lambda_1 - \lambda)a\boldsymbol{X}_1 + (\lambda_2 - \lambda)b\boldsymbol{X}_2 = \boldsymbol{0}.$$

因 $\boldsymbol{X}_1$, $\boldsymbol{X}_2$ 是 $\boldsymbol{A}$ 属于不同特征值的特征向量, 故 $\boldsymbol{X}_1$, $\boldsymbol{X}_2$ 线性无关. 所以

$$\begin{cases} (\lambda_1 - \lambda)a = 0, \\ (\lambda_2 - \lambda)b = 0 \end{cases} \xrightarrow{a\neq 0, b\neq 0} \begin{cases} \lambda = \lambda_1, \\ \lambda = \lambda_2, \end{cases}$$

即

$$\lambda_1 = \lambda_2.$$

这与题设矛盾, 故假设不成立, 于是 $a\boldsymbol{X}_1 + b\boldsymbol{X}_2$ 不是 $\boldsymbol{A}$ 的特征向量.

4.3 相似矩阵

4.3.1 相似矩阵的概念和性质

定义 4.3.1 设 $\boldsymbol{A}, \boldsymbol{B}$ 为 n 阶矩阵, 若存在可逆矩阵 $\boldsymbol{P}$, 使得

$$\boldsymbol{B} = \boldsymbol{P}^{-1}\boldsymbol{A}\boldsymbol{P},$$

则称 $\boldsymbol{A}$ 与 $\boldsymbol{B}$ 相似. 记作 $\boldsymbol{A} \sim \boldsymbol{B}$, 并称 $\boldsymbol{P}$ 为相似变换矩阵.

矩阵的相似关系满足:

(1) 反身性: $\boldsymbol{A} \sim \boldsymbol{A}$.

(2) 对称性: 若 $\boldsymbol{A} \sim \boldsymbol{B}$, 则 $\boldsymbol{B} \sim \boldsymbol{A}$.

(3) 传递性: 若 $\boldsymbol{A} \sim \boldsymbol{B}$, $\boldsymbol{B} \sim \boldsymbol{C}$ 则 $\boldsymbol{A} \sim \boldsymbol{C}$.

证明 (1) 因为 $\boldsymbol{A} = \boldsymbol{E}^{-1}\boldsymbol{A}\boldsymbol{E}$, 所以 $\boldsymbol{A} \sim \boldsymbol{A}$.

(2) 因为 $\boldsymbol{A} \sim \boldsymbol{B}$, 所以存在可逆矩阵 $\boldsymbol{P}$, 使得

$$\boldsymbol{B} = \boldsymbol{P}^{-1}\boldsymbol{A}\boldsymbol{P},$$

所以

$$\boldsymbol{A} = \boldsymbol{P}\boldsymbol{B}\boldsymbol{P}^{-1} = (\boldsymbol{P}^{-1})^{-1}\boldsymbol{B}\boldsymbol{P}^{-1}.$$

因 $\boldsymbol{P}^{-1}$ 可逆, 于是 $\boldsymbol{B}\sim\boldsymbol{A}$.

(3) 因为 $\boldsymbol{A}\sim\boldsymbol{B}$, $\boldsymbol{B}\sim\boldsymbol{C}$, 所以存在可逆矩阵 $\boldsymbol{P}_1,\boldsymbol{P}_2$, 使得

$$\boldsymbol{B}=\boldsymbol{P}_1^{-1}\boldsymbol{A}\boldsymbol{P}_1,\quad \boldsymbol{C}=\boldsymbol{P}_2^{-1}\boldsymbol{B}\boldsymbol{P}_2,$$

所以

$$\boldsymbol{C}=\boldsymbol{P}_2^{-1}\boldsymbol{B}\boldsymbol{P}_2=\boldsymbol{P}_2^{-1}\boldsymbol{P}_1^{-1}\boldsymbol{A}\boldsymbol{P}_1\boldsymbol{P}_2=(\boldsymbol{P}_1\boldsymbol{P}_2)^{-1}\boldsymbol{A}\boldsymbol{P}_1\boldsymbol{P}_2.$$

因 $\boldsymbol{P}_1\boldsymbol{P}_2$ 可逆, 于是 $\boldsymbol{A}\sim\boldsymbol{C}$.

相似矩阵还具有以下性质.

设 $\boldsymbol{A},\boldsymbol{B}$ 为 n 阶矩阵, 若 $\boldsymbol{A}\sim\boldsymbol{B}$, 则

(1) $|\boldsymbol{A}|=|\boldsymbol{B}|$;

(2) $R(\boldsymbol{A})=R(\boldsymbol{B})$;

(3) $\boldsymbol{A},\boldsymbol{B}$ 或者都可逆或者都不可逆, 当 $\boldsymbol{A},\boldsymbol{B}$ 都可逆时, $\boldsymbol{A}^{-1}\sim\boldsymbol{B}^{-1}$;

(4) 设 $f(x)=a_mx^m+a_{m-1}x^{m-1}+\cdots+a_1x+a_0$ 为一个多项式, 则 $f(\boldsymbol{A})\sim f(\boldsymbol{B})$;

(5) $\boldsymbol{A}$ 与 $\boldsymbol{B}$ 具有相同的特征值.

证明 因为 $\boldsymbol{A}\sim\boldsymbol{B}$, 所以存在可逆矩阵 $\boldsymbol{P}$, 使得

$$\boldsymbol{B}=\boldsymbol{P}^{-1}\boldsymbol{A}\boldsymbol{P}.\tag{4.3.1}$$

(1) $$|\boldsymbol{B}|=\left|\boldsymbol{P}^{-1}\boldsymbol{A}\boldsymbol{P}\right|=\left|\boldsymbol{P}^{-1}\right||\boldsymbol{A}||\boldsymbol{P}|=|\boldsymbol{A}|.$$

(2) 由 (4.3.1) 式和矩阵乘积的行列式与乘积中各因子行列式的关系有

$$R(\boldsymbol{B})\leqslant R(\boldsymbol{A}),$$

又

$$\boldsymbol{A}=\boldsymbol{P}\boldsymbol{B}\boldsymbol{P}^{-1},$$

所以

$$R(\boldsymbol{A})\leqslant R(\boldsymbol{B}).$$

于是

$$R(\boldsymbol{A})=R(\boldsymbol{B}).$$

(3) 由性质 (1) 有 $|\boldsymbol{A}|=|\boldsymbol{B}|$, 所以 $|\boldsymbol{A}|$ 与 $|\boldsymbol{B}|$ 同时为零或同时不为零, 因此 $\boldsymbol{A}$ 与 $\boldsymbol{B}$ 同时可逆或同时不可逆.

若 $\boldsymbol{A}$ 与 $\boldsymbol{B}$ 均可逆, 则由 (4.3.1) 式可得

$$\boldsymbol{B}^{-1}=\left(\boldsymbol{P}^{-1}\boldsymbol{A}\boldsymbol{P}\right)^{-1}=\boldsymbol{P}^{-1}\boldsymbol{A}^{-1}\left(\boldsymbol{P}^{-1}\right)^{-1}=\boldsymbol{P}^{-1}\boldsymbol{A}^{-1}\boldsymbol{P},$$

即

$$\boldsymbol{A}^{-1} \sim \boldsymbol{B}^{-1}.$$

(4) 由 (4.3.1) 式可得

$$\boldsymbol{B}^k = (\boldsymbol{P}^{-1}\boldsymbol{A}\boldsymbol{P})^k = \boldsymbol{P}^{-1}\boldsymbol{A}\boldsymbol{P}\boldsymbol{P}^{-1}\boldsymbol{A}\boldsymbol{P}\cdots\boldsymbol{P}^{-1}\boldsymbol{A}\boldsymbol{P} = \boldsymbol{P}^{-1}\boldsymbol{A}^k\boldsymbol{P},$$

所以

$$\begin{aligned} f(\boldsymbol{B}) &= a_m\boldsymbol{B}^m + a_{m-1}\boldsymbol{B}^{m-1} + \cdots + a_1\boldsymbol{B} + a_0\boldsymbol{E} \\ &= a_m\boldsymbol{P}^{-1}\boldsymbol{A}^m\boldsymbol{P} + a_{m-1}\boldsymbol{P}^{-1}\boldsymbol{A}^{m-1}\boldsymbol{P} + \cdots + a_1\boldsymbol{P}^{-1}\boldsymbol{A}\boldsymbol{P} + a_0\boldsymbol{P}^{-1}\boldsymbol{P} \\ &= \boldsymbol{P}^{-1}(a_m\boldsymbol{A}^m + a_{m-1}\boldsymbol{A}^{m-1} + \cdots + a_1\boldsymbol{A} + a_0\boldsymbol{E})\boldsymbol{P}. \end{aligned}$$

于是

$$f(\boldsymbol{A}) \sim f(\boldsymbol{B}).$$

(5) 因

$$\begin{aligned} |\lambda\boldsymbol{E} - \boldsymbol{B}| &= |\lambda\boldsymbol{E} - \boldsymbol{P}^{-1}\boldsymbol{A}\boldsymbol{P}| = |\boldsymbol{P}^{-1}(\lambda\boldsymbol{E})\boldsymbol{P} - \boldsymbol{P}^{-1}\boldsymbol{A}\boldsymbol{P}| \\ &= |\boldsymbol{P}^{-1}(\lambda\boldsymbol{E} - \boldsymbol{A})\boldsymbol{P}| = |\boldsymbol{P}^{-1}| \cdot |\lambda\boldsymbol{E} - \boldsymbol{A}| \cdot |\boldsymbol{P}| = |\lambda\boldsymbol{E} - \boldsymbol{A}|, \end{aligned}$$

即 $\boldsymbol{A}$ 与 $\boldsymbol{B}$ 有相同的特征多项式, 从而 $\boldsymbol{A}$ 与 $\boldsymbol{B}$ 具有相同的特征值.

4.3.2 方阵的相似对角化

对 n 阶矩阵 $\boldsymbol{A}$, 任给一个 n 阶非奇异矩阵 $\boldsymbol{P}$, 则 $\boldsymbol{P}^{-1}\boldsymbol{A}\boldsymbol{P}$ 就与 $\boldsymbol{A}$ 相似, 所以与 $\boldsymbol{A}$ 相似的矩阵有无穷多个. 由于相似矩阵具有很多共同性质, 所以我们只要从与 $\boldsymbol{A}$ 相似的矩阵中找到一个特别简单的矩阵, 通过对这个简单矩阵的性质的研究就可知道 $\boldsymbol{A}$ 的不少性质. 对角矩阵是一种很简单的矩阵. 那么, 什么样的 n 阶矩阵才能与对角矩阵相似呢? 如果一个矩阵与对角阵相似, 则称这个矩阵能相似对角化. 问题即是什么样的矩阵才能相似对角化? 下面就来研究 n 阶矩阵 $\boldsymbol{A}$ 相似对角化的条件.

定理 4.3.1 n 阶矩阵 $\boldsymbol{A}$ 与对角矩阵 $\boldsymbol{\Lambda}$ 相似的充分必要条件是 $\boldsymbol{A}$ 有 n 个线性无关的特征向量.

证明 (必要性) 设 $\boldsymbol{A} \sim \boldsymbol{\Lambda} = \operatorname{diag}(\lambda_1, \lambda_2, \cdots, \lambda_n)$, 则存在可逆矩阵 $\boldsymbol{P}$, 使得

$$\boldsymbol{P}^{-1}\boldsymbol{A}\boldsymbol{P} = \boldsymbol{\Lambda}. \tag{4.3.2}$$

将 $\boldsymbol{P}$ 按列分块

$$\boldsymbol{P} = (\boldsymbol{X}_1, \boldsymbol{X}_2, \cdots, \boldsymbol{X}_n),$$

因 $\boldsymbol{P}$ 可逆, 所以 $\boldsymbol{X}_1, \boldsymbol{X}_2, \cdots, \boldsymbol{X}_n$ 线性无关. 用 $\boldsymbol{P}$ 左乘 (4.3.2) 式两端得

$$\boldsymbol{AP} = \boldsymbol{P\Lambda},$$

即

$$\boldsymbol{A}(\boldsymbol{X}_1, \boldsymbol{X}_2, \cdots, \boldsymbol{X}_n) = (\boldsymbol{X}_1, \boldsymbol{X}_2, \cdots, \boldsymbol{X}_n)\begin{pmatrix} \lambda_1 & & & \\ & \lambda_2 & & \\ & & \ddots & \\ & & & \lambda_n \end{pmatrix}.$$

于是

$$(\boldsymbol{AX}_1, \boldsymbol{AX}_2, \cdots, \boldsymbol{AX}_n) = (\lambda_1\boldsymbol{X}_1, \lambda_2\boldsymbol{X}_2, \cdots, \lambda_n\boldsymbol{X}_n).$$

由上式两边的分块矩阵相等, 得

$$\boldsymbol{AX}_i = \lambda_i\boldsymbol{X}_i \quad (i = 1, 2, \cdots, n),$$

所以 $\boldsymbol{X}_1, \boldsymbol{X}_2, \cdots, \boldsymbol{X}_n$ 是 $\boldsymbol{A}$ 分别属于特征值 $\lambda_1, \lambda_2, \cdots, \lambda_n$ 的线性无关特征向量.

(充分性) 设 $\boldsymbol{X}_1, \boldsymbol{X}_2, \cdots, \boldsymbol{X}_n$ 是 $\boldsymbol{A}$ 的 n 个线性无关特征向量, $\boldsymbol{X}_i$ 对应的特征值为 λ_i $(i = 1, 2, \cdots, n)$. 记

$$\boldsymbol{P} = (\boldsymbol{X}_1, \boldsymbol{X}_2, \cdots, \boldsymbol{X}_n),$$

则 $\boldsymbol{P}$ 为非奇异矩阵. 因

$$\boldsymbol{AX}_i = \lambda_i\boldsymbol{X}_i \quad (i = 1, 2, \cdots, n),$$

故

$$\begin{aligned}\boldsymbol{AP} &= (\boldsymbol{AX}_1, \boldsymbol{AX}_2, \cdots, \boldsymbol{AX}_n) = (\lambda_1\boldsymbol{X}_1, \lambda_2\boldsymbol{X}_2, \cdots, \lambda_n\boldsymbol{X}_n) \\ &= (\boldsymbol{X}_1,\ \boldsymbol{X}_2,\ \cdots,\ \boldsymbol{X}_n)\begin{pmatrix} \lambda_1 & & & \\ & \lambda_2 & & \\ & & \ddots & \\ & & & \lambda_n \end{pmatrix},\end{aligned}$$

即

$$\boldsymbol{AP} = \boldsymbol{P\Lambda}.$$

用 $\boldsymbol{P}^{-1}$ 左乘上式两端得

$$\boldsymbol{P}^{-1}\boldsymbol{AP} = \boldsymbol{\Lambda},$$

所以

$$\boldsymbol{A} \sim \boldsymbol{\Lambda}.$$

由于每个特征值必对应有特征向量, 再综合定理 4.2.2 即可得知: $\boldsymbol{A}$ 的单特征值恰有一个线性无关的特征向量. 于是当 n 阶矩阵 $\boldsymbol{A}$ 的 n 个特征值都是单根时, $\boldsymbol{A}$ 必有 n 个线性无关的特征向量. 所以有定理 4.3.1 的如下推论.

推论 4.3.1 若 n 阶矩阵 $\boldsymbol{A}$ 的 n 个特征根都是单根, 则 $\boldsymbol{A}$ 与对角矩阵相似.

定理 4.3.1 的证明过程表明, 当 n 阶矩阵 $\boldsymbol{A}$ 与对角阵相似时, 对角阵 $\boldsymbol{\Lambda}$ 的主对角元恰是 $\boldsymbol{A}$ 的 n 个特征值; 满足 $\boldsymbol{P}^{-1}\boldsymbol{A}\boldsymbol{P} = \boldsymbol{\Lambda}$ 的可逆矩阵 $\boldsymbol{P}$ 的列向量则是 $\boldsymbol{A}$ 的 n 个线性无关特征向量. 与矩阵 $\boldsymbol{A}$ 相似的对角阵一般不唯一 (对角阵 $\boldsymbol{\Lambda}$ 中主对角元的顺序可以变动), 相应地, 可逆矩阵 $\boldsymbol{P}$ 也不唯一, 矩阵 $\boldsymbol{P}$ 中列向量的顺序应与对角阵对角元的排列顺序一致.

例如, 在例 4.2.3 中的三阶矩阵 $\boldsymbol{A}$ 有 3 个线性无关的特征向量, 故 $\boldsymbol{A}$ 相似于对角阵. 即存在可逆矩阵 $\boldsymbol{P}$, 使得 $\boldsymbol{P}^{-1}\boldsymbol{A}\boldsymbol{P} = \boldsymbol{\Lambda}$, 其中

$$\boldsymbol{\Lambda} = \begin{pmatrix} 2 & & \\ & -1 & \\ & & -1 \end{pmatrix}, \quad \boldsymbol{P} = \begin{pmatrix} 1 & -1 & -1 \\ 1 & 1 & 0 \\ 1 & 0 & 1 \end{pmatrix}.$$

例 4.2.4 中的三阶矩阵 $\boldsymbol{A}$ 只有 2 个线性无关的特征向量, 故 $\boldsymbol{A}$ 不与任何对角阵相似.

n 阶矩阵 $\boldsymbol{A}$ 是否与对角阵相似的关键在于 $\boldsymbol{A}$ 的 k 重特征值对应的线性无关特征向量是否恰有 k 个. 对此我们有下面的定理.

定理 4.3.2 n 阶矩阵 $\boldsymbol{A}$ 与对角阵相似的充要条件是 $\boldsymbol{A}$ 的每个 k 重特征值 λ 恰好对应有 k 个线性无关的特征向量.

证明 (必要性) 因 n 阶矩阵 $\boldsymbol{A}$ 与对角阵相似, 由定理 4.3.1 知, $\boldsymbol{A}$ 恰有 n 个线性无关的特征向量. 又因 $\boldsymbol{A}$ 的 k 重特征值对应有且仅有不超过 k 个线性无关的特征向量, 而复数域 $\mathbb{F}$ 上的 n 阶矩阵 $\boldsymbol{A}$ 的所有特征值的重数之和恰为 n, 所以 $\boldsymbol{A}$ 的 k 重特征值恰对应有 k 个线性无关的特征向量.

(充分性) 因 n 阶矩阵 $\boldsymbol{A}$ 的每个 k 重特征值恰对应有 k 个线性无关的特征向量, 所以 $\boldsymbol{A}$ 的所有特征值对应的线性无关的特征向量合起来刚好有 n 个. 由定理 4.3.1, $\boldsymbol{A}$ 与对角阵相似.

例 4.3.1 设

$$\boldsymbol{A} = \begin{pmatrix} 2 & a & 2 \\ 5 & b & 3 \\ -1 & 1 & -1 \end{pmatrix}.$$

已知 $\boldsymbol{A}$ 有特征值 1 和 -1. (1) 求 a,b. (2) 问 $\boldsymbol{A}$ 能否对角化?

解 因 1 和 -1 是 $\boldsymbol{A}$ 的特征值, 故

$$|\boldsymbol{E}-\boldsymbol{A}|=0,\quad |-\boldsymbol{E}-\boldsymbol{A}|=0,$$

即

$$|\boldsymbol{A}-\boldsymbol{E}|=0,\quad |\boldsymbol{E}+\boldsymbol{A}|=0.$$

由

$$\begin{cases} |\boldsymbol{A}-\boldsymbol{E}|=\begin{vmatrix} 1 & a & 2 \\ 5 & b-1 & 3 \\ -1 & 1 & -2 \end{vmatrix}=7(1+a)=0, \\ |\boldsymbol{A}+\boldsymbol{E}|=\begin{vmatrix} 3 & a & 2 \\ 5 & b+1 & 3 \\ -1 & 1 & 0 \end{vmatrix}=-(3a-2b-3)=0, \end{cases}$$

解得 $a=-1,b=-3$. 设 A 还有一个特征值为 λ, 于是由

$$1+(-1)+\lambda=2+(-3)+(-1)$$

得

$$\lambda=-2.$$

由于 $\boldsymbol{A}$ 的 3 个特征值都是单根, 所以 $\boldsymbol{A}$ 可对角化.

例 4.3.2 设

$$\boldsymbol{A}=\begin{pmatrix} 1 & -1 & 1 \\ 2 & 4 & -2 \\ -3 & -3 & 5 \end{pmatrix}.$$

(1) 判断 $\boldsymbol{A}$ 能否与对角阵相似, 若 $\boldsymbol{A}$ 能与对角阵相似, 求与 $\boldsymbol{A}$ 相似的对角阵和相似变换矩阵 $\boldsymbol{P}$; (2) 求 $\boldsymbol{A}^k$.

解 (1) $|\lambda\boldsymbol{E}-\boldsymbol{A}|=\begin{vmatrix} \lambda-1 & 1 & -1 \\ -2 & \lambda-4 & 2 \\ 3 & 3 & \lambda-5 \end{vmatrix}=(\lambda-2)^2(\lambda-6).$

$\boldsymbol{A}$ 的特征值为 $\lambda_1=\lambda_2=2,\quad \lambda_3=6$.

对 $\lambda_1=\lambda_2=2$, 由

$$2\boldsymbol{E}-\boldsymbol{A}=\begin{pmatrix}1&1&-1\\-2&-2&2\\3&3&-3\end{pmatrix}\xrightarrow{\text{初等行变换}}\begin{pmatrix}1&1&-1\\0&0&0\\0&0&0\end{pmatrix}$$

知

$$R(2\boldsymbol{E}-\boldsymbol{A})=1.$$

由此可知方程组 $(2\boldsymbol{E}-\boldsymbol{A})\boldsymbol{X}=\mathbf{0}$ 的基础解系含有 2 个解向量, 即 $\boldsymbol{A}$ 属于二重特征值 2 的线性无关的特征向量有 2 个, 所以 $\boldsymbol{A}$ 与对角阵相似. 进一步还可得方程组 $(2\boldsymbol{E}-\boldsymbol{A})\boldsymbol{X}=\mathbf{0}$ 的基础解系为

$$\boldsymbol{X}_1=\begin{pmatrix}-1\\1\\0\end{pmatrix},\quad \boldsymbol{X}_2=\begin{pmatrix}1\\0\\1\end{pmatrix}.$$

对 $\lambda_3=6$, 解方程组 $(6\boldsymbol{E}-\boldsymbol{A})\boldsymbol{X}=\mathbf{0}$, 得基础解系

$$\boldsymbol{X}_3=\begin{pmatrix}1\\-2\\3\end{pmatrix},$$

可得与 $\boldsymbol{A}$ 相似的对角阵为

$$\boldsymbol{\Lambda}=\begin{pmatrix}2&&\\&2&\\&&6\end{pmatrix},$$

相似变换矩阵为

$$\boldsymbol{P}=\begin{pmatrix}-1&1&1\\1&0&-2\\0&1&3\end{pmatrix}.$$

(2) 因为

$$\boldsymbol{P}^{-1}\boldsymbol{A}\boldsymbol{P}=\boldsymbol{\Lambda},$$

所以

$$\boldsymbol{A}=\boldsymbol{P}\boldsymbol{\Lambda}\boldsymbol{P}^{-1}.$$

于是

$$\boldsymbol{A}^k = \boldsymbol{P}\boldsymbol{\Lambda}^k\boldsymbol{P}^{-1} = \boldsymbol{P}\begin{pmatrix} 2 & & \\ & 2 & \\ & & 6 \end{pmatrix}^k \boldsymbol{P}^{-1}.$$

经计算得

$$\boldsymbol{P}^{-1} = \frac{1}{4}\begin{pmatrix} -2 & 2 & 2 \\ 3 & 3 & 1 \\ -1 & -1 & 1 \end{pmatrix},$$

所以

$$\begin{aligned}\boldsymbol{A}^k &= \begin{pmatrix} -1 & 1 & 1 \\ 1 & 0 & -2 \\ 0 & 1 & 3 \end{pmatrix}\begin{pmatrix} 2^k & & \\ & 2^k & \\ & & 6^k \end{pmatrix}\cdot\frac{1}{4}\begin{pmatrix} -2 & 2 & 2 \\ 3 & 3 & 1 \\ -1 & -1 & 1 \end{pmatrix} \\ &= \frac{1}{4}\begin{pmatrix} 5\times 2^k - 6^k & 2^k - 6^k & -2^k + 6^k \\ -2^{k+1} + 2\times 6^k & 2^{k+1} + 2\times 6^k & 2^{k+1} - 2\times 6^k \\ 3\times 2^k - 3\times 6^k & 3\times 2^k - 3\times 6^k & 2^k + 3\times 6^k \end{pmatrix}.\end{aligned}$$

例 4.3.3　设

$$\boldsymbol{A} = \begin{pmatrix} 0 & a & 1 \\ 0 & 2 & 0 \\ 4 & b & 0 \end{pmatrix},$$

已知 $\boldsymbol{A}$ 与对角阵相似, 求 a, b 满足的条件.

解

$$|\lambda\boldsymbol{E} - \boldsymbol{A}| = \begin{vmatrix} \lambda & -a & -1 \\ 0 & \lambda - 2 & 0 \\ -4 & -b & \lambda \end{vmatrix} = (\lambda - 2)^2(\lambda + 2),$$

$\boldsymbol{A}$ 的特征值为 $\lambda_1 = \lambda_2 = 2, \lambda_3 = -2$.

因 $\boldsymbol{A}$ 相似于对角阵, 所以 $\boldsymbol{A}$ 有三个线性无关的特征向量. 因此 $\boldsymbol{A}$ 的二重特征根 2 对应的线性无关的特征向量有两个, 所以齐次方程组 $(2\boldsymbol{E} - \boldsymbol{A})\boldsymbol{X} = \boldsymbol{0}$ 的基础解系中所含解向量的个数为 2, 于是

$$R(2\boldsymbol{E} - \boldsymbol{A}) = 1.$$

因

$$2\boldsymbol{E}-\boldsymbol{A}=\begin{pmatrix}2 & -a & -1\\ 0 & 0 & 0\\ -4 & -b & 2\end{pmatrix}\to\begin{pmatrix}2 & -a & -1\\ 0 & -2a-b & 0\\ 0 & 0 & 0\end{pmatrix},$$

由

$$R(2\boldsymbol{E}-\boldsymbol{A})=1$$

知

$$-2a-b=0 \quad 即 \quad 2a+b=0.$$

例 4.3.4 设

$$\boldsymbol{A}=\begin{pmatrix}1 & -1 & 1\\ x & 4 & -2\\ -3 & -3 & 5\end{pmatrix},\quad \boldsymbol{B}=\begin{pmatrix}2 & 0 & 0\\ 0 & 2 & 0\\ 0 & 0 & y\end{pmatrix},$$

已知矩阵 $\boldsymbol{A}$ 与 $\boldsymbol{B}$ 相似.

(1) 求 x, y 的值;

(2) 求一个满足 $\boldsymbol{P}^{-1}\boldsymbol{A}\boldsymbol{P}=\boldsymbol{B}$ 的可逆矩阵 $\boldsymbol{P}$.

解法 1 (1) 因 $\boldsymbol{A}$ 与 $\boldsymbol{B}$ 相似, 故 $|\lambda\boldsymbol{E}-\boldsymbol{A}|=|\lambda\boldsymbol{E}-\boldsymbol{B}|$, 即

$$\begin{vmatrix}\lambda-1 & 1 & -1\\ -x & \lambda-4 & 2\\ 3 & 3 & \lambda-5\end{vmatrix}=\begin{vmatrix}\lambda-2 & 0 & 0\\ 0 & \lambda-2 & 0\\ 0 & 0 & \lambda-y\end{vmatrix}.$$

计算两边的行列式得

$$(\lambda-2)(\lambda^2-8\lambda+10+x)=(\lambda-2)[\lambda^2-(2+y)\lambda+2y].$$

比较上式两边 λ 的同次项系数, 得

$$\begin{cases}2+y=8,\\ 10+x=2y,\end{cases}$$

解得 $x=2, y=6$.

解法 2 因 $\boldsymbol{A}$ 与 $\boldsymbol{B}$ 相似, 故 $\boldsymbol{B}$ 的特征值就是 $\boldsymbol{A}$ 的特征值, 易知 $\boldsymbol{B}$ 的特征值为 2, 2, y, 所以 $\boldsymbol{A}$ 的特征值也是 2, 2, y. 于是

$$\begin{cases}2+2+y=1+4+5,\\ 2\times 2\times y=|\boldsymbol{A}|=2x+20,\end{cases}$$

解得 $x=2, y=6$.

(2) 将 $x=2, y=6$ 代入矩阵 $\boldsymbol{A}$ 知该矩阵正是例 4.3.2 中的矩阵, 所以由例 4.3.2 的计算知, 满足 $\boldsymbol{P}^{-1}\boldsymbol{A}\boldsymbol{P}=\boldsymbol{B}$ 的可逆矩阵为

$$\boldsymbol{P}=\begin{pmatrix} -1 & 1 & 1 \\ 1 & 0 & -2 \\ 0 & 1 & 3 \end{pmatrix}.$$

4.4 实对称矩阵的相似对角化

虽然并不是所有的 n 阶矩阵都相似于对角阵, 但本节将要得出的是: 实对称矩阵必相似于对角阵, 不仅如此, 其相似变换矩阵还可以是一个正交矩阵.

4.4.1 实对称矩阵的特征值与特征向量的性质

定理 4.4.1 实对称矩阵的特征值都是实数.

* **证明** 设 $\boldsymbol{A}$ 为实对称矩阵, λ 是它的特征值,

$$\boldsymbol{X}=\begin{pmatrix} x_1 \\ x_2 \\ \vdots \\ x_n \end{pmatrix}$$

是 $\boldsymbol{A}$ 属于λ 的特征向量 (其中 $x_k=a_k+b_k\mathrm{i}, k=1,2,\cdots,n$). 由

$$\boldsymbol{A}\boldsymbol{X}=\lambda\boldsymbol{X},$$

两边取共轭得

$$\overline{\boldsymbol{A}\boldsymbol{X}}=\overline{\lambda\boldsymbol{X}},$$

由共轭复数的运算性质知

$$\bar{\boldsymbol{A}}\,\overline{\boldsymbol{X}}=\overline{\lambda}\,\overline{\boldsymbol{X}}$$

(注意, 若 $\boldsymbol{A}_{m\times n}=(a_{ij})_{m\times n}$, 定义其共轭矩阵 $\bar{\boldsymbol{A}}_{m\times n}=(\bar{a}_{ij})_{m\times n}$, 其中 $\bar{a}_{ij}$ 是 a_{ij} 的共轭复数; 由复数的计算易知: $\overline{\boldsymbol{A}\boldsymbol{B}}=\overline{\boldsymbol{A}}\,\overline{\boldsymbol{B}}$), 即

$$\boldsymbol{A}\,\overline{\boldsymbol{X}}=\overline{\lambda}\,\overline{\boldsymbol{X}}.$$

两边取转置, 于是有

$$\overline{\boldsymbol{X}}^{\mathrm{T}}\boldsymbol{A} = \bar{\lambda}\,\overline{\boldsymbol{X}}^{\mathrm{T}},$$

用 $\boldsymbol{X}$ 右乘上式两端得

$$\overline{\boldsymbol{X}}^{\mathrm{T}}\boldsymbol{A}\boldsymbol{X} = \bar{\lambda}\,\overline{\boldsymbol{X}}^{\mathrm{T}}\boldsymbol{X},$$

即

$$\lambda\overline{\boldsymbol{X}}^{\mathrm{T}}\boldsymbol{X} = \bar{\lambda}\,\overline{\boldsymbol{X}}^{\mathrm{T}}\boldsymbol{X}.$$

于是

$$(\lambda - \bar{\lambda})\overline{\boldsymbol{X}}^{\mathrm{T}}\boldsymbol{X} = 0.$$

又因 $\boldsymbol{X} \neq \boldsymbol{0}$, 故

$$\overline{\boldsymbol{X}}^{\mathrm{T}}\boldsymbol{X} = (\bar{x}_1, \bar{x}_2, \cdots, \bar{x}_n)\begin{pmatrix} x_1 \\ x_2 \\ \vdots \\ x_n \end{pmatrix} = \bar{x}_1x_1 + \bar{x}_2x_2 + \cdots + \bar{x}_nx_n = \sum_{k=1}^{n}(a_k^2 + b_k^2) \neq 0,$$

从而

$$\lambda = \bar{\lambda},$$

即 λ 是实数.

注 一般 n 阶实矩阵的特征值不一定是实数.

例如, 设

$$\boldsymbol{A} = \begin{pmatrix} 0 & 1 \\ -1 & 0 \end{pmatrix},$$

则

$$|\lambda\boldsymbol{E} - \boldsymbol{A}| = \begin{vmatrix} \lambda & -1 \\ 1 & \lambda \end{vmatrix} = \lambda^2 + 1,$$

所以实矩阵 $\boldsymbol{A}$ 的特征值为 i 与 $-\mathrm{i}$, 不是实数.

定理 4.4.2 实对称矩阵的不同特征值对应的特征向量是正交的.

证明 设 λ_1, λ_2 是实对称矩阵 $\boldsymbol{A}$ 的两个不同特征值, $\boldsymbol{X}_1$, $\boldsymbol{X}_2$ 分别是 $\boldsymbol{A}$ 属于 λ_1, λ_2 的特征向量, 即

$$\lambda_1\boldsymbol{X}_1 = \boldsymbol{A}\boldsymbol{X}_1, \quad \lambda_2\boldsymbol{X}_2 = \boldsymbol{A}\boldsymbol{X}_2.$$

因

$$(\lambda_1\boldsymbol{X}_1)^{\mathrm{T}} = (\boldsymbol{A}\boldsymbol{X}_1)^{\mathrm{T}},$$

即

$$\lambda_1 \boldsymbol{X}_1^{\mathrm{T}} = \boldsymbol{X}_1^{\mathrm{T}} \boldsymbol{A}.$$

用 $\boldsymbol{X}_2$ 右乘上式两端得

$$\lambda_1 \boldsymbol{X}_1^{\mathrm{T}} \boldsymbol{X}_2 = \boldsymbol{X}_1^{\mathrm{T}} \boldsymbol{A} \boldsymbol{X}_2 = \boldsymbol{X}_1^{\mathrm{T}} \lambda_2 \boldsymbol{X}_2 = \lambda_2 \boldsymbol{X}_1^{\mathrm{T}} \boldsymbol{X}_2,$$

所以

$$(\lambda_1 - \lambda_2) \boldsymbol{X}_1^{\mathrm{T}} \boldsymbol{X}_2 = 0.$$

由于

$$\lambda_1 \neq \lambda_2,$$

所以

$$\boldsymbol{X}_1^{\mathrm{T}} \boldsymbol{X}_2 = 0,$$

即 $\boldsymbol{X}_1$ 与 $\boldsymbol{X}_2$ 正交.

定理 4.4.3 对于任意一个 n 阶实对称矩阵 $\boldsymbol{A}$, 都存在一个 n 阶正交矩阵 $\boldsymbol{Q}$, 使得 $\boldsymbol{Q}^{\mathrm{T}} \boldsymbol{A} \boldsymbol{Q} = \boldsymbol{Q}^{-1} \boldsymbol{A} \boldsymbol{Q}$ 为对角阵.

证明略.

推论 4.4.1 实对称矩阵 $\boldsymbol{A}$ 的属于 k 重特征值 λ_0 的线性无关的特征向量恰有 k 个.

定理 4.4.3 说明: (1) 实对称矩阵必与对角阵相似; (2) 实对称矩阵相似对角化的相似变换矩阵可以是正交矩阵.

4.4.2 实对称矩阵正交相似对角化

将 n 阶实对称矩阵 $\boldsymbol{A}$ 的每个 k 重特征值 λ 对应的 k 个线性无关的特征向量用施密特正交化方法正交化, 再单位化, 它们仍是 $\boldsymbol{A}$ 的属于特征值 λ 的特征向量, 且是正交向量组, 最后将 $\boldsymbol{A}$ 的不同特征值对应的标准正交特征向量合在一起, 这就是 $\mathbb{R}^n$ 的标准正交基, 用其构成正交矩阵 $\boldsymbol{Q}$, 则有

$$\boldsymbol{Q}^{-1} \boldsymbol{A} \boldsymbol{Q} = \boldsymbol{\Lambda},$$

其中 $\boldsymbol{\Lambda} = \operatorname{diag}(\lambda_1, \lambda_2, \cdots, \lambda_n), \lambda_i \ (i = 1, 2, \cdots, n)$ 为 $\boldsymbol{A}$ 的 n 个特征值.

求正交矩阵 $\boldsymbol{Q}$ 的步骤为:

(1) 求出 n 阶实对称矩阵 $\boldsymbol{A}$ 的全部特征值, 设 $\lambda_1, \lambda_2, \cdots, \lambda_s$ 是 $\boldsymbol{A}$ 的全部互异特征值;

(2) 对每个 λ_i, 求出齐次线性方程组 $(\lambda_i \boldsymbol{E} - \boldsymbol{A}) \boldsymbol{X} = \boldsymbol{0}$ 的基础解系, 它们就是 $\boldsymbol{A}$ 的属于 λ_i 的线性无关特征向量;

(3) 若 λ_i 为重根, 则先将其对应的线性无关的特征向量正交化, 再单位化使之成为一组单位正交向量组 (它们仍然是 $\boldsymbol{A}$ 的属于 λ_i 的特征向量); 若 λ_i 为单特征值, 则只需将其所对应的特征向量单位化;

(4) $\boldsymbol{A}$ 的所有属于不同特征值的已单位正交化的特征向量合起来是 $\mathbb{R}^n$ 的一组标准正交基, 用它们作为列向量构成正交矩阵 $\boldsymbol{Q}$.

上述方法得到的正交矩阵 $\boldsymbol{Q}$ 满足

$$\boldsymbol{Q}^{-1}\boldsymbol{A}\boldsymbol{Q}=\boldsymbol{\Lambda}=\operatorname{diag}(\lambda_1,\lambda_2,\cdots,\lambda_n).$$

例 4.4.1 设

$$\boldsymbol{A}=\begin{pmatrix}1&2&3\\2&1&3\\3&3&6\end{pmatrix},$$

求正交矩阵 $\boldsymbol{Q}$, 使 $\boldsymbol{Q}^{-1}\boldsymbol{A}\boldsymbol{Q}$ 为对角阵.

解
$$|\lambda\boldsymbol{E}-\boldsymbol{A}|=\begin{vmatrix}\lambda-1&-2&-3\\-2&\lambda-1&-3\\-3&-3&\lambda-6\end{vmatrix}=\lambda(\lambda+1)(\lambda-9),$$

$\boldsymbol{A}$ 的特征值为 $\lambda_1=0,\lambda_2=-1,\lambda_3=9$. 由 $(0\boldsymbol{E}-\boldsymbol{A})\boldsymbol{X}=\boldsymbol{0}$ 得 $\boldsymbol{A}$ 属于特征值 $\lambda_1=0$ 的线性无关特征向量为

$$\boldsymbol{X}_1=\begin{pmatrix}-1\\-1\\1\end{pmatrix}.$$

由 $(-\boldsymbol{E}-\boldsymbol{A})\boldsymbol{X}=\boldsymbol{0}$ 得 $\boldsymbol{A}$ 属于特征值 $\lambda_2=-1$ 的线性无关特征向量为

$$\boldsymbol{X}_2=\begin{pmatrix}-1\\1\\0\end{pmatrix}.$$

由 $(9\boldsymbol{E}-\boldsymbol{A})\boldsymbol{X}=\boldsymbol{0}$ 得 $\boldsymbol{A}$ 属于特征值 $\lambda_3=9$ 的线性无关特征向量为

$$\boldsymbol{X}_3=\begin{pmatrix}1\\1\\2\end{pmatrix}.$$

将 $\boldsymbol{X}_1$, $\boldsymbol{X}_2$, $\boldsymbol{X}_3$ 单位化得

$$\boldsymbol{\eta}_1 = \begin{pmatrix} -\dfrac{1}{\sqrt{3}} \\ -\dfrac{1}{\sqrt{3}} \\ \dfrac{1}{\sqrt{3}} \end{pmatrix}, \quad \boldsymbol{\eta}_2 = \begin{pmatrix} -\dfrac{1}{\sqrt{2}} \\ \dfrac{1}{\sqrt{2}} \\ 0 \end{pmatrix}, \quad \boldsymbol{\eta}_3 = \begin{pmatrix} \dfrac{1}{\sqrt{6}} \\ \dfrac{1}{\sqrt{6}} \\ \dfrac{2}{\sqrt{6}} \end{pmatrix},$$

构成正交矩阵

$$\boldsymbol{Q} = (\boldsymbol{\eta}_1, \boldsymbol{\eta}_2, \boldsymbol{\eta}_3) = \begin{pmatrix} -\dfrac{1}{\sqrt{3}} & -\dfrac{1}{\sqrt{2}} & \dfrac{1}{\sqrt{6}} \\ -\dfrac{1}{\sqrt{3}} & \dfrac{1}{\sqrt{2}} & \dfrac{1}{\sqrt{6}} \\ \dfrac{1}{\sqrt{3}} & 0 & \dfrac{2}{\sqrt{6}} \end{pmatrix},$$

满足

$$\boldsymbol{Q}^{-1}\boldsymbol{A}\boldsymbol{Q} = \begin{pmatrix} 0 & & \\ & -1 & \\ & & 9 \end{pmatrix}.$$

例 4.4.2 设

$$\boldsymbol{A} = \begin{pmatrix} 1 & 2 & 2 \\ 2 & 1 & 2 \\ 2 & 2 & 1 \end{pmatrix},$$

求正交矩阵 $\boldsymbol{Q}$, 使 $\boldsymbol{Q}^{-1}\boldsymbol{A}\boldsymbol{Q}$ 为对角阵.

解

$$|\lambda \boldsymbol{E} - \boldsymbol{A}| = \begin{vmatrix} \lambda-1 & -2 & -2 \\ -2 & \lambda-1 & -2 \\ -2 & -2 & \lambda-1 \end{vmatrix} = (\lambda-5)(\lambda+1)^2,$$

$\boldsymbol{A}$ 的特征值为 $\lambda_1 = \lambda_2 = -1, \lambda_3 = 5$. 对 $\lambda_1 = \lambda_2 = -1$, 解齐次线性方程组 $(-\boldsymbol{E}-\boldsymbol{A})\boldsymbol{X} = \boldsymbol{0}$, 得 $\boldsymbol{A}$ 属于特征值 $\lambda_1 = \lambda_2 = -1$ 的线性无关特征向量

$$\boldsymbol{X}_1 = \begin{pmatrix} -1 \\ 1 \\ 0 \end{pmatrix}, \quad \boldsymbol{X}_2 = \begin{pmatrix} -1 \\ 0 \\ 1 \end{pmatrix}.$$

用施密特方法正交化:

$$\boldsymbol{\beta}_1 = \boldsymbol{X}_1 = \begin{pmatrix} -1 \\ 1 \\ 0 \end{pmatrix},$$

$$\boldsymbol{\beta}_2 = \boldsymbol{X}_2 - \frac{(\boldsymbol{\beta}_1, \boldsymbol{X}_2)}{(\boldsymbol{\beta}_1, \boldsymbol{\beta}_1)}\boldsymbol{\beta}_1 = \begin{pmatrix} -\dfrac{1}{2} \\ -\dfrac{1}{2} \\ 1 \end{pmatrix},$$

单位化得

$$\boldsymbol{\eta}_1 = \begin{pmatrix} -\dfrac{1}{\sqrt{2}} \\ \dfrac{1}{\sqrt{2}} \\ 0 \end{pmatrix}, \quad \boldsymbol{\eta}_2 = \begin{pmatrix} -\dfrac{1}{\sqrt{6}} \\ -\dfrac{1}{\sqrt{6}} \\ \dfrac{2}{\sqrt{6}} \end{pmatrix}.$$

对 $\lambda_3 = 5$, 解齐次线性方程组 $(5\boldsymbol{E} - \boldsymbol{A})\boldsymbol{X} = \boldsymbol{0}$, 得 $\boldsymbol{A}$ 的属于特征值 $\lambda_3 = 5$ 的线性无关特征向量

$$\boldsymbol{X}_3 = \begin{pmatrix} 1 \\ 1 \\ 1 \end{pmatrix},$$

单位化得

$$\boldsymbol{\eta}_3 = \begin{pmatrix} \dfrac{1}{\sqrt{3}} \\ \dfrac{1}{\sqrt{3}} \\ \dfrac{1}{\sqrt{3}} \end{pmatrix}.$$

构成正交矩阵

$$\boldsymbol{Q} = (\boldsymbol{\eta}_1, \boldsymbol{\eta}_2, \boldsymbol{\eta}_3) = \begin{pmatrix} -\dfrac{1}{\sqrt{2}} & -\dfrac{1}{\sqrt{6}} & \dfrac{1}{\sqrt{3}} \\ \dfrac{1}{\sqrt{2}} & -\dfrac{1}{\sqrt{6}} & \dfrac{1}{\sqrt{3}} \\ 0 & \dfrac{2}{\sqrt{6}} & \dfrac{1}{\sqrt{3}} \end{pmatrix},$$

有

$$Q^{-1}AQ=\begin{pmatrix}-1&0&0\\0&-1&0\\0&0&5\end{pmatrix}.$$

例 4.4.3　设三阶实对称矩阵 $\boldsymbol{A}$ 的特征值为 $\lambda_1=-1,\lambda_2=\lambda_3=1$, $\boldsymbol{A}$ 属于特征值 $\lambda_1=-1$ 的特征向量分别是 $\boldsymbol{X}_1=(0,1,1)^{\mathrm{T}}$, 求 $\boldsymbol{A}$ 及 $\boldsymbol{A}$ 属于特征值 $\lambda_2=\lambda_3=1$ 的特征向量.

解　设 $\boldsymbol{A}$ 的属于特征值 $\lambda_2=\lambda_3=1$ 的特征向量为 $\boldsymbol{X}=(x_1,x_2,x_3)^{\mathrm{T}}$, 因实对称矩阵的属于不同特征值的特征向量相互正交, 于是 $\boldsymbol{X}_1^{\mathrm{T}}\boldsymbol{X}=0$, 即

$$\boldsymbol{X}_1^{\mathrm{T}}\boldsymbol{X}=(0,1,1)\begin{pmatrix}x_1\\x_2\\x_3\end{pmatrix}=x_2+x_3=0,$$

解之得基础解系

$$\boldsymbol{X}_2=\begin{pmatrix}1\\0\\0\end{pmatrix},\quad \boldsymbol{X}_3=\begin{pmatrix}0\\-1\\1\end{pmatrix}.$$

构成可逆矩阵

$$\boldsymbol{P}=(\boldsymbol{X}_1,\boldsymbol{X}_2,\boldsymbol{X}_3)=\begin{pmatrix}0&1&0\\1&0&-1\\1&0&1\end{pmatrix},$$

计算得

$$\boldsymbol{P}^{-1}=\frac{1}{2}\begin{pmatrix}0&1&1\\2&0&0\\0&-1&1\end{pmatrix}.$$

由

$$\boldsymbol{P}^{-1}\boldsymbol{A}\boldsymbol{P}=\boldsymbol{\Lambda}=\begin{pmatrix}-1&0&0\\0&1&0\\0&0&1\end{pmatrix},$$

于是

$$\boldsymbol{A}=\boldsymbol{P}\boldsymbol{\Lambda}\boldsymbol{P}^{-1}=\begin{pmatrix}0&1&0\\1&0&-1\\1&0&1\end{pmatrix}\begin{pmatrix}-1&&\\&1&\\&&1\end{pmatrix}\frac{1}{2}\begin{pmatrix}0&1&1\\2&0&0\\0&-1&1\end{pmatrix}=\begin{pmatrix}1&0&0\\0&0&-1\\0&-1&0\end{pmatrix}.$$

$\boldsymbol{A}$ 属于特征值 $\lambda_2 = \lambda_3 = 1$ 的线性无关的特征向量为 $\boldsymbol{X}_2, \boldsymbol{X}_3$. $\boldsymbol{A}$ 属于特征值 $\lambda_2 = \lambda_3 = 1$ 的全体特征向量为

$$k_2\boldsymbol{X}_2 + k_3\boldsymbol{X}_3 \quad (k_2, k_3 \text{ 不全为 } 0).$$

例 4.4.4 判断 n 阶矩阵 $\boldsymbol{A}$, $\boldsymbol{B}$ 是否相似, 其中 $\boldsymbol{A} = \begin{pmatrix} 1 & 1 & \cdots & 1 \\ 1 & 1 & \cdots & 1 \\ \vdots & \vdots & & \vdots \\ 1 & 1 & \cdots & 1 \end{pmatrix}$,
$\boldsymbol{B} = \begin{pmatrix} n & 0 & \cdots & 0 \\ 1 & 0 & \cdots & 0 \\ \vdots & \vdots & & \vdots \\ 1 & 0 & \cdots & 0 \end{pmatrix}$.

解 由

$$|\lambda\boldsymbol{E} - \boldsymbol{A}| = \begin{vmatrix} \lambda-1 & -1 & \cdots & -1 \\ -1 & \lambda-1 & \cdots & -1 \\ \vdots & \vdots & & \vdots \\ -1 & -1 & \cdots & \lambda-1 \end{vmatrix} = (\lambda - n)\,\lambda^{n-1}$$

得 $\boldsymbol{A}$ 的特征值为 $\lambda_1 = n, \lambda_2 = \lambda_3 = \cdots = \lambda_n = 0$.

因 $\boldsymbol{A}$ 是实对称矩阵, 故 $\boldsymbol{A}$ 必与对角阵 $\boldsymbol{\Lambda} = \mathrm{diag}(n, 0, \cdots, 0)$ 相似. 又

$$|\lambda\boldsymbol{E} - \boldsymbol{B}| = (\lambda - n)\lambda^{n-1},$$

可见 $\boldsymbol{B}$ 与 $\boldsymbol{A}$ 有相同的特征值.

对 $\boldsymbol{B}$ 的 $n-1$ 重特征根 $\lambda = 0$, 因为

$$R(0\boldsymbol{E} - \boldsymbol{B}) = R(-\boldsymbol{B}) = R(\boldsymbol{B}) = 1,$$

所以 $\boldsymbol{B}$ 属于 $n-1$ 重特征根 $\lambda = 0$ 的线性无关的特征向量有 $n-1$ 个, 因此 $\boldsymbol{B}$ 也与对角阵 $\boldsymbol{\Lambda} = \mathrm{diag}(n, 0, \cdots, 0)$ 相似. 由相似关系的对称性与传递性知 $\boldsymbol{A}$ 与 $\boldsymbol{B}$ 相似.

4.5 特征值和特征向量的应用

例 4.5.1 (人口迁移模型) 假设某地区的总人口是固定的, 人口的分布因居民在城市和农村之间迁徙而变化. 假设每年有 5% 的城市人口迁移到农村 (95%

仍留在城市), 有 12% 的农村人口迁移到城市 (88% 仍留在农村), 记 r_i, s_i 分别表示第 i 年的城市与农村人口数, 则 $\begin{cases} r_{i+1} = 0.95r_i + 0.12s_i, \\ s_{i+1} = 0.05r_i + 0.88s_i. \end{cases}$ 将该方程组写成矩阵方程的形式: $\boldsymbol{X}_{i+1} = \boldsymbol{A}\boldsymbol{X}_i$, 其中迁移矩阵 $\boldsymbol{A} = \begin{pmatrix} 0.95 & 0.12 \\ 0.05 & 0.88 \end{pmatrix}$, $\boldsymbol{X}_i = \begin{pmatrix} r_i \\ s_i \end{pmatrix}$, 设某地区 2021 年的人口分布为 $\boldsymbol{X}_0 = \begin{pmatrix} 500000 \\ 780000 \end{pmatrix}$, 计算该地区 2041 年的人口分布.

解 由题意知: 2041 年的人口分布为 $\boldsymbol{X}_{20} = \boldsymbol{A}^{20}\boldsymbol{X}_0$, 根据求特征值和特征向量的方法, 易得矩阵 $\boldsymbol{A}$ 的特征值 $\lambda_1 = 1, \lambda_2 = 0.83$, 其对应的特征向量分别是 $\boldsymbol{p}_1 = \begin{pmatrix} 2.4 \\ 1 \end{pmatrix}$, $\boldsymbol{p}_2 = \begin{pmatrix} 1 \\ -1 \end{pmatrix}$, 设 $\boldsymbol{P} = (\boldsymbol{p}_1, \boldsymbol{p}_2) = \begin{pmatrix} 2.4 & 1 \\ 1 & -1 \end{pmatrix}$, $\boldsymbol{D} = \begin{pmatrix} 1 & 0 \\ 0 & 0.83 \end{pmatrix}$, 所以 $\boldsymbol{A} = \boldsymbol{P}\boldsymbol{D}\boldsymbol{P}^{-1}$, 故 $\boldsymbol{A}^{20} = \boldsymbol{P}\boldsymbol{D}^{20}\boldsymbol{P}^{-1}$. $\boldsymbol{X}_{20} = \boldsymbol{A}^{20}\boldsymbol{X}_0 = \boldsymbol{P}\boldsymbol{D}^{20}\boldsymbol{P}^{-1}\boldsymbol{X}_0 \approx \begin{pmatrix} 893815 \\ 386185 \end{pmatrix}$, 即 2041 年, 该地区人口分布情况为: 城市人口是 893815 人, 农村人口是 386185 人.

例 4.5.2 设 x_0, y_0 分别为某地区目前的环境污染水平与经济发展水平, x_t, y_t 分别为该地区 t 年后的环境污染水平和经济发展水平, 则有关系如下

$$\begin{cases} x_t = 3x_{t-1} + y_{t-1}, \\ y_t = 2x_{t-1} + 2y_{t-1}. \end{cases}$$

试预测该地区 10 年后的环境污染水平和经济发展水平之间的关系.

解 令 $\boldsymbol{a}_0 = \begin{pmatrix} x_0 \\ y_0 \end{pmatrix}$, $\boldsymbol{a}_t = \begin{pmatrix} x_t \\ y_t \end{pmatrix}$, $\boldsymbol{A} = \begin{pmatrix} 3 & 1 \\ 2 & 2 \end{pmatrix}$, 由矩阵 $\boldsymbol{A}$ 的特征多项式 $|\lambda\boldsymbol{E} - \boldsymbol{A}| = \begin{vmatrix} \lambda - 3 & -1 \\ -2 & \lambda - 2 \end{vmatrix} = (\lambda-4)(\lambda-1) = 0$. 故 $\boldsymbol{A}$ 的特征值为 $\lambda_1 = 4, \lambda_2 = 1$, 且所对应的特征向量分别为 $\boldsymbol{\eta}_1 = \begin{pmatrix} 1 \\ 1 \end{pmatrix}$, $\boldsymbol{\eta}_2 = \begin{pmatrix} 1 \\ -2 \end{pmatrix}$. 显然 $\boldsymbol{\eta}_1, \boldsymbol{\eta}_2$ 线性无关.

(1) 取 $\boldsymbol{a}_0 = \boldsymbol{\eta}_1 = \begin{pmatrix} 1 \\ 1 \end{pmatrix}$, 由 $\boldsymbol{a}_t = \boldsymbol{A}^t\boldsymbol{a}_0 = \boldsymbol{A}^t\boldsymbol{\eta}_1 = \boldsymbol{\lambda}_1^t\boldsymbol{\eta}_1 = \boldsymbol{4}^t\begin{pmatrix} 1 \\ 1 \end{pmatrix}$, 即

$\boldsymbol{a}_t = \begin{pmatrix} 4^t \\ 4^t \end{pmatrix}.$

此式表明: 在当前的环境污染水平和经济发展水平的前提下, t 年后经济发展水平达到较高程度时, 环境污染也保持着同步恶化趋势.

(2) 取 $\boldsymbol{a}_0 = \boldsymbol{\eta}_2 = \begin{pmatrix} 1 \\ -2 \end{pmatrix}$, 因为 $y_0 < -2$ 所以不讨论此情形.

(3) 取 $\boldsymbol{a}_0 = \begin{pmatrix} 1 \\ 7 \end{pmatrix}$, 虽然 $\boldsymbol{a}_0$ 不是 $\boldsymbol{A}$ 的特征向量, 但也可用类似的方法分析. 因为 $\boldsymbol{a}_0$ 能由 $\boldsymbol{\eta}_1, \boldsymbol{\eta}_2$ 唯一地线性表示, 即 $\boldsymbol{a}_0 = 3\boldsymbol{\eta}_1 - 2\boldsymbol{\eta}_2$, 所以 $\boldsymbol{a}_t = \boldsymbol{A}^t\boldsymbol{a}_0 = \boldsymbol{A}^t(3\boldsymbol{\eta}_1 - 2\boldsymbol{\eta}_2) = 3\boldsymbol{A}^t\boldsymbol{\eta}_1 - 2\boldsymbol{A}^t\boldsymbol{\eta}_2 = 3\lambda_1^t\boldsymbol{\eta}_1 - 2\lambda_2^t\boldsymbol{\eta}_2 = \begin{pmatrix} 3\times 4^t - 2 \\ 3\times 4^t + 4 \end{pmatrix}$, 即

$$\begin{pmatrix} x_t \\ y_t \end{pmatrix} = \begin{pmatrix} 3\times 4^t - 2 \\ 3\times 4^t + 4 \end{pmatrix}.$$

由此可预测该地区 t 年后的环境污染水平和经济发展水平. 因 $\boldsymbol{\eta}_2$ 无实际意义, 而在第二种情况中未作讨论, 但在第三种情况的讨论中仍起到了重要作用. 所以由经济发展与环境污染的增长模型易见, 特征值和特征向量理论在建模的分析和研究中获得了成功的应用.

例 4.5.3 设某动物种群中雌性动物最大生存年龄为 15 年, 且以 5 年为间隔将雌性动物分为三个年龄组 $[0,5], [5,10], [10,15]$. 由统计资料知, 三个年龄组的雌性动物的生育率分别为 0, 4, 3; 存活率分别为 0.5, 0.25, 0; 初始时刻三个年龄组的雌性动物数目分别为 500, 1000, 500. 试利用莱斯利种群模型对该动物种群雌性动物的年龄分布和数量增长的规律进行分析.

解 取动物的最大生存年龄 $M = 15$, a_i 表示第 i 个年龄组的生育率, b_i 表示存活率 (即第 i 个年龄组中可存活到第 $i+1$ 个年龄组的雌性动物的数目与第 i 个年龄组中的雌性动物的总数之比), $x_i^{(k)}$ 表示时刻 t_k 该动物种群的第 i 个年龄组中的雌性动物的数目. 由题意, 有 $a_1 = 0, a_2 = 4, a_3 = 3, b_1 = 0.5, b_2 = 0.25, b_3 = 0, n = 3$, $\boldsymbol{X}^{(k)} = \begin{pmatrix} x_1^{(k)} \\ x_2^{(k)} \\ x_3^{(k)} \end{pmatrix}, k = 0, 1, 2, \cdots$. 于是莱斯利矩阵为

$$\boldsymbol{A} = \begin{pmatrix} 0 & 4 & 3 \\ 0.5 & 0 & 0 \\ 0 & 0.25 & 0 \end{pmatrix}.$$

根据条件, 有

$$\boldsymbol{X}^{(1)}=\boldsymbol{A}\boldsymbol{X}^{(0)}=\begin{pmatrix}0&4&3\\0.5&0&0\\0&0.25&0\end{pmatrix}\begin{pmatrix}500\\1000\\500\end{pmatrix}=\begin{pmatrix}5500\\250\\250\end{pmatrix},$$

$$\boldsymbol{X}^{(2)}=\boldsymbol{A}\boldsymbol{X}^{(1)}=\begin{pmatrix}0&4&3\\0.5&0&0\\0&0.25&0\end{pmatrix}\begin{pmatrix}5500\\250\\250\end{pmatrix}=\begin{pmatrix}1750\\2750\\62.5\end{pmatrix},$$

……

$$\boldsymbol{X}^{(k)}=\boldsymbol{A}\boldsymbol{X}^{(k-1)}=\cdots=\boldsymbol{A}^k\boldsymbol{X}^{(0)}.$$

因为矩阵 $\boldsymbol{A}$ 的特征值和特征向量分别为 $\lambda_1=\dfrac{3}{2},\lambda_2=\dfrac{-3+\sqrt{5}}{4},\lambda_3=\dfrac{-3-\sqrt{5}}{4}$, $\boldsymbol{\alpha}_1=\begin{pmatrix}1\\\dfrac{1}{3}\\\dfrac{1}{18}\end{pmatrix},\boldsymbol{\alpha}_2=\begin{pmatrix}36-16\sqrt{5}\\-14+6\sqrt{5}\\3-\sqrt{5}\end{pmatrix},\boldsymbol{\alpha}_3=\begin{pmatrix}-36-16\sqrt{5}\\14+6\sqrt{5}\\-3-\sqrt{5}\end{pmatrix}$, 令矩阵 $\boldsymbol{P}=(\boldsymbol{\alpha}_1,\ \boldsymbol{\alpha}_2,\ \boldsymbol{\alpha}_3)$, 故 $\boldsymbol{P}^{-1}\boldsymbol{A}\boldsymbol{P}=\begin{pmatrix}\lambda_1&0&0\\0&\lambda_2&0\\0&0&\lambda_3\end{pmatrix}$, 所以

$$\boldsymbol{X}^{(k)}=\boldsymbol{A}^k\boldsymbol{X}^{(0)}=\left[\boldsymbol{P}\begin{pmatrix}\lambda_1&0&0\\0&\lambda_2&0\\0&0&\lambda_3\end{pmatrix}\boldsymbol{P}^{-1}\right]^k\boldsymbol{X}^{(0)},$$

因此 $\boldsymbol{X}^{(k)}=\boldsymbol{P}\begin{pmatrix}\lambda_1^k&0&0\\0&\lambda_2^k&0\\0&0&\lambda_3^k\end{pmatrix}\boldsymbol{P}^{-1}\boldsymbol{X}^{(0)}=\lambda_1^k\boldsymbol{P}\begin{pmatrix}1&0&0\\0&\left(\dfrac{\lambda_2}{\lambda_1}\right)^k&0\\0&0&\left(\dfrac{\lambda_3}{\lambda_1}\right)^k\end{pmatrix}\boldsymbol{P}^{-1}\boldsymbol{X}^{(0)}$,

所以

$$\boldsymbol{X}^{(k)}=\lambda_1^k\boldsymbol{P}\begin{pmatrix}1&0&0\\0&\left(\dfrac{\lambda_2}{\lambda_1}\right)^k&0\\0&0&\left(\dfrac{\lambda_3}{\lambda_1}\right)^k\end{pmatrix}\boldsymbol{P}^{-1}\boldsymbol{X}^{(0)}$$

$$=\lambda_1^k\boldsymbol{P}\begin{pmatrix}1 & 0 & 0\\ 0 & \left(\dfrac{\lambda_2}{\lambda_1}\right)^k & 0\\ 0 & 0 & \left(\dfrac{\lambda_3}{\lambda_1}\right)^k\end{pmatrix}\begin{pmatrix}1 & 36-16\sqrt{5} & -36-16\sqrt{5}\\ \dfrac{1}{3} & -14+6\sqrt{5} & 14+6\sqrt{5}\\ \dfrac{1}{18} & 3-\sqrt{5} & -3-\sqrt{5}\end{pmatrix}^{-1}\begin{pmatrix}500\\1000\\500\end{pmatrix}.$$

故, 我们易得 $\dfrac{1}{\lambda_1^k}\boldsymbol{X}^{(k)}=\boldsymbol{P}\begin{pmatrix}1 & 0 & 0\\ 0 & \left(\dfrac{\lambda_2}{\lambda_1}\right)^k & 0\\ 0 & 0 & \left(\dfrac{\lambda_3}{\lambda_1}\right)^k\end{pmatrix}\begin{pmatrix}\dfrac{27500}{19}\\ \dfrac{5875+2500\sqrt{5}}{19}\\ \dfrac{6125-2900\sqrt{5}}{19}\end{pmatrix}$. 因为 $\left|\dfrac{\lambda_2}{\lambda_1}\right|\leqslant 1,\left|\dfrac{\lambda_3}{\lambda_1}\right|\leqslant 1$, 所以右边取极限可得

$$\boldsymbol{P}\begin{pmatrix}1 & 0 & 0\\ 0 & 0 & 0\\ 0 & 0 & 0\end{pmatrix}\begin{pmatrix}\dfrac{27500}{19}\\ \dfrac{5875+2500\sqrt{5}}{19}\\ \dfrac{6125-2900\sqrt{5}}{19}\end{pmatrix}=\boldsymbol{P}\begin{pmatrix}\dfrac{27500}{19}\\ 0\\ 0\end{pmatrix}$$

$$=(\boldsymbol{\alpha}_1,\boldsymbol{\alpha}_2,\boldsymbol{\alpha}_3)\begin{pmatrix}\dfrac{27500}{19}\\ 0\\ 0\end{pmatrix}=\frac{27500}{19}\boldsymbol{\alpha}_1.$$

所以当 k 充分大时, $\dfrac{1}{\lambda_1^k}\boldsymbol{X}^{(k)}=\dfrac{27500}{19}\boldsymbol{\alpha}_1$, 则 $\boldsymbol{X}^{(k)}=\dfrac{27500}{19}\lambda_1^k\boldsymbol{\alpha}_1=\dfrac{27500}{19}\left(\dfrac{3}{2}\right)^k\times\begin{pmatrix}1\\ \dfrac{1}{3}\\ \dfrac{1}{18}\end{pmatrix}$. 由此可知, 在初始状态下, 经过一定长时间, 该种群中的雌性动物的年龄分布会趋于稳定, 这 3 个年龄组中的雌性动物的数目之比为 $1:\dfrac{1}{3}:\dfrac{1}{18}$, 且此时该种群的 3 个年龄组中雌性动物的数目分别为

$$\frac{27500}{19}\left(\frac{3}{2}\right)^k,\quad \frac{27500}{57}\left(\frac{3}{2}\right)^k,\quad \frac{27500}{342}\left(\frac{3}{2}\right)^k.$$

4.6 MATLAB 在特征值和特征向量计算中的实现

4.6.1 向量组正交规范化

[Q,R]=qr(A) 得正交阵 $\boldsymbol{Q}$ 及上三角阵 $\boldsymbol{R}$, 使得 $\boldsymbol{A}=\boldsymbol{QR}$.

例 4.6.1 将向量组 $\boldsymbol{\alpha}_1=\begin{pmatrix}1\\2\\-1\end{pmatrix},\boldsymbol{\alpha}_2=\begin{pmatrix}-1\\3\\1\end{pmatrix},\boldsymbol{\alpha}_3=\begin{pmatrix}4\\-1\\0\end{pmatrix}$ 正交规范化, 并验证结果正确性.

程序如下:

```
A=[1,-1,4;2,3,-1;-1,1,0];
[Q,R]=qr(A)
Q'*Q
```

运行结果如下:

```
Q =
   -0.4082    0.5774    0.7071
   -0.8165   -0.5774    0.0000
    0.4082   -0.5774    0.7071
R =

   -2.4495   -1.6330   -0.8165
         0   -2.8868    2.8868
         0         0    2.8284
ans =
       1.0000   -0.0000   -0.0000
      -0.0000    1.0000    0.0000
      -0.0000    0.0000    1.0000
```

矩阵 $\boldsymbol{Q}$ 的列向量组就是所求的正交规范化向量组, 因为 $\boldsymbol{Q}^{\mathrm{T}}\boldsymbol{Q}=\boldsymbol{E}$, 故 $\boldsymbol{Q}$ 是一个正交阵, 结果正确.

例 4.6.2 用施密特正交化方法, 求与线性无关向量组 $\boldsymbol{\alpha}_1=\begin{pmatrix}1\\1\\1\end{pmatrix},\boldsymbol{\alpha}_2=\begin{pmatrix}1\\2\\1\end{pmatrix}$ 等价的正交向量组.

程序如下:

```
A=[1,1;1,2;1,1];
[Q,R]=qr(A)
```

运行结果如下:

```
Q =
   -0.5774    0.4082   -0.7071
   -0.5774   -0.8165         0
   -0.5774    0.4082    0.7071
R =
   -1.7321   -2.3094
         0   -0.8165
         0         0
```

即 $\boldsymbol{Q}$ 的第 1, 2 列是与向量组 $\boldsymbol{\alpha}_1, \boldsymbol{\alpha}_2$ 等价的正交向量组.

4.6.2 特征值与特征向量

可用 eig 函数得到方阵的特征值与特征向量, 具体见如下例子.

例 4.6.3 求矩阵 $\boldsymbol{A}=\begin{pmatrix}-1&1&0\\-4&3&0\\1&0&2\end{pmatrix}$ 的特征值.

程序如下:

```
A=[-1,1,0;-4,3,0;1,0,2];
eig(A)
```

运行结果如下:

```
ans =
     2
     1
     1
```

所以矩阵 $\boldsymbol{A}$ 的特征值为 $\lambda_1=2, \lambda_2=\lambda_3=1$.

例 4.6.4 求矩阵 $\boldsymbol{A}=\begin{pmatrix}-2&1&1\\0&2&0\\-4&1&3\end{pmatrix}$ 的特征值和特征向量.

程序如下:

```
A=[-2,1,1;0,2,0;-4,1,3];
[V,D]=eig(A)
```

运行结果如下:

```
V =
   -0.7071   -0.2425    0.3015
         0         0    0.9045
   -0.7071   -0.9701    0.3015
D =
    -1     0     0
     0     2     0
     0     0     2
```

所以矩阵 $\boldsymbol{A}$ 的特征值为 $\lambda_1=-1, \lambda_2=\lambda_3=2$. 对应于特征值 $\lambda_1=-1$ 的全部特征向量为 $k_1\begin{pmatrix}0.7071\\0\\0.7071\end{pmatrix}(k_1\neq 0)$, 对应于特征值 $\lambda_2=\lambda_3=2$ 的全部特征向量为

$$k_2\begin{pmatrix}0.2425\\0\\0.9701\end{pmatrix}+k_3\begin{pmatrix}0.3015\\0.9045\\0.3015\end{pmatrix}\quad(k_2,k_3\text{ 不同时为 }0).$$

4.6.3　方阵的特征多项式

poly(A): 方阵 A 的特征多项式之系数构成的向量.

例 4.6.5　求方阵 $\boldsymbol{A}=\begin{pmatrix}-2&1&1\\0&2&0\\-4&1&3\end{pmatrix}$ 的特征多项式.

程序如下:

```
A=[-2,1,1;0,2,0;-4,1,3];
p=poly(A)
```

运行结果如下:

```
p =
     1    -3     0     4
```

所以方阵 $\boldsymbol{A}$ 的特征多项式为 $\boldsymbol{p}=\lambda^3-3\lambda^2+4$.

4.6.4　方阵的若尔当标准形

[P,J]=jordan(A): 矩阵 A 的若尔当标准形 J, 以及变换矩阵 P.

例 4.6.6 求矩阵 $\boldsymbol{A}=\begin{pmatrix}-2 & 1 & 1\\ 0 & 2 & 0\\ -4 & 1 & 3\end{pmatrix}$ 的若尔当标准形 $\boldsymbol{J}$, 以及变换矩阵 $\boldsymbol{P}$.

程序如下:

```
A=[-2,1,1;0,2,0;-4,1,3];
[P,J]=jordan(A)
```

运行结果如下:

```
P =
    1.0000    0.2500    0.2500
         0    1.0000         0
    1.0000         0    1.0000
J =
    -1     0     0
     0     2     0
     0     0     2
```

习 题 4

1. 已知三阶矩阵 $\boldsymbol{A}^{-1}$ 的特征值为 1, 2, 3, 则 $\boldsymbol{A}^{*}$ 的特征值为__________.

2. 已知矩阵 $\boldsymbol{A}=\begin{pmatrix}1 & -1 & 0\\ 2 & x & 0\\ 4 & 2 & 1\end{pmatrix}$ 的特征值为 1, 2, 3, 则 $x=$__________.

3. 已知矩阵 $\boldsymbol{A}$ 的各行元素之和为 2, 则 $\boldsymbol{A}$ 有一个特征值为__________.

4. 已知 0 是 $\boldsymbol{A}=\begin{pmatrix}1 & 0 & 1\\ 0 & 2 & 0\\ 1 & 0 & a\end{pmatrix}$ 的一个特征值, 则 $a=$__________.

5. 若四阶方阵 $\boldsymbol{A}$ 与 $\boldsymbol{B}$ 相似, $\boldsymbol{A}$ 的特征值为 $\frac{1}{2}, \frac{1}{3}, \frac{1}{4}, \frac{1}{5}$, 则 $|\boldsymbol{B}^{-1}-\boldsymbol{E}|=$( ).

(A) 24; (B) -24; (C) -32; (D) 32.

6. 设 $\boldsymbol{A}$ 为 n 阶矩阵, λ 为 $\boldsymbol{A}$ 的一个特征值, 则 $\boldsymbol{A}$ 的伴随矩阵 $\boldsymbol{A}^{*}$ 的一个特征值为 ( ).

(A) $\frac{|\boldsymbol{A}|^{n}}{\lambda}$; (B) $\frac{|\boldsymbol{A}|}{\lambda}$; (C) $\lambda|\boldsymbol{A}|$; (D) $\lambda|\boldsymbol{A}|^{n}$.

7. 下列结论正确的是 ( ).

(A) $\boldsymbol{X}_1, \boldsymbol{X}_2$ 是方程组 $(\lambda\boldsymbol{E}-\boldsymbol{A})\boldsymbol{X}=\boldsymbol{0}$ 的一个基础解系, 则 $k_1\boldsymbol{X}_1+k_2\boldsymbol{X}_2$ 是 $\boldsymbol{A}$ 的属于 λ 的全部特征向量, 其中 k_1, k_2 是全不为零的常数;

(B) $\boldsymbol{A}, \boldsymbol{B}$ 有相同的特征值, 则 $\boldsymbol{A}$ 与 $\boldsymbol{B}$ 相似;

(C) 如果 $|\boldsymbol{A}|=0$, 则 $\boldsymbol{A}$ 至少有一个特征值为零;

(D) 若 λ 同是方阵 $\boldsymbol{A}$ 与 $\boldsymbol{B}$ 的特征值, 则 λ 也是 $\boldsymbol{A}+\boldsymbol{B}$ 的特征值.

8. 若 $\boldsymbol{A}$ 与 $\boldsymbol{B}$ 相似, 则 ( ).

(A) $\lambda\boldsymbol{E}-\boldsymbol{A}=\lambda\boldsymbol{E}-\boldsymbol{B}$; (B) $|\lambda\boldsymbol{E}-\boldsymbol{A}|=|\lambda\boldsymbol{E}-\boldsymbol{B}|$;

(C) $\boldsymbol{A}=\boldsymbol{B}$; (D) $\boldsymbol{A}^*=\boldsymbol{B}^*$.

9. 设向量 $\boldsymbol{\alpha}=(a_1,a_2,\cdots,a_n)^{\mathrm{T}}$, $\boldsymbol{\beta}=(b_1,b_2,\cdots,b_n)^{\mathrm{T}}$ 都是非零向量, 且满足条件 $\boldsymbol{\alpha}^{\mathrm{T}}\boldsymbol{\beta}=\boldsymbol{O}$, 记 n 阶矩阵 $\boldsymbol{A}=\boldsymbol{\alpha}\boldsymbol{\beta}^{\mathrm{T}}$, 则 ( ).

(A) $\boldsymbol{A}$ 是可逆矩阵; (B) $\boldsymbol{A}^2$ 不是零矩阵;

(C) $\boldsymbol{A}$ 的特征值全为 0; (D) $\boldsymbol{A}$ 的特征值不全为 0.

10. (1) 若 $\boldsymbol{A}^2=\boldsymbol{E}$, 证明 $\boldsymbol{A}$ 的特征值为 1 或 -1;

(2) 若 $\boldsymbol{A}^2=\boldsymbol{A}$, 证明 $\boldsymbol{A}$ 的特征值为 0 或 1.

11. 若正交矩阵有实特征值, 证明它的实特征值为 1 或 -1.

12. 设 $\boldsymbol{A}$ 与 $\boldsymbol{B}$ 相似, $f(x)=a_0x^n+a_1x^{n-1}+\cdots+a_{n-1}x+a_n(a_0\neq 0)$, 证明 $f(\boldsymbol{A})$ 与 $f(\boldsymbol{B})$ 相似.

13. 若 $\boldsymbol{A}$ 与 $\boldsymbol{B}$ 相似, $\boldsymbol{C}$ 与 $\boldsymbol{D}$ 相似, 证明 $\begin{pmatrix}\boldsymbol{A}&\boldsymbol{O}\\\boldsymbol{O}&\boldsymbol{C}\end{pmatrix}$ 与 $\begin{pmatrix}\boldsymbol{B}&\boldsymbol{O}\\\boldsymbol{O}&\boldsymbol{D}\end{pmatrix}$ 相似.

14. 求下列矩阵的特征值与特征向量:

(1) $\begin{pmatrix}1&-1&3\\0&1&2\\0&0&2\end{pmatrix}$; (2) $\begin{pmatrix}3&2&4\\2&0&2\\4&2&3\end{pmatrix}$;

(3) $\begin{pmatrix}1&2&2\\2&1&-2\\-2&-2&1\end{pmatrix}$.

15. 设

$$\boldsymbol{A}=\begin{pmatrix}-1&2&2\\2&-1&-2\\2&-2&-1\end{pmatrix}.$$

(1) 求 $\boldsymbol{A}$ 的特征值与特征向量;

(2) 求 $\boldsymbol{E}+\boldsymbol{A}^{-1}$ 特征值与特征向量.

16. 判断下列矩阵是否与对角阵相似, 若相似, 求出可逆矩阵 $\boldsymbol{P}$, 使 $\boldsymbol{P}^{-1}\boldsymbol{A}\boldsymbol{P}$ 为对角阵.

(1) $\boldsymbol{A}=\begin{pmatrix}-2&1&1\\0&2&0\\-4&1&3\end{pmatrix}$; (2) $\boldsymbol{A}=\begin{pmatrix}1&1&-2\\0&1&0\\0&0&1\end{pmatrix}$.

17. 设 $\boldsymbol{A}$ 是一个三阶矩阵, 已知 $\boldsymbol{A}$ 的特征值为 1, -1, 0, $\boldsymbol{A}$ 属于这三个特征值的特征向量分别为

$$\boldsymbol{X}_1=\begin{pmatrix}1\\2\\1\end{pmatrix},\quad \boldsymbol{X}_2=\begin{pmatrix}0\\-2\\1\end{pmatrix},\quad \boldsymbol{X}_3=\begin{pmatrix}1\\1\\2\end{pmatrix}.$$

求 $\boldsymbol{A}$.

18. 设

$$\boldsymbol{A}=\begin{pmatrix}0 & 2 & -3\\ -1 & 3 & -3\\ 1 & -2 & a\end{pmatrix},\quad \boldsymbol{B}=\begin{pmatrix}1 & -2 & 0\\ 0 & b & 0\\ 0 & 3 & 1\end{pmatrix},$$

$\boldsymbol{A}$ 与 $\boldsymbol{B}$ 相似.

(1) 求 a,b 的值;

(2) 求可逆矩阵 $\boldsymbol{P}$, 使 $\boldsymbol{P}^{-1}\boldsymbol{AP}$ 为对角阵.

19. 求正交矩阵 $\boldsymbol{Q}$, 使 $\boldsymbol{Q}^{-1}\boldsymbol{AQ}$ 为对角阵.

(1) $\boldsymbol{A}=\begin{pmatrix}5 & 0 & 0\\ 0 & 2 & 1\\ 0 & 1 & 2\end{pmatrix}$; (2) $\boldsymbol{A}=\begin{pmatrix}0 & -1 & 1\\ -1 & 0 & 1\\ 1 & 1 & 0\end{pmatrix}$.

20. 已知 $\lambda_1=1$, $\lambda_2=2$, $\lambda_3=3$ 是实对称矩阵 $\boldsymbol{A}$ 的三个特征值, $\boldsymbol{A}$ 的属于 $\lambda_1=1$, $\lambda_2=2$ 的特征向量为 $\boldsymbol{\alpha}_1=\begin{pmatrix}-1\\ -1\\ 1\end{pmatrix}$, $\boldsymbol{\alpha}_2=\begin{pmatrix}1\\ -2\\ -1\end{pmatrix}$, 求 $\boldsymbol{A}$ 的属于 λ_3 的特征向量及矩阵 $\boldsymbol{A}$.

21. 设三阶实对称矩阵 $\boldsymbol{A}$ 的特征值 $\lambda_1=6,\lambda_2=\lambda_3=3$, 特征值 $\lambda_1=6$ 对应的特征向量为 $\boldsymbol{\alpha}_1=(1,1,1)^{\mathrm{T}}$.

(1) 求属于 $\lambda_2=\lambda_3=3$ 的正交的单位特征向量;

(2) 求矩阵 $\boldsymbol{A}$.

第 5 章　二　次　型

本章我们将应用前面的相似矩阵知识来讨论 n 元二次齐次多项式. n 元二次齐次多项式简称为二次型, 二次型理论是线性代数的重要内容之一, 对它的研究起源于解析几何中化二次曲线和二次曲面的方程为标准形式的问题.

如二次曲面 S 在直角坐标系中的方程为

$$x^2+4y^2+z^2+4xy+8xz+4yz-1=0.$$

为了判别曲面 S 的形状, 我们可以利用坐标变换将二次齐次多项式化简, 使其只含有平方项. 在很多领域, 我们都会遇到类似的问题, 本章将对此类问题作一般化的讨论.

5.1　二次型及其矩阵表示

5.1.1　二次型的基本概念

定义 5.1.1　设只含有二次项的 n 元多项式

$$\begin{aligned}f(x_1,x_2,\cdots,x_n)=a_{11}x_1^2+2a_{12}x_1x_2+\cdots&+2a_{1n}x_1x_n\\+a_{22}x_2^2+\cdots&+2a_{2n}x_2x_n\\ \ddots\qquad\qquad&\quad\vdots\\ \ddots\quad&+a_{nn}x_n^2,\end{aligned}$$

其中 $a_{ij}\in P$, P 为实数 (复数) 域, 则称 $f(x_1,x_2,\cdots,x_n)$ 为数域 P 上的一个 n 元二次型. 若令 $a_{ij}=a_{ji}$, 则 $f(x_1,x_2,\cdots,x_n)$ 也可以表示为

$$\begin{aligned}f(x_1,x_2,\cdots,x_n)&=a_{11}x_1^2+a_{12}x_1x_2+\cdots+a_{1n}x_1x_n\\&\quad+a_{21}x_2x_1+a_{22}x_2^2+\cdots+a_{2n}x_2x_n\\&\quad+\cdots\\&\quad+a_{n1}x_nx_1+a_{n2}x_nx_2+\cdots+a_{nn}x_n^2\\&=(x_1,x_2,\cdots,x_n)\begin{pmatrix}a_{11}&a_{12}&\cdots&a_{1n}\\a_{21}&a_{22}&\cdots&a_{2n}\\\vdots&\vdots&&\vdots\\a_{n1}&a_{n2}&\cdots&a_{nn}\end{pmatrix}\begin{pmatrix}x_1\\x_2\\\vdots\\x_n\end{pmatrix}.\end{aligned}$$

若记

$$\boldsymbol{A}=\begin{pmatrix} a_{11} & a_{12} & \cdots & a_{1n} \\ a_{21} & a_{22} & \cdots & a_{2n} \\ \vdots & \vdots & & \vdots \\ a_{n1} & a_{n2} & \cdots & a_{nn} \end{pmatrix}, \quad \boldsymbol{x}=\begin{pmatrix} x_1 \\ x_2 \\ \vdots \\ x_n \end{pmatrix},$$

则二次型 $f(x_1,x_2,\cdots,x_n)$ 可表示为 $f(x_1,x_2,\cdots,x_n)=\boldsymbol{x}^{\mathrm{T}}\boldsymbol{A}\boldsymbol{x}$. 其中 $\boldsymbol{A}$ 为对称矩阵, 称为二次型 $f(x_1,x_2,\cdots,x_n)$ 的矩阵, 也把 $f(x_1,x_2,\cdots,x_n)$ 称为对称矩阵 $\boldsymbol{A}$ 的二次型, 对称矩阵 $\boldsymbol{A}$ 的秩, 称为二次型 $f(x_1,x_2,\cdots,x_n)=\boldsymbol{x}^{\mathrm{T}}\boldsymbol{A}\boldsymbol{x}$ 的秩.

显然, 二次型的矩阵 $\boldsymbol{A}$ 是唯一的, 且二次型与非零对称矩阵是一一对应的.

例 5.1.1　设二次型 $f=-x_1^2+2x_1x_2-4x_2x_3+2x_3^2$, 求二次型的矩阵 $\boldsymbol{A}$ 及二次型的秩.

解　由 $f=(x_1,x_2,x_3)\begin{pmatrix} -1 & 1 & 0 \\ 1 & 0 & -2 \\ 0 & -2 & 2 \end{pmatrix}\begin{pmatrix} x_1 \\ x_2 \\ x_3 \end{pmatrix}$, 可得二次型的矩阵为

$$\boldsymbol{A}=\begin{pmatrix} -1 & 1 & 0 \\ 1 & 0 & -2 \\ 0 & -2 & 2 \end{pmatrix}.$$

又由

$$\boldsymbol{A}=\begin{pmatrix} -1 & 1 & 0 \\ 1 & 0 & -2 \\ 0 & -2 & 2 \end{pmatrix}\overset{r}{\sim}\begin{pmatrix} 1 & -1 & 0 \\ 0 & 1 & -2 \\ 0 & 0 & 1 \end{pmatrix},$$

得 $R(\boldsymbol{A})=3$, 故二次型 f 的秩为 3.

例 5.1.2　设二次型

$$f=(x_1,\ x_2,\ x_3)\begin{pmatrix} 2 & 4 & 3 \\ 2 & -1 & 5 \\ 1 & 3 & 3 \end{pmatrix}\begin{pmatrix} x_1 \\ x_2 \\ x_3 \end{pmatrix},$$

求二次型的矩阵 $\boldsymbol{A}$.

解　将原二次型化为

$$f=2x_1^2+6x_1x_2+4x_1x_3-x_2^2+8x_2x_3+3x_3^2,$$

可得二次型的矩阵

$$\boldsymbol{A}=\begin{pmatrix} 2 & 3 & 2 \\ 3 & -1 & 4 \\ 2 & 4 & 3 \end{pmatrix}.$$

事实上, 因为二次型的矩阵为对称矩阵, 故只须由矩阵 $\begin{pmatrix} 2 & 4 & 3 \\ 2 & -1 & 5 \\ 1 & 3 & 3 \end{pmatrix}$, 令 $a_{ij}=a_{ji}=\dfrac{a'_{ij}+a'_{ji}}{2}$, 便可得二次型的矩阵 $\boldsymbol{A}$.

5.1.2 合同变换

定义 5.1.2 设两组变量 $x_1,x_2,\cdots,x_m$ 和 $y_1,y_2,\cdots,y_n$, 若满足以下关系:

$$\begin{cases} x_1=c_{11}y_1+c_{12}y_2+\cdots+c_{1n}y_n, \\ x_2=c_{21}y_1+c_{22}y_2+\cdots+c_{2n}y_n, \\ \quad\cdots\cdots \\ x_m=c_{m1}y_1+c_{m2}y_2+\cdots+c_{mn}y_n, \end{cases}$$

则称此关系为变量 $y_1,y_2,\cdots,y_n$ 到变量 $x_1,x_2,\cdots,x_m$ 的一个线性变换, 记为 $\boldsymbol{x}=\boldsymbol{C}\boldsymbol{y}$, 其中, $\boldsymbol{x}=(x_1,x_2,\cdots,x_m)^{\mathrm{T}}$, $\boldsymbol{y}=(y_1,y_2,\cdots,y_n)^{\mathrm{T}}$, $\boldsymbol{C}=(c_{ij})_{m\times n}$, 称 $\boldsymbol{C}$ 为线性变换的矩阵.

定义 5.1.3 对于数域 P 上的两个 n 阶矩阵 $\boldsymbol{A}$ 和 $\boldsymbol{B}$, 如果存在可逆矩阵 $\boldsymbol{C}$ 使得 $\boldsymbol{B}=\boldsymbol{C}^{\mathrm{T}}\boldsymbol{A}\boldsymbol{C}$, 则称 $\boldsymbol{A}$ 和 $\boldsymbol{B}$ 是合同的, 记为 $\boldsymbol{A}\simeq\boldsymbol{B}$. 并称 $\boldsymbol{A}$ 到 $\boldsymbol{C}^{\mathrm{T}}\boldsymbol{A}\boldsymbol{C}=\boldsymbol{B}$ 的变换为合同变换.

合同关系满足:

(1) 反身性: $\boldsymbol{A}\simeq\boldsymbol{A}$;

(2) 对称性: $\boldsymbol{A}\simeq\boldsymbol{B}$, 则 $\boldsymbol{B}\simeq\boldsymbol{A}$;

(3) 传递性: $\boldsymbol{A}\simeq\boldsymbol{B}$ 且 $\boldsymbol{B}\simeq\boldsymbol{C}$, 则 $\boldsymbol{A}\simeq\boldsymbol{C}$.

容易得到: 若 $\boldsymbol{A}$ 和 $\boldsymbol{B}$ 是合同的, 则

(1) $R(\boldsymbol{A})=R(\boldsymbol{B})$.

(2) 若 $\boldsymbol{A}$ 可逆时, 则 $\boldsymbol{B}$ 可逆.

(3) $\boldsymbol{A}^{\mathrm{T}}$ 和 $\boldsymbol{B}^{\mathrm{T}}$ 也合同. 事实上, 若 $\boldsymbol{C}^{\mathrm{T}}\boldsymbol{A}\boldsymbol{C}=\boldsymbol{B}$, 则 $\boldsymbol{C}^{\mathrm{T}}\boldsymbol{A}^{\mathrm{T}}\boldsymbol{C}=\boldsymbol{B}^{\mathrm{T}}$.

对于二次型 $f(x_1,x_2,\cdots,x_n)=\boldsymbol{x}^{\mathrm{T}}\boldsymbol{A}\boldsymbol{x}$, 设 $\boldsymbol{y}=\begin{pmatrix} y_1 \\ y_2 \\ \vdots \\ y_n \end{pmatrix}$, 若存在可逆矩阵

$\boldsymbol{C}$, 使 $\boldsymbol{x}=\boldsymbol{C}\boldsymbol{y}$, 则二次型 $\boldsymbol{x}^{\mathrm{T}}\boldsymbol{A}\boldsymbol{x}$ 经可逆线性变换 $\boldsymbol{x}=\boldsymbol{C}\boldsymbol{y}$ 变成

$$f(x_1,x_2,\cdots,x_n)=\boldsymbol{x}^{\mathrm{T}}\boldsymbol{A}\boldsymbol{x}=(\boldsymbol{C}\boldsymbol{y})^{\mathrm{T}}\boldsymbol{A}(\boldsymbol{C}\boldsymbol{y})=\boldsymbol{y}^{\mathrm{T}}(\boldsymbol{C}^{\mathrm{T}}\boldsymbol{A}\boldsymbol{C})\boldsymbol{y}.$$

记 $\boldsymbol{B}=\boldsymbol{C}^{\mathrm{T}}\boldsymbol{A}\boldsymbol{C}$, 则 f 化成了变量 $y_1,y_2,\cdots,y_n$ 的一个二次型 $\boldsymbol{y}^{\mathrm{T}}\boldsymbol{B}\boldsymbol{y}$. 由于

$$\boldsymbol{B}^{\mathrm{T}}=(\boldsymbol{C}^{\mathrm{T}}\boldsymbol{A}\boldsymbol{C})^{\mathrm{T}}=\boldsymbol{C}^{\mathrm{T}}\boldsymbol{A}\boldsymbol{C}=\boldsymbol{B},$$

因此 $\boldsymbol{B}$ 仍为对称矩阵, 是二次型 $\boldsymbol{y}^{\mathrm{T}}\boldsymbol{B}\boldsymbol{y}$ 的矩阵. 若原二次型的矩阵为 $\boldsymbol{A}$, 那么线性变换所得二次型的矩阵为 $\boldsymbol{B}=\boldsymbol{C}^{\mathrm{T}}\boldsymbol{A}\boldsymbol{C}$, 其中 $\boldsymbol{C}$ 是所用可逆线性变换的矩阵.

由以上讨论易得:

定理 5.1.1 设有可逆矩阵 $\boldsymbol{C}$, 使 $\boldsymbol{B}=\boldsymbol{C}^{\mathrm{T}}\boldsymbol{A}\boldsymbol{C}$, 如果 $\boldsymbol{A}$ 为对称矩阵, 则 $\boldsymbol{B}$ 也为对称矩阵.

例 5.1.3 设方阵

$$\boldsymbol{A}=\begin{pmatrix}1 & 1\\ -1 & 2\end{pmatrix},\quad \boldsymbol{B}=\begin{pmatrix}1 & 1\\ 4 & 2\end{pmatrix},$$

判断 $\boldsymbol{A}$ 和 $\boldsymbol{B}$ 在实数域上是否合同?

解 若存在可逆矩阵 $\boldsymbol{C}$, 使得 $\boldsymbol{B}=\boldsymbol{C}^{\mathrm{T}}\boldsymbol{A}\boldsymbol{C}$, 则有

$$|\boldsymbol{B}|=|\boldsymbol{C}|^2\,|\boldsymbol{A}|,$$

但 $|\boldsymbol{A}|>0, |\boldsymbol{B}|<0$, 故不存在可逆矩阵 $\boldsymbol{C}$, 使得 $\boldsymbol{B}=\boldsymbol{C}^{\mathrm{T}}\boldsymbol{A}\boldsymbol{C}$ 成立, 因此 $\boldsymbol{A}$ 和 $\boldsymbol{B}$ 不合同.

5.2 二次型的标准形

对于二次型, 我们研究的主要问题是: 通过可逆线性变换, 将原二次型化为只含有平方项的二次型, 即标准二次型, 这里我们仅讨论实二次型, 所用线性变换也限于实系数范围.

5.2.1 利用正交变换化二次型为标准形

定义 5.2.1 如果对于 n 元二次型 $f(x_1,x_2,\cdots,x_n)=\boldsymbol{x}^{\mathrm{T}}\boldsymbol{A}\boldsymbol{x}$, 存在可逆线性变换 $\boldsymbol{x}=\boldsymbol{C}\boldsymbol{y}$, 将 f 化为只含有变量的平方项而不含变量的交叉乘积项的形式

$$d_1y_1^2+d_2y_2^2+\cdots+d_ny_n^2,$$

则称此二次型为二次型 f 的标准形. 若 $d_1,d_2,\cdots,d_n$ 只取 $\{1, -1, 0\}$ 中的数, 则称此二次型为二次型 f 的规范形.

对于二次型 $f(x_1,x_2,\cdots,x_n)=\boldsymbol{x}^{\mathrm{T}}\boldsymbol{A}\boldsymbol{x}$, 经可逆线性变换 $\boldsymbol{x}=\boldsymbol{C}\boldsymbol{y}$ 化为标准形, 即

$$
\begin{aligned}
f=\boldsymbol{x}^{\mathrm{T}}\boldsymbol{A}\boldsymbol{x}&=(\boldsymbol{C}\boldsymbol{y})^{\mathrm{T}}\boldsymbol{A}(\boldsymbol{C}\boldsymbol{y})=\boldsymbol{y}^{\mathrm{T}}(\boldsymbol{C}^{\mathrm{T}}\boldsymbol{A}\boldsymbol{C})\boldsymbol{y}=d_1y_1^2+d_2y_2^2+\cdots+d_ny_n^2\\
&=(y_1,y_2,\cdots,y_n)\begin{pmatrix}d_1&&&\\&d_2&&\\&&\ddots&\\&&&d_n\end{pmatrix}\begin{pmatrix}y_1\\y_2\\\vdots\\y_n\end{pmatrix}.
\end{aligned}
$$

对于二次型的矩阵 $\boldsymbol{A}$, 即存在可逆矩阵 $\boldsymbol{C}$, 使

$$
\boldsymbol{C}^{\mathrm{T}}\boldsymbol{A}\boldsymbol{C}=\begin{pmatrix}d_1&&&\\&d_2&&\\&&\ddots&\\&&&d_n\end{pmatrix}.
$$

所以, 寻求可逆线性变换 $\boldsymbol{x}=\boldsymbol{C}\boldsymbol{y}$ 化 f 为标准形, 从矩阵的角度讲, 就是寻求可逆矩阵 $\boldsymbol{C}$, 使 $\boldsymbol{C}^{\mathrm{T}}\boldsymbol{A}\boldsymbol{C}$ 为对角矩阵. 由于二次型由它的实对称矩阵唯一确定, 而二次型的标准形的矩阵为对角矩阵, 故寻求可逆线性变换 $\boldsymbol{x}=\boldsymbol{C}\boldsymbol{y}$ 化 f 为标准形, 其实质就是利用合同变换化实对称矩阵为对角矩阵.

显然, f 的标准形中系数非零的平方项的个数等于 f 的秩.

由上一章的知识: 对于任何实对称矩阵 $\boldsymbol{A}$, 必存在正交矩阵 $\boldsymbol{P}$, 使得 $\boldsymbol{P}^{-1}\boldsymbol{A}\boldsymbol{P}=\boldsymbol{P}^{\mathrm{T}}\boldsymbol{A}\boldsymbol{P}$ 为对角矩阵, 将此结论应用于二次型, 就有以下定理.

定理 5.2.1　对于任意 n 元二次型 $f(x_1,x_2,\cdots,x_n)=\boldsymbol{x}^{\mathrm{T}}\boldsymbol{A}\boldsymbol{x}$, 一定存在正交线性变换 $\boldsymbol{x}=\boldsymbol{P}\boldsymbol{y}$ (其中 $\boldsymbol{P}$ 为正交矩阵), 化 f 为标准形

$$
f=\lambda_1y_1^2+\lambda_2y_2^2+\cdots+\lambda_ny_n^2,
$$

其中 $\lambda_1,\lambda_2,\cdots,\lambda_n$ 为 $\boldsymbol{A}$ 的全部特征值.

例 5.2.1　求一个正交变换 $\boldsymbol{x}=\boldsymbol{P}\boldsymbol{y}$ 把二次型 $f=5x_1^2+2x_2^2+2x_2x_3+2x_3^2$ 化为标准形.

解　二次型的矩阵

$$
\boldsymbol{A}=\begin{pmatrix}5&0&0\\0&2&1\\0&1&2\end{pmatrix},
$$

它的特征多项式为 $|\boldsymbol{A}-\lambda\boldsymbol{E}|=\begin{vmatrix}5-\lambda & 0 & 0\\ 0 & 2-\lambda & 1\\ 0 & 1 & 2-\lambda\end{vmatrix}=(1-\lambda)(3-\lambda)(5-\lambda)$,于是 $\boldsymbol{A}$ 的特征值为 $\lambda_1=1,\ \lambda_2=3,\ \lambda_3=5$.

当 $\lambda_1=1$ 时, 解方程组 $(\boldsymbol{A}-\boldsymbol{E})\boldsymbol{x}=\boldsymbol{0}$, 得基础解系 $\begin{pmatrix}x_1\\x_2\\x_3\end{pmatrix}=\begin{pmatrix}0\\-1\\1\end{pmatrix}$, 单位化得 $\boldsymbol{p}_1=\begin{pmatrix}0\\-\dfrac{1}{\sqrt{2}}\\\dfrac{1}{\sqrt{2}}\end{pmatrix}$.

当 $\lambda_2=3$ 时, 解方程组 $(\boldsymbol{A}-3\boldsymbol{E})\boldsymbol{x}=\boldsymbol{0}$, 得基础解系 $\begin{pmatrix}x_1\\x_2\\x_3\end{pmatrix}=\begin{pmatrix}0\\1\\1\end{pmatrix}$, 单位化得 $\boldsymbol{p}_2=\begin{pmatrix}0\\\dfrac{1}{\sqrt{2}}\\\dfrac{1}{\sqrt{2}}\end{pmatrix}$.

当 $\lambda_3=5$ 时, 解方程组 $(\boldsymbol{A}-5\boldsymbol{E})\boldsymbol{x}=\boldsymbol{0}$, 得基础解系 $\begin{pmatrix}x_1\\x_2\\x_3\end{pmatrix}=\begin{pmatrix}1\\0\\0\end{pmatrix}$, 单位化得 $\boldsymbol{p}_3=\begin{pmatrix}1\\0\\0\end{pmatrix}$.

于是, 由正交变换 $\begin{pmatrix}x_1\\x_2\\x_3\end{pmatrix}=\begin{pmatrix}0 & 0 & 1\\-\dfrac{1}{\sqrt{2}} & \dfrac{1}{\sqrt{2}} & 0\\\dfrac{1}{\sqrt{2}} & \dfrac{1}{\sqrt{2}} & 0\end{pmatrix}\begin{pmatrix}y_1\\y_2\\y_3\end{pmatrix}$, 二次型 $f=5x_1^2+2x_2^2+2x_2x_3+2x_3^2$ 化为标准形

$$f=y_1^2+3y_2^2+5y_3^2.$$

例 5.2.2　求一个正交变换 $\boldsymbol{x}=\boldsymbol{P}\boldsymbol{y}$ 把二次型 $f=-2x_1x_2+2x_1x_3+2x_2x_3$ 化为标准形.

解　二次型 f 的矩阵

$$\boldsymbol{A}=\begin{pmatrix}0&-1&1\\-1&0&1\\1&1&0\end{pmatrix},$$

由特征多项式

$$|\boldsymbol{A}-\lambda\boldsymbol{E}|=\begin{vmatrix}-\lambda&-1&1\\-1&-\lambda&1\\1&1&-\lambda\end{vmatrix}=\begin{vmatrix}1-\lambda&0&0\\-1&-1-\lambda&1\\1&2&-\lambda\end{vmatrix}=-(\lambda-1)^2(\lambda+2),$$

于是 $\boldsymbol{A}$ 的特征值为 $\lambda_1=-2,\ \lambda_2=\lambda_3=1$.

当 $\lambda_1=-2$ 时, 解方程组 $(\boldsymbol{A}+2\boldsymbol{E})\boldsymbol{x}=\boldsymbol{0}$, 得基础解系 $\boldsymbol{\xi}_1=\begin{pmatrix}-1\\-1\\1\end{pmatrix}$, 单位化得 $\boldsymbol{p}_1=\dfrac{1}{\sqrt{3}}\begin{pmatrix}-1\\-1\\1\end{pmatrix}$.

当 $\lambda_2=\lambda_3=1$ 时, 解方程组 $(\boldsymbol{A}-\boldsymbol{E})\boldsymbol{x}=\boldsymbol{0}$, 得基础解系 $\boldsymbol{\xi}_2=\begin{pmatrix}-1\\1\\0\end{pmatrix}$, $\boldsymbol{\xi}_3=\begin{pmatrix}1\\0\\1\end{pmatrix}$, 将 $\boldsymbol{\xi}_2,\boldsymbol{\xi}_3$ 正交化, 得 $\boldsymbol{\eta}_2=\boldsymbol{\xi}_2$, $\boldsymbol{\eta}_3=\boldsymbol{\xi}_3-\dfrac{[\boldsymbol{\eta}_2,\boldsymbol{\xi}_3]}{\|\boldsymbol{\eta}_2\|^2}\boldsymbol{\eta}_2=\dfrac{1}{2}\begin{pmatrix}1\\1\\2\end{pmatrix}$, 再将 $\boldsymbol{\eta}_2,\boldsymbol{\eta}_3$ 单位化得

$$\boldsymbol{p}_2=\frac{1}{\sqrt{2}}\begin{pmatrix}-1\\1\\0\end{pmatrix},\quad \boldsymbol{p}_3=\frac{1}{\sqrt{6}}\begin{pmatrix}1\\1\\2\end{pmatrix}.$$

令

$$\boldsymbol{P}=(\boldsymbol{p}_1,\boldsymbol{p}_2,\boldsymbol{p}_3)=\begin{pmatrix}-\frac{1}{\sqrt{3}}&-\frac{1}{\sqrt{2}}&\frac{1}{\sqrt{6}}\\-\frac{1}{\sqrt{3}}&\frac{1}{\sqrt{2}}&\frac{1}{\sqrt{6}}\\\frac{1}{\sqrt{3}}&0&\frac{2}{\sqrt{6}}\end{pmatrix},$$

于是由正交变换

$$\begin{pmatrix} x_1 \\ x_2 \\ x_3 \end{pmatrix} = \begin{pmatrix} -\dfrac{1}{\sqrt{3}} & -\dfrac{1}{\sqrt{2}} & \dfrac{1}{\sqrt{6}} \\ -\dfrac{1}{\sqrt{3}} & \dfrac{1}{\sqrt{2}} & \dfrac{1}{\sqrt{6}} \\ \dfrac{1}{\sqrt{3}} & 0 & \dfrac{2}{\sqrt{6}} \end{pmatrix} \begin{pmatrix} y_1 \\ y_2 \\ y_3 \end{pmatrix},$$

二次型 $f = -2x_1x_2 + 2x_1x_3 + 2x_2x_3$ 化为标准形

$$f = -2y_1^2 + y_2^2 + y_3^2.$$

由例 5.2.1 和例 5.2.2 可得用正交变换将二次型化为标准形的一般步骤:

(1) 写出 f 的矩阵 $\boldsymbol{A}$, 并求出 $\boldsymbol{A}$ 的所有相异的特征值 $\lambda_1, \lambda_2, \cdots, \lambda_m$, 重数分别为 $s_1, s_2, \cdots, s_m$, 其中 $s_1 + s_2 + \cdots + s_m = n$.

(2) 对于每个 s_i 重特征值 λ_i, 求方程 $(\boldsymbol{A} - \lambda_i\boldsymbol{E})\boldsymbol{x} = \boldsymbol{0}$ 的基础解系, 得 s_i 个线性无关的特征向量, 将它们正交化、单位化, 得 s_i 个两两正交的单位特征向量 $\boldsymbol{p}_{i1}, \boldsymbol{p}_{i2}, \cdots, \boldsymbol{p}_{is_i} (i = 1, 2, \cdots, m)$.

(3) 取 $\boldsymbol{P} = (\boldsymbol{p}_{11}, \cdots, \boldsymbol{p}_{1s_1}, \cdots, \boldsymbol{p}_{m1}, \cdots, \boldsymbol{p}_{ms_m})$, 则 $\boldsymbol{P}^{-1}\boldsymbol{AP} = \boldsymbol{\Lambda}$, 由正交变换 $\boldsymbol{x} = \boldsymbol{Py}$ 即可将 f 化为标准形.

5.2.2 利用配方法化二次型为标准形

利用可逆线性变换 $\boldsymbol{x} = \boldsymbol{Cy}$ 化二次型 f 为标准形的方法除正交变换法外, 还有其他一些方法, 如无特别要求, 还可以利用以下配方法化二次型为标准形.

情形 I 如果 f 中含有变量的平方项, 直接按照变量配成完全平方.

例 5.2.3 化二次型 $f = x_1^2 - 4x_1x_2 + 2x_1x_3 + x_2^2 + 2x_2x_3 - 2x_3^2$ 为标准形, 并求所用的变换矩阵.

解 二次型

$$\begin{aligned} f &= (x_1^2 - 4x_1x_2 + 2x_1x_3) + x_2^2 + 2x_2x_3 - 2x_3^2 \\ &= ((x_1 - 2x_2 + x_3)^2 - 4x_2^2 - x_3^2 + 4x_2x_3) + x_2^2 + 2x_2x_3 - 2x_3^2 \\ &= (x_1 - 2x_2 + x_3)^2 - 3x_2^2 + 6x_2x_3 - 3x_3^2 \\ &= (x_1 - 2x_2 + x_3)^2 - 3(x_2 - x_3)^2. \end{aligned}$$

令

$$\begin{cases} y_1 = x_1 - 2x_2 + x_3, \\ y_2 = x_2 - x_3, \\ y_3 = x_3, \end{cases} \quad \text{即} \quad \begin{cases} x_1 = y_1 + 2y_2 + y_3, \\ x_2 = y_2 + y_3, \\ x_3 = y_3, \end{cases}$$

就把 f 化成标准形:

$$f = y_1^2 - 3y_2^2.$$

所用线性变换矩阵为

$$\boldsymbol{C} = \begin{pmatrix} 1 & 2 & 1 \\ 0 & 1 & 1 \\ 0 & 0 & 1 \end{pmatrix} \quad (\,|\boldsymbol{C}| \neq 0\,).$$

情形 II 如果 f 中不含有变量的平方项, 但含变量的交叉乘积项 $x_i x_j$, 则先作可逆线性变换

$$\begin{cases} x_i = y_i + y_j, \\ x_j = y_i - y_j, \qquad (\,k \neq i, j\,), \\ x_k = y_k \end{cases}$$

使 f 中出现变量的平方项, 再按照情形 I 进行配方.

例 5.2.4 化二次型 $f = x_1x_2 + x_1x_3 + 3x_2x_3$ 为标准形, 并求所用的变换矩阵.

解 令

$$\begin{cases} x_1 = y_1 + y_2, \\ x_2 = y_1 - y_2, \\ x_3 = y_3, \end{cases}$$

代入, 再配方可得

$$\begin{aligned} f &= y_1^2 + 3y_1y_3 - y_2^2 - y_2y_3 \\ &= \left(y_1 + \frac{3}{2}y_3\right)^2 - \frac{9}{4}y_3^2 - y_2^2 - y_2y_3 \\ &= \left(y_1 + \frac{3}{2}y_3\right)^2 - \left(\left(y_2 + \frac{1}{2}y_3\right)^2 - \frac{1}{4}y_3^2\right) - \frac{9}{4}y_3^2 \\ &= \left(y_1 + \frac{3}{2}y_3\right)^2 - \left(y_2 + \frac{1}{2}y_3\right)^2 - 2y_3^2. \end{aligned}$$

令

$$\begin{cases} z_1 = y_1 + \dfrac{3}{2}y_3, \\ z_2 = y_2 + \dfrac{1}{2}y_3, \\ z_3 = y_3, \end{cases} \quad \text{即} \quad \begin{cases} y_1 = z_1 - \dfrac{3}{2}z_3, \\ y_2 = z_2 - \dfrac{1}{2}z_3, \\ y_3 = z_3, \end{cases}$$

得二次型的标准形为

$$f = z_1^2 - z_2^2 - 2z_3^2.$$

所用变换矩阵为

$$C = \begin{pmatrix} 1 & 1 & 0 \\ 1 & -1 & 0 \\ 0 & 0 & 1 \end{pmatrix} \begin{pmatrix} 1 & 0 & -\dfrac{3}{2} \\ 0 & 1 & -\dfrac{1}{2} \\ 0 & 0 & 1 \end{pmatrix} = \begin{pmatrix} 1 & 1 & -2 \\ 1 & -1 & -1 \\ 0 & 0 & 1 \end{pmatrix} \quad (\,|C| \neq 0\,).$$

应该注意, 用配方法化二次型 $f = \boldsymbol{x}^{\mathrm{T}} \boldsymbol{A} \boldsymbol{x}$ 所得的标准形中, 对应的变换必须是可逆的, 而这种变换不能保证是保长度的, 其实际应用价值较低. 而正交变换对应 "坐标" 旋转变换, 是有重要应用价值的.

5.2.3 二次曲面的标准方程

在平面解析几何中, 可以利用旋转变换将二次曲线化为标准方程, 对这一方法进行推广, 借助于二次型理论, 利用正交变换化二次曲面

$$a_{11}x^2 + a_{22}y^2 + a_{33}z^2 + a_{12}xy + a_{13}xz + a_{23}yz + k = 0$$

的方程为标准方程 $ax_1^2 + by_1^2 + cz_1^2 + k = 0$.

例 5.2.5 二次曲面 S 在直角坐标系中的方程为

$$x^2 + 4y^2 + z^2 - 4xy - 8xz - 4yz - 1 = 0,$$

作直角坐标变换, 将其化为标准方程, 并指出 S 是什么样的二次曲面.

解 方程左边二次项部分

$$f(x, y, z) = x^2 + 4y^2 + z^2 - 4xy - 8xz - 4yz,$$

此二次型 f 的矩阵

$$\boldsymbol{A} = \begin{pmatrix} 1 & -2 & -4 \\ -2 & 4 & -2 \\ -4 & -2 & 1 \end{pmatrix}.$$

由

$$|\boldsymbol{A} - \lambda \boldsymbol{E}| = \begin{vmatrix} 1-\lambda & -2 & -4 \\ -2 & 4-\lambda & -2 \\ -4 & -2 & 1-\lambda \end{vmatrix} = \begin{vmatrix} 1-\lambda & -2 & -4 \\ -2 & 4-\lambda & -2 \\ 0 & 2\lambda - 10 & 5-\lambda \end{vmatrix}$$

$$= \begin{vmatrix} 1-\lambda & -10 & -4 \\ -2 & -\lambda & -2 \\ 0 & 0 & 5-\lambda \end{vmatrix} = (5-\lambda)\begin{vmatrix} 1-\lambda & -10 \\ -2 & -\lambda \end{vmatrix}$$

$$= (5-\lambda)(\lambda^2-\lambda-20) = -(5-\lambda)^2(\lambda+4).$$

令 $|\boldsymbol{A}-\lambda\boldsymbol{E}|=0$ 得 $\boldsymbol{A}$ 的特征值 $\lambda_1=\lambda_2=5, \lambda_3=-4$.

当 $\lambda_1=\lambda_2=5$ 时, 解方程 $(\boldsymbol{A}-5\boldsymbol{E})\boldsymbol{x}=\boldsymbol{0}$,

$$(\boldsymbol{A}-5\boldsymbol{E}) = \begin{pmatrix} -4 & -2 & -4 \\ -2 & -1 & -2 \\ -4 & -2 & -4 \end{pmatrix} \overset{r}{\sim} \begin{pmatrix} 1 & \frac{1}{2} & 1 \\ 0 & 0 & 0 \\ 0 & 0 & 0 \end{pmatrix},$$

得基础解系:

$$\boldsymbol{\alpha}_1 = \begin{pmatrix} 1 \\ -4 \\ 1 \end{pmatrix}, \quad \boldsymbol{\alpha}_2 = \begin{pmatrix} 1 \\ 0 \\ -1 \end{pmatrix}.$$

由于 $\boldsymbol{\alpha}_1, \boldsymbol{\alpha}_2$ 正交, 直接单位化得

$$\boldsymbol{p}_1 = \frac{\sqrt{2}}{6}\begin{pmatrix} 1 \\ -4 \\ 1 \end{pmatrix}, \quad \boldsymbol{p}_2 = \frac{\sqrt{2}}{2}\begin{pmatrix} 1 \\ 0 \\ -1 \end{pmatrix}.$$

当 $\lambda_3=-4$ 时, 解方程 $(\boldsymbol{A}+4\boldsymbol{E})\boldsymbol{x}=\boldsymbol{0}$, 由

$$\boldsymbol{A}+4\boldsymbol{E} = \begin{pmatrix} 5 & -2 & -4 \\ -2 & 8 & -2 \\ -4 & -2 & 5 \end{pmatrix} \sim \begin{pmatrix} 1 & -4 & 1 \\ 0 & -2 & 1 \\ 0 & 0 & 0 \end{pmatrix}.$$

得基础解系 $\boldsymbol{\alpha}_3 = \begin{pmatrix} 2 \\ 1 \\ 2 \end{pmatrix}$, 单位化得 $\boldsymbol{p}_3 = \frac{1}{3}\begin{pmatrix} 2 \\ 1 \\ 2 \end{pmatrix}$. 令

$$\boldsymbol{P} = \begin{pmatrix} \frac{\sqrt{2}}{6} & \frac{\sqrt{2}}{2} & \frac{2}{3} \\ -\frac{2\sqrt{2}}{3} & 0 & \frac{1}{3} \\ \frac{\sqrt{2}}{6} & -\frac{\sqrt{2}}{2} & \frac{2}{3} \end{pmatrix},$$

则 $\boldsymbol{P}$ 是正交矩阵, 且

$$\boldsymbol{P}^{-1}\boldsymbol{A}\boldsymbol{P}=\begin{pmatrix}5&0&0\\0&5&0\\0&0&-4\end{pmatrix}.$$

令

$$\boldsymbol{B}=\begin{pmatrix}5&0&0\\0&5&0\\0&0&-4\end{pmatrix},$$

由正交变换 $\begin{pmatrix}x\\y\\z\end{pmatrix}=\boldsymbol{B}\begin{pmatrix}x_1\\y_1\\z_1\end{pmatrix}$, 得

$$f(x,y,z)=5x_1^2+5y_1^2-4z_1^2.$$

因此, 通过直角坐标变换, 二次曲面 S 在直角坐标系中的方程为

$$5x_1^2+5y_1^2-4z_1^2=1.$$

二次曲面 S 为单叶双曲面.

5.3 正定二次型

这一节中, 我们将讨论一类特殊的二次型——正定二次型, 二次型及其对应矩阵的正定性在多元函数的极值问题以及稳定性理论等方面都有广泛的应用.

5.3.1 正定二次型的定义

定义 5.3.1 设 n 元二次型 $f(\boldsymbol{x})=\boldsymbol{x}^{\mathrm{T}}\boldsymbol{A}\boldsymbol{x}$ $(\boldsymbol{A}^{\mathrm{T}}=\boldsymbol{A})$, 若对于任意实向量 $\boldsymbol{x}\neq\boldsymbol{0}$, 都有

(1) $f(\boldsymbol{x})>0$, 则称 f 为正定二次型, 并称实对称矩阵 $\boldsymbol{A}$ 为正定矩阵;

(2) $f(\boldsymbol{x})<0$, 则称 f 为负定二次型, 并称实对称矩阵 $\boldsymbol{A}$ 为负定矩阵;

(3) 如果 f 既不正定, 也不负定, 则称 f 为不定二次型, 并称实对称矩阵 $\boldsymbol{A}$ 是不定的.

例如, 二次型 $f=5x_1^2+2x_2^2+2x_3^2$, 对任意 $\boldsymbol{x}=(x_1,x_2,x_3)^{\mathrm{T}}\neq\boldsymbol{0}$, 有 $f(\boldsymbol{x})>0$, 为正定二次型; 而二次型 $f=-x_1^2-2x_2^2$, 为负定二次型; 又二次型 $f=x_1^2+x_2^2-3x_3^2$ 为不定二次型. 可见, 若已知二次型为标准形, 判断其正定性非常容易, 对于一般以非标准形出现的二次型, 可以根据以下定理, 由其标准形加以判定.

定理 5.3.1 二次型经可逆线性变换后, 其正定性不变.

证明 设 n 元二次型 $f(\boldsymbol{x})=\boldsymbol{x}^{\mathrm{T}}\boldsymbol{A}\boldsymbol{x}$, 经可逆线性变换 $\boldsymbol{x}=\boldsymbol{C}\boldsymbol{y}$ 后化为

$$f(\boldsymbol{x})=\boldsymbol{x}^{\mathrm{T}}\boldsymbol{A}\boldsymbol{x}\xlongequal{\boldsymbol{x}=\boldsymbol{C}\boldsymbol{y}}\boldsymbol{y}^{\mathrm{T}}(\boldsymbol{C}^{\mathrm{T}}\boldsymbol{A}\boldsymbol{C})\boldsymbol{y}\xlongequal{\boldsymbol{C}^{\mathrm{T}}\boldsymbol{A}\boldsymbol{C}=\boldsymbol{B}}\boldsymbol{y}^{\mathrm{T}}\boldsymbol{B}\boldsymbol{y},$$

设 $f(\boldsymbol{x})=\boldsymbol{x}^{\mathrm{T}}\boldsymbol{A}\boldsymbol{x}$ 为正定二次型, 即对任意 $\boldsymbol{x}=(x_1,x_2,\cdots,x_n)^{\mathrm{T}}\neq\mathbf{0}$, 有 $f(\boldsymbol{x})>0$, 因而对任意 $\boldsymbol{y}_0\neq\mathbf{0}$, 注意到 $\boldsymbol{x}_0=\boldsymbol{C}\boldsymbol{y}_0\neq\mathbf{0}$, 故有

$$\boldsymbol{y}_0^{\mathrm{T}}\boldsymbol{B}\boldsymbol{y}_0=\boldsymbol{y}_0^{\mathrm{T}}(\boldsymbol{C}^{\mathrm{T}}\boldsymbol{A}\boldsymbol{C})\boldsymbol{y}_0=(\boldsymbol{C}\boldsymbol{y}_0)^{\mathrm{T}}\boldsymbol{A}(\boldsymbol{C}\boldsymbol{y}_0)=\boldsymbol{x}_0^{\mathrm{T}}\boldsymbol{A}\boldsymbol{x}_0>0,$$

故二次型 $\boldsymbol{y}^{\mathrm{T}}\boldsymbol{B}\boldsymbol{y}$ 正定. 同理可证, 当 $\boldsymbol{y}^{\mathrm{T}}\boldsymbol{B}\boldsymbol{y}$ 正定时,$f(\boldsymbol{x})=\boldsymbol{x}^{\mathrm{T}}\boldsymbol{A}\boldsymbol{x}$ 也正定, 因此二次型 $\boldsymbol{x}^{\mathrm{T}}\boldsymbol{A}\boldsymbol{x}$ 与 $\boldsymbol{y}^{\mathrm{T}}\boldsymbol{B}\boldsymbol{y}$ 具有相同的正定性.

定理 5.3.1 也同时证明了二次型的矩阵 $\boldsymbol{A}$ 与 $\boldsymbol{C}^{\mathrm{T}}\boldsymbol{A}\boldsymbol{C}$ (其中 $\boldsymbol{C}$ 为可逆矩阵) 有相同的正定性.

由上一节可知二次型的标准形并不是唯一的, 但标准形中所含的项数是唯一的, 通过进一步讨论, 我们有以下结论.

定理 5.3.2 (惯性定理) 设 n 元二次型 $f(\boldsymbol{x})=\boldsymbol{x}^{\mathrm{T}}\boldsymbol{A}\boldsymbol{x}$, 秩为 r, 若存在可逆变换

$$\boldsymbol{x}=\boldsymbol{C}\boldsymbol{y}\quad\text{及}\quad\boldsymbol{x}=\boldsymbol{P}\boldsymbol{z},$$

使

$$f=k_1y_1^2+k_2y_2^2+\cdots+k_ry_r^2\quad(k_i\neq0),$$

及

$$f=\lambda_1z_1^2+\lambda_2z_2^2+\cdots+\lambda_rz_r^2\ (\lambda_i\neq0),\quad i=1,2,\cdots,r.$$

则 $k_1,k_2,\cdots,k_r$ 与 $\lambda_1,\lambda_2,\cdots,\lambda_r$ 中所含正数的个数相同.

这里不予证明.

显然, $k_1,k_2,\cdots,k_r$ 与 $\lambda_1,\lambda_2,\cdots,\lambda_r$ 中所含负数的个数也是相同的. 定理中 $k_1,k_2,\cdots,k_r$ 与 $\lambda_1,\lambda_2,\cdots,\lambda_r$ 中所含正数的个数称为二次型的正惯性指数, $k_1,k_2,\cdots,k_r$ 与 $\lambda_1,\lambda_2,\cdots,\lambda_r$ 中所含负数的个数称为二次型的负惯性指数.

5.3.2 正定二次型的判定

定理 5.3.3 n 元二次型 $f(\boldsymbol{x})=\boldsymbol{x}^{\mathrm{T}}\boldsymbol{A}\boldsymbol{x}$ 为正定二次型的充分必要条件是: 它的标准形的 n 个系数全部为正, 即二次型的正惯性指数为 n.

证明 由 n 元二次型 $f(\boldsymbol{x})=\boldsymbol{x}^{\mathrm{T}}\boldsymbol{A}\boldsymbol{x}$, 存在可逆变换 $\boldsymbol{x}=\boldsymbol{C}\boldsymbol{y}$, 使

$$f(\boldsymbol{x})=f(\boldsymbol{C}\boldsymbol{y})=\sum_{i=1}^{n}k_iy_i^2.$$

(充分性) 若 $k_i > 0\ (i = 1, 2, \cdots, n)$, 则对任意的 $\boldsymbol{x} \neq \boldsymbol{0}$, 有 $\boldsymbol{y} = \boldsymbol{C}^{-1}\boldsymbol{x} \neq \boldsymbol{0}$, 从而

$$f(\boldsymbol{x}) = f(\boldsymbol{C}\boldsymbol{y}) = \sum_{i=1}^{n} k_i y_i^2 > 0.$$

得 $f(\boldsymbol{x}) = \boldsymbol{x}^{\mathrm{T}}\boldsymbol{A}\,\boldsymbol{x}$ 为正定二次型.

(必要性) 假设存在 $k_j \leqslant 0\ (1 \leqslant j \leqslant n)$, 则当 $\boldsymbol{y} = \boldsymbol{e}_j = (0, \cdots, 1, 0, \cdots, 0)^{\mathrm{T}}$ 时, 存在

$$\boldsymbol{x} = \boldsymbol{C}\boldsymbol{e}_j \neq \boldsymbol{0}, \quad f(\boldsymbol{x}) = f(\boldsymbol{C}\boldsymbol{e}_j) = k_j \leqslant 0.$$

与 $f(\boldsymbol{x}) = \boldsymbol{x}^{\mathrm{T}}\boldsymbol{A}\,\boldsymbol{x}$ 为正定二次型相矛盾, 故有 $k_i > 0\ (i = 1, 2, \cdots, n)$.

由定理 5.3.3 不难得到:

推论 5.3.1 实对称矩阵 $\boldsymbol{A}$ 为正定矩阵的充分必要条件是: $\boldsymbol{A}$ 的 n 个特征值全为正.

定义 5.3.2 由 n 阶对称矩阵 $\boldsymbol{A}$ 的前 k 行、前 k 列 $(k = 1, 2, \cdots, n)$ 元素组成的 $\boldsymbol{A}$ 的 k 阶子式称为 $\boldsymbol{A}$ 的 k 阶主子式.

对于 n 元二次型的正定性, 可通过以下方法进行判定.

定理 5.3.4 (赫尔维茨定理) n 阶对称矩阵 $\boldsymbol{A}$ 为正定矩阵的充分必要条件是: $\boldsymbol{A}$ 的各阶顺序主子式全为正, 即

$$\Delta_1 = a_{11} > 0, \quad \Delta_2 = \begin{vmatrix} a_{11} & a_{12} \\ a_{21} & a_{22} \end{vmatrix} > 0, \quad \cdots, \quad \Delta_n = |\boldsymbol{A}| > 0.$$

n 阶对称矩阵 $\boldsymbol{A}$ 为负定矩阵的充分必要条件是: $\boldsymbol{A}$ 的各阶顺序主子式中, 奇数阶为负, 而偶数阶为正, 即

$$\Delta_r = (-1)^r \begin{vmatrix} a_{11} & \cdots & a_{1r} \\ \vdots & & \vdots \\ a_{r1} & \cdots & a_{rr} \end{vmatrix} > 0 \quad (r = 1, 2, \cdots, n).$$

这里不予证明.

例 5.3.1 判定二次型 $f = 5x_1^2 + 4x_2^2 + x_3^2 - 2x_1x_2 - 4x_1x_3$ 的正定性.

解法 1 二次型 f 的矩阵为

$$\boldsymbol{A} = \begin{pmatrix} 5 & -1 & -2 \\ -1 & 4 & 0 \\ -2 & 0 & 1 \end{pmatrix},$$

$\boldsymbol{A}$ 的各阶顺序主子式为

$$\Delta_1 = 5 > 0, \quad \Delta_2 = \begin{vmatrix} 5 & -1 \\ -1 & 4 \end{vmatrix} = 19 > 0, \quad \Delta_3 = |A| = 3 > 0.$$

故二次型 f 正定.

解法 2　由二次型 f 的矩阵

$$\boldsymbol{A} = \begin{pmatrix} 5 & -1 & -2 \\ -1 & 4 & 0 \\ -2 & 0 & 1 \end{pmatrix},$$

$\boldsymbol{A}$ 的特征多项式

$$|\boldsymbol{A} - \lambda\boldsymbol{E}| = \begin{vmatrix} 5-\lambda & -1 & -2 \\ -1 & 4-\lambda & 0 \\ -2 & 0 & 1-\lambda \end{vmatrix} = \lambda^3 - 10\lambda^2 + 24\lambda - 3.$$

由于

$$f(0) = -3, \quad f(1) = 12, \quad f(3) = 6, \quad f(4) = -3, \quad f(10) = 237,$$

可知 $f(\lambda) = 0$ 的根 (即 $\boldsymbol{A}$ 的特征值) $\lambda_1, \lambda_2, \lambda_3$ 的存在区间为

$$\lambda_1 \in (0,1)\,, \quad \lambda_2 \in (3,4)\,, \quad \lambda_3 \in (4,10)\,.$$

由 $\boldsymbol{A}$ 的特征值全部为正, 故 f 为正定二次型.

例 5.3.2　当 t 满足什么条件时, 二次型 $f(x_1,x_2,x_3) = 2x_1^2 + x_2^2 + x_3^2 + 2x_1x_2 + tx_2x_3$ 为正定二次型.

解　由已知, 二次型 f 的矩阵

$$\boldsymbol{A} = \begin{pmatrix} 2 & 1 & 0 \\ 1 & 1 & \dfrac{t}{2} \\ 0 & \dfrac{t}{2} & 1 \end{pmatrix},$$

$\boldsymbol{A}$ 的各阶顺序主子式为 $\Delta_1 = |2| > 0$, $\Delta_2 = \begin{vmatrix} 2 & 1 \\ 1 & 1 \end{vmatrix} = 1 > 0$, $\Delta_3 = |\boldsymbol{A}| = 1 - \dfrac{t^2}{2}$.

令 $|\boldsymbol{A}| > 0$, 得 $|t| < \sqrt{2}$, 即当 $|t| < \sqrt{2}$ 时, 二次型 f 为正定二次型.

5.4　二次型的应用

二次型理论在很多领域具有广泛的应用, 我们仅列举以下两方面的应用.

5.4.1 应用一 多元函数的极值

二次型的正定性理论在多元函数的极值问题中有重要的应用.

设 $F(\boldsymbol{x}) = F(x_1, x_2, \cdots, x_n)$ 在 $\boldsymbol{\alpha} = (\alpha_1, \alpha_2, \cdots, \alpha_n)$ 的某邻域里有一阶、二阶连续偏导数, $(\alpha_1 + h_1, \alpha_2 + h_2, \cdots, \alpha_n + h_n)$ 为该邻域中任意一点, 由泰勒公式, 有

$$F(\boldsymbol{\alpha} + \boldsymbol{h}) = F(\boldsymbol{\alpha}) + \frac{1}{2!}\sum_{i=1}^{n}\sum_{j=1}^{n} F_{ij}(\boldsymbol{\alpha} + \theta\boldsymbol{h})h_i h_j,$$

其中 $0 < \theta < 1$, $\boldsymbol{\alpha} = (\alpha_1, \alpha_2, \cdots, \alpha_n), \boldsymbol{h} = (h_1, h_2, \cdots, h_n)$,

$$F_i(\boldsymbol{\alpha}) = \frac{\partial F(\boldsymbol{\alpha})}{\partial x_i} \quad (i = 1, 2, \cdots, n),$$

$$F_{ij}(\boldsymbol{\alpha} + \theta\boldsymbol{h}) = F_{ji}(\boldsymbol{\alpha} + \theta\boldsymbol{h}) = \frac{\partial^2 F(\boldsymbol{\alpha} + \theta\boldsymbol{h})}{\partial x_i \partial x_j} = \frac{\partial^2 F(\boldsymbol{\alpha} + \theta\boldsymbol{h})}{\partial x_j \partial x_i} \quad (i, j = 1, 2, \cdots, n).$$

当 $\boldsymbol{\alpha} = (\alpha_1, \alpha_2, \cdots, \alpha_n)$ 是 $F(\boldsymbol{x})$ 的驻点时, 有 $F_i(\boldsymbol{\alpha}) = 0$ $(i = 1, 2, \cdots, n)$, 于是 $F(\boldsymbol{\alpha})$ 是否为 $F(\boldsymbol{x})$ 的极值取决于 $\sum\limits_{i=1}^{n}\sum\limits_{j=1}^{n} F_{ij}(\boldsymbol{\alpha} + \theta\boldsymbol{h})h_i h_j$ 的符号. 由 $F_{ij}(\boldsymbol{x})$ 在 $\boldsymbol{\alpha} = (\alpha_1, \alpha_2, \cdots, \alpha_n)$ 的某邻域中的连续性知, 在该邻域中, $F_{ij}(\boldsymbol{\alpha} + \theta\boldsymbol{h})$ 的符号可由 $\sum\limits_{i=1}^{n}\sum\limits_{j=1}^{n} F_{ij}(\boldsymbol{\alpha} + \theta\boldsymbol{h})h_i h_j$ 的符号决定. 而后一式是 $h_1, h_2, \cdots, h_n$ 的一个 n 元二次型, 它的符号取决于对称矩阵

$$\boldsymbol{H}(\boldsymbol{\alpha}) = \begin{pmatrix} F_{11}(\boldsymbol{\alpha}) & F_{12}(\boldsymbol{\alpha}) & \cdots & F_{1n}(\boldsymbol{\alpha}) \\ F_{21}(\boldsymbol{\alpha}) & F_{22}(\boldsymbol{\alpha}) & \cdots & F_{2n}(\boldsymbol{\alpha}) \\ \vdots & \vdots & & \vdots \\ F_{n1}(\boldsymbol{\alpha}) & F_{n2}(\boldsymbol{\alpha}) & \cdots & F_{nn}(\boldsymbol{\alpha}) \end{pmatrix}$$

是否为有定矩阵. 我们称这个矩阵为 $F(\boldsymbol{x}) = F(x_1, x_2, \cdots, x_n)$ 在 $\boldsymbol{\alpha} = (\alpha_1, \alpha_2, \cdots, \alpha_n)$ 的 n 阶黑塞矩阵 (Hessian matrix). 其 k 阶顺序主子式为 $|H_k(\boldsymbol{\alpha})|$.

我们有如下判别法:

(1) 当 $|\boldsymbol{H}_k(\boldsymbol{\alpha})| > 0$ $(k = 1, 2, \cdots, n)$ 时, $F(\boldsymbol{x})$ 在 $\boldsymbol{\alpha}$ 处达到极小值;

(2) 当 $(-1)^k |\boldsymbol{H}_k(\boldsymbol{\alpha})| > 0$ $(k = 1, 2, \cdots, n)$ 时, $F(\boldsymbol{x})$ 在 $\boldsymbol{\alpha}$ 处达到极大值;

(3) 当 $\boldsymbol{H}(\boldsymbol{\alpha})$ 为不定矩阵时, $F(\boldsymbol{\alpha})$ 非极值.

例 5.4.1　求函数 $f(x_1,x_2,x_3)=x_1^3+x_2^3+x_3^3+3x_1x_2+3x_2x_3+3x_1x_3$ 的极值.

解

$$f_1=3x_1^2+3x_2+3x_3=0,$$

$$f_2=3x_1+3x_2^2+3x_3=0,$$

$$f_3=3x_1+3x_2+3x_3^2=0.$$

解方程组得驻点 $\boldsymbol{\alpha}_1=(0,0,0)$, $\boldsymbol{\alpha}_2=(-2,-2,-2)$,

$$\begin{array}{lll} f_{11}=6x_1, & f_{12}=3, & f_{13}=3; \\ f_{21}=3, & f_{22}=6x_2, & f_{23}=3; \\ f_{31}=3, & f_{32}=3, & f_{33}=6x_3. \end{array}$$

由

$$\boldsymbol{H}(\boldsymbol{\alpha}_1)=\begin{pmatrix} 0 & 3 & 3 \\ 3 & 0 & 3 \\ 3 & 3 & 0 \end{pmatrix},\quad \boldsymbol{H}(\boldsymbol{\alpha}_2)=\begin{pmatrix} -12 & 3 & 3 \\ 3 & -12 & 3 \\ 3 & 3 & -12 \end{pmatrix},$$

$$|\boldsymbol{H}_1(\boldsymbol{\alpha}_1)|=0,\quad |\boldsymbol{H}_2(\boldsymbol{\alpha}_1)|=-9,\quad |\boldsymbol{H}_3(\boldsymbol{\alpha}_1)|=54,$$

$\boldsymbol{H}(\boldsymbol{\alpha}_1)$ 非有定矩阵, 故在点 $\boldsymbol{\alpha}_1=(0,0,0)$ 处 $f(x_1,x_2,x_3)$ 没有极值. 又

$$|\boldsymbol{H}_1(\boldsymbol{\alpha}_2)|=-12,\quad |\boldsymbol{H}_2(\boldsymbol{\alpha}_2)|=135,\quad |\boldsymbol{H}_3(\boldsymbol{\alpha}_2)|=-1350,$$

$\boldsymbol{H}(\boldsymbol{\alpha}_2)$ 为负定矩阵, 故在点 $\boldsymbol{\alpha}_2=(-2,-2,-2)$ 处 $f(x_1,x_2,x_3)$ 取得极大值.

5.4.2　应用二　正定二次型在物理力学问题中的应用

在物理力学问题中经常需要同时将两个二次型化为标准形来加以实现.

设 $\boldsymbol{A}$ 为 n 阶正定矩阵, $\boldsymbol{B}$ 为 n 阶实对称矩阵. 故存在 n 阶可逆矩阵 $\boldsymbol{S}_1$, 使得 $\boldsymbol{S}_1^{\mathrm{T}}\boldsymbol{A}\,\boldsymbol{S}_1=\boldsymbol{E}$. 令 $\boldsymbol{B}_1=\boldsymbol{S}_1^{\mathrm{T}}\boldsymbol{B}\,\boldsymbol{S}_1$, 由 $\boldsymbol{B}_1$ 仍为 n 阶实对称矩阵, 故存在 n 阶正交矩阵 $\boldsymbol{S}_2$, 使得 $\boldsymbol{S}_2^{\mathrm{T}}\boldsymbol{B}_1\boldsymbol{S}_2=\boldsymbol{\Lambda}$.

令 $\boldsymbol{S}_1\boldsymbol{S}_2=\boldsymbol{S}$, 则有

$$\boldsymbol{S}^{\mathrm{T}}\boldsymbol{A}\,\boldsymbol{S}=(\boldsymbol{S}_1\boldsymbol{S}_2)^{\mathrm{T}}\,\boldsymbol{A}\,(\boldsymbol{S}_1\boldsymbol{S}_2)=\boldsymbol{S}_2^{\mathrm{T}}\left(\boldsymbol{S}_1^{\mathrm{T}}\boldsymbol{A}\,\boldsymbol{S}_1\right)\boldsymbol{S}_2=\boldsymbol{S}_2^{\mathrm{T}}\boldsymbol{S}_2=\boldsymbol{E};$$

$$\boldsymbol{S}^{\mathrm{T}}\boldsymbol{B}\,\boldsymbol{S}=(\boldsymbol{S}_1\boldsymbol{S}_2)^{\mathrm{T}}\,\boldsymbol{B}\,(\boldsymbol{S}_1\boldsymbol{S}_2)=\boldsymbol{S}_2^{\mathrm{T}}\left(\boldsymbol{S}_1^{\mathrm{T}}\boldsymbol{B}\,\boldsymbol{S}_1\right)\boldsymbol{S}_2=\boldsymbol{S}_2^{\mathrm{T}}\boldsymbol{B}_1\boldsymbol{S}_2=\boldsymbol{\Lambda}.$$

此外, 正定二次型在研究系统的稳定性、广义重积分、物理学电阻器功率的消耗等方面都有广泛的应用.

5.5 MATLAB 在二次型计算中的实现

二次型中常见问题为: 给定 $f(\boldsymbol{x})=\boldsymbol{x}^{\mathrm{T}}\boldsymbol{A}\boldsymbol{x}$, 经正交变换 $\boldsymbol{x}=\boldsymbol{P}\boldsymbol{y}$ (即 $\boldsymbol{P}$ 为正交阵), 化二次型为标准形 $f(\boldsymbol{x})=\boldsymbol{y}^{\mathrm{T}}\boldsymbol{B}\boldsymbol{y}$ (即 $\boldsymbol{B}=\boldsymbol{P}^{\mathrm{T}}\boldsymbol{A}\boldsymbol{P}$ 为对角阵, $\boldsymbol{A}$ 与 $\boldsymbol{B}$ 合同).

求解主要步骤: ① 写出二次型的矩阵 $\boldsymbol{A}$; ② 求 $\boldsymbol{A}$ 的特征值 (对角阵 $\boldsymbol{D}$ 的对角线上的元素) 与特征向量 (方阵 $\boldsymbol{V}$ 的每一列); ③ 对 $\boldsymbol{V}$ 进行正交化, 得正交阵; ④ 写出最终结果.

例 5.5.1 求一个正交变换 $\boldsymbol{x}=\boldsymbol{P}\boldsymbol{y}$, 把二次型

$$f(\boldsymbol{x})=-2x_1x_2+2x_1x_3+2x_2x_3$$

化为标准形.

程序如下:

```
A=[0,-1,1;-1,0,1;1,1,0]
[V,D]=eig(A)
P=orth(V)
```

运行结果如下:

```
A =
     0    -1     1
    -1     0     1
     1     1     0
V =
   -0.5774   -0.3938    0.7152
   -0.5774    0.8163   -0.0166
    0.5774    0.4225    0.6987
D =
   -2.0000         0         0
         0    1.0000         0
         0         0    1.0000
P =
    0.3938    0.7152   -0.5774
   -0.8163   -0.0166   -0.5774
   -0.4225    0.6987    0.5774
```

正交阵 $\boldsymbol{P}$ 如上, 二次型的标准形如下:

$$f=-2y_1^2+y_2^2+y_3^2.$$

习　题　5

1. 设二次型的矩阵为 $\begin{pmatrix} 2 & 1 & 0 \\ 1 & -1 & 3 \\ 0 & 3 & 4 \end{pmatrix}$, 则此二次型 $f(x_1,x_2,x_3)=$__________.

2. 实二次型 $f(x_1,x_2,x_3)=x_1^2+2x_1x_2+tx_2^2+3x_3^2$, 当 $t=$__________ 时, 其秩为 2.

3. 用矩阵记号表示下列二次型:

(1) $f(x_1,x_2,x_3)=x_1^2+4x_1x_2+4x_2^2+2x_1x_3+x_3^2+4x_2x_3$;

(2) $f(x_1,x_2,x_3)=x_1^2+x_2^2-7x_3^2-2x_1x_2-4x_1x_3-4x_2x_3$.

4. 写出下列二次型的矩阵:

(1) $f(\boldsymbol{x})=\boldsymbol{x}^{\mathrm{T}}\begin{pmatrix} 2 & 1 \\ 3 & 1 \end{pmatrix}\boldsymbol{x}$;　　(2) $f(\boldsymbol{x})=\boldsymbol{x}^{\mathrm{T}}\begin{pmatrix} 1 & 2 & 3 \\ 4 & 5 & 6 \\ 7 & 8 & 9 \end{pmatrix}\boldsymbol{x}$;

(3) $f(x_1,x_2,x_3)=2x_1^2-4x_1x_2+2x_1x_3+x_3^2$;

(4) $f(x_1,x_2,x_3)=x_1^2-x_2^2+3x_3^2+2x_1x_2-2x_1x_3+6x_2x_3$.

5. 求一个正交变换将下列二次型化成标准形:

(1) $f(x_1,x_2,x_3)=4x_2^2-3x_3^2+4x_1x_2-4x_1x_3+8x_2x_3$;

(2) $f(x_1,x_2,x_3)=x_1^2+x_2^2+x_3^2+2x_1x_2+2x_1x_3+2x_2x_3$.

6. 求一个正交变换把二次曲面的方程

$$3x^2+5y^2+5z^2+4xy-4xz-10yz=1$$

化成标准方程.

7. 已知二次型 $f(x_1,x_2,x_3)=5x_1^2+5x_2^2+cx_3^2-2x_1x_2+6x_1x_3-6x_2x_3$ 的秩为 2.

(1) 求参数 c 及此二次型对应矩阵的特征值;

(2) 指出方程 $f(x_1,x_2,x_3)=1$ 表示何种二次曲面.

8. 已知二次曲面方程 $x^2+ay^2+z^2+2bxy+2xz+2yz=4$, 可以经过正交变换 $\begin{pmatrix} x \\ y \\ z \end{pmatrix}=\boldsymbol{P}\begin{pmatrix} \xi \\ \eta \\ \xi \end{pmatrix}$ 化为椭圆柱面方程 $\eta^2+4\xi^2=4$, 求 a,b 的值和正交矩阵 $\boldsymbol{P}$.

9. 已知实二次型 $f(x_1,x_2,x_3)=a(x_1^2+x_2^2+x_3^2)+4x_1x_2+4x_1x_3+4x_2x_3$ 经正交变换 $\boldsymbol{x}=\boldsymbol{P}\boldsymbol{y}$ 可化为标准形 $f=6y_1^2$, 求 a.

10. n 阶实对称矩阵 $\boldsymbol{A}$ 为正定的充分必要条件是__________.

(A) 所有 k 阶子式为正 $(k=1,2,\cdots,n)$;　　(B) $\boldsymbol{A}$ 的所有特征值非负;

(C) $\boldsymbol{A}^{-1}$ 为正定矩阵;　　(D) $R(\boldsymbol{A})=n$.

11. 若对于任意的 $x_1\neq 0,x_2\neq 0,\cdots,x_n\neq 0$, 有 $f(x_1,x_2,\cdots,x_n)>0$, 则 f__________.

(A) 正定;　　(B) 负定;　　(C) 未必正定.

12. 当 a 取何值时, 二次型 $f(x_1,x_2,x_3)=x_1^2+x_2^2+5x_3^2+2ax_1x_2-2x_1x_3+4x_2x_3$ 为正定二次型.

13. 判别下列二次型的正定性:

(1) $f(x_1,x_2,x_3)=-2x_1^2-6x_2^2-4x_3^2+2x_1x_2+2x_1x_3$;

(2) $f(x_1,x_2,x_3)=x_1^2+3x_2^2+9x_3^2+19x_4^2-2x_1x_2+4x_1x_3+2x_1x_4-6x_2x_4-12x_3x_4$.

14. 证明对称矩阵 $\boldsymbol{A}$ 为正定的充分必要条件是: 存在可逆矩阵 $\boldsymbol{U}$, 使 $\boldsymbol{A}=\boldsymbol{U}^{\mathrm{T}}\boldsymbol{U}$, 即 $\boldsymbol{A}$ 与单位阵 $\boldsymbol{E}$ 合同.

习题解答与提示

习题 1

1. (1) -4; (2) $3abc-a^3-b^3-c^3$;
(3) $(c-a)(b-a)(c-b)$; (4) $3xy(x+y)-(x+y)^3-x^3-y^3$.

2. (1) 0; (2) 7; (3) 11; (4) 3; (5) $\dfrac{n(n-1)}{2}$; (6) $n(n-1)$.

3. (1) -21; (2) -8; (3) $(ab+1)(cd+1)+ad$; (4) $4abcdef$.

4. 证明略.

5. (1) $D_n=a^{n-1}\left(a-\dfrac{1}{a}\right)=a^n-a^{n-2}$; (2) $D_n=\left(x+\sum\limits_{i=1}^{n}a_i\right)x^{n-1}$;
(3) $D_n=(-1)^{n-1}(n-1)2^{n-2}$; (4) $D_{n+1}=\left(a_0-\sum\limits_{i=1}^{n}\dfrac{1}{a_i}\right)\prod\limits_{i=1}^{n}a_i$;
(5) $D_n=\sum\limits_{i=0}^{n}a^i$; (6) $D_n=b^{\frac{n(n+1)}{2}}\left(1+y\sum\limits_{i=0}^{n}\dfrac{1}{b^i}\right)$.

6. -6.

7. (1) 0; (2) -3.

8. (1) $\begin{cases}x_1=1,\\x_2=-1,\\x_3=1;\end{cases}$ (2) $\begin{cases}x_1=1,\\x_2=2,\\x_3=3,\\x_4=-1.\end{cases}$

9. (1) $\lambda=4$ 或 $\lambda=-1$; (2) $\lambda=2$ 或 $\lambda=5$ 或 $\lambda=8$.

10. $\lambda=1$ 或 $\mu=0$.

11. $a_0=\dfrac{5}{3},a_1=\dfrac{8}{3},a_2=\dfrac{1}{3},a_3=-\dfrac{2}{3}$, 所以 $f(x)=\dfrac{5}{3}+\dfrac{8}{3}x+\dfrac{1}{3}x^2-\dfrac{2}{3}x^3$.

习题 2

1. (1) $\begin{pmatrix}35\\6\\49\end{pmatrix}$; (2) 10.

2. $3\boldsymbol{AB}-2\boldsymbol{A}=\begin{pmatrix}-2&13&22\\-2&-17&20\\4&29&-2\end{pmatrix}$, $\boldsymbol{A}^{\mathrm{T}}\boldsymbol{B}=\boldsymbol{AB}=\begin{pmatrix}0&5&8\\0&-5&6\\2&9&0\end{pmatrix}$.

3. (1) $\boldsymbol{AB}=\begin{pmatrix}1&2\\1&3\end{pmatrix}\begin{pmatrix}1&0\\1&2\end{pmatrix}=\begin{pmatrix}3&4\\4&6\end{pmatrix}$, $\boldsymbol{BA}=\begin{pmatrix}1&0\\1&2\end{pmatrix}\begin{pmatrix}1&2\\1&3\end{pmatrix}=\begin{pmatrix}1&2\\3&8\end{pmatrix}$, 所以 $\boldsymbol{AB}\neq\boldsymbol{BA}$.

(2) $(\boldsymbol{A}+\boldsymbol{B})^2=\left(\begin{pmatrix}1&2\\1&3\end{pmatrix}+\begin{pmatrix}1&0\\1&2\end{pmatrix}\right)^2=\begin{pmatrix}2&2\\2&5\end{pmatrix}^2=\begin{pmatrix}8&14\\14&29\end{pmatrix}$,

$$\begin{aligned}\boldsymbol{A}^2+2\boldsymbol{AB}+\boldsymbol{B}^2&=\begin{pmatrix}1&2\\1&3\end{pmatrix}^2+2\begin{pmatrix}3&4\\4&6\end{pmatrix}+\begin{pmatrix}1&0\\1&2\end{pmatrix}^2\\&=\begin{pmatrix}3&8\\4&11\end{pmatrix}+\begin{pmatrix}6&8\\8&12\end{pmatrix}+\begin{pmatrix}1&0\\3&4\end{pmatrix}=\begin{pmatrix}10&16\\15&27\end{pmatrix},\end{aligned}$$

所以 $(\boldsymbol{A}+\boldsymbol{B})^2\neq\boldsymbol{A}^2+2\boldsymbol{AB}+\boldsymbol{B}^2$.

(3) $(\boldsymbol{A}+\boldsymbol{B})(\boldsymbol{A}-\boldsymbol{B})=\begin{pmatrix}0&6\\0&9\end{pmatrix}$, $\boldsymbol{A}^2-\boldsymbol{B}^2=\begin{pmatrix}2&8\\1&7\end{pmatrix}$, 所以 $(\boldsymbol{A}+\boldsymbol{B})(\boldsymbol{A}-\boldsymbol{B})\neq\boldsymbol{A}^2-\boldsymbol{B}^2$.

4. (1) 取 $\boldsymbol{A}=\begin{pmatrix}1&1\\-1&-1\end{pmatrix}\neq\boldsymbol{O}$, 而 $\boldsymbol{A}^2=\boldsymbol{O}$;

(2) 取 $\boldsymbol{A}=\begin{pmatrix}1&0\\0&0\end{pmatrix}$, 有 $\boldsymbol{A}\neq\boldsymbol{O}, \boldsymbol{A}\neq\boldsymbol{E}$, 而 $\boldsymbol{A}^2=\boldsymbol{A}$;

(3) 取 $\boldsymbol{A}=\begin{pmatrix}1&0\\0&0\end{pmatrix}$, $\boldsymbol{X}=\begin{pmatrix}1&0\\0&0\end{pmatrix}$, $\boldsymbol{Y}=\begin{pmatrix}1&0\\0&1\end{pmatrix}$, 有 $\boldsymbol{X}\neq\boldsymbol{Y}$, 而 $\boldsymbol{AX}=\boldsymbol{AY}$.

5. (1) $\begin{pmatrix}5&-2\\-2&1\end{pmatrix}$; (2) $\begin{pmatrix}-2&1&0\\-\dfrac{13}{2}&3&-\dfrac{1}{2}\\-16&7&-1\end{pmatrix}$.

6. (1) $\boldsymbol{X}=\begin{pmatrix}2&-23\\0&8\end{pmatrix}$; (2) $\boldsymbol{X}=\begin{pmatrix}-2&2&1\\-\dfrac{8}{3}&5&-\dfrac{2}{3}\end{pmatrix}$;

(3) $\boldsymbol{X}=\begin{pmatrix}1&1\\\dfrac{1}{4}&0\end{pmatrix}$; (4) $\boldsymbol{X}=\begin{pmatrix}2&-1&0\\1&3&-4\\1&0&-2\end{pmatrix}$.

7. -16. 8. $\begin{pmatrix}0&3&3\\-1&2&3\\1&1&0\end{pmatrix}$.

9. 证明: 因为 $(\boldsymbol{E}-\boldsymbol{A})(\boldsymbol{E}+\boldsymbol{A}+\boldsymbol{A}^2+\cdots+\boldsymbol{A}^{k-1})=\boldsymbol{E}+\boldsymbol{A}+\boldsymbol{A}^2+\cdots+\boldsymbol{A}^{k-1}-\boldsymbol{A}-\boldsymbol{A}^2-\cdots-\boldsymbol{A}^{k-1}-\boldsymbol{A}^k=\boldsymbol{E}-\boldsymbol{A}^k=\boldsymbol{E}$, 所以 $\boldsymbol{E}-\boldsymbol{A}$ 可逆, 并且 $(\boldsymbol{E}-\boldsymbol{A})^{-1}=\boldsymbol{E}+\boldsymbol{A}+\boldsymbol{A}^2+\cdots+\boldsymbol{A}^{k-1}$.

10. $\boldsymbol{A}^{-1}=\dfrac{1}{2}(\boldsymbol{A}-\boldsymbol{E})$, $(\boldsymbol{A}+2\boldsymbol{E})^{-1}=\dfrac{1}{4}(3\boldsymbol{E}-\boldsymbol{A})$.

11. 证明: 由 $\boldsymbol{A}$ 可逆知 $|\boldsymbol{A}| \neq 0$, 又 $\boldsymbol{A}^{-1}$ 可逆, 所以 $\boldsymbol{A}^* = |\boldsymbol{A}|\,\boldsymbol{A}^{-1}$ 可逆, 且 $(\boldsymbol{A}^*)^{-1} = (|\boldsymbol{A}|\,\boldsymbol{A}^{-1})^{-1} = \dfrac{1}{|\boldsymbol{A}|}\boldsymbol{A}$; 另外, 有 $(\boldsymbol{A}^{-1})^*(\boldsymbol{A}^{-1})^* = \left|\boldsymbol{A}^{-1}\right|\boldsymbol{E}$, 用 $\boldsymbol{A}$ 左乘式子两边有 $(\boldsymbol{A}^{-1})^* = \left|\boldsymbol{A}^{-1}\right|\boldsymbol{A} = |\boldsymbol{A}|^{-1}\,\boldsymbol{A} = \dfrac{1}{|\boldsymbol{A}|}\boldsymbol{A}$, 所以 $(\boldsymbol{A}^*)^{-1} = (\boldsymbol{A}^{-1})^*$.

12. (1) $\begin{pmatrix} \boldsymbol{O} & \boldsymbol{B}^{-1} \\ \boldsymbol{A}^{-1} & \boldsymbol{O} \end{pmatrix}$; (2) $\begin{pmatrix} \boldsymbol{A}^{-1} & \boldsymbol{O} \\ -\boldsymbol{B}^{-1}\boldsymbol{C}\boldsymbol{A}^{-1} & \boldsymbol{B}^{-1} \end{pmatrix}$.

13. (1) $\begin{pmatrix} 1 & -2 & 0 & 0 \\ -2 & 5 & 0 & 0 \\ 0 & 0 & 2 & -3 \\ 0 & 0 & -5 & 8 \end{pmatrix}$; (2) $\dfrac{1}{24}\begin{pmatrix} 24 & 0 & 0 & 0 \\ -12 & 12 & 0 & 0 \\ -12 & -4 & 8 & 0 \\ 3 & -5 & -2 & 6 \end{pmatrix}$.

14. (1) $\begin{pmatrix} 1 & 0 & 0 & 5 \\ 0 & 0 & 1 & -3 \\ 0 & 0 & 0 & 0 \end{pmatrix}$; (2) $\begin{pmatrix} 0 & 1 & 0 & 5 \\ 0 & 0 & 1 & 3 \\ 0 & 0 & 0 & 0 \end{pmatrix}$.

15. (1) $\begin{pmatrix} \dfrac{7}{6} & \dfrac{2}{3} & -\dfrac{3}{2} \\ -1 & -1 & 2 \\ -\dfrac{1}{2} & 0 & \dfrac{1}{2} \end{pmatrix}$; (2) $\begin{pmatrix} 1 & 1 & -2 & -4 \\ 0 & 1 & 0 & -1 \\ -1 & -1 & 3 & 6 \\ 2 & 1 & -6 & -10 \end{pmatrix}$.

16. (1) $R = 2$, $\begin{vmatrix} 3 & 1 \\ 1 & -1 \end{vmatrix} = -4 \neq 0$; (2) $R = 3$, $\begin{vmatrix} 3 & 2 & 1 \\ 2 & -1 & -3 \\ 7 & 0 & -8 \end{vmatrix} = 7 \neq 0$.

17. (1) $k = 1$; (2) $k = -2$; (3) $k \neq 1$ 且 $k \neq -2$.

习题 3

1. (A). 2. (D).

3. (1) 无解; (2) $\boldsymbol{X} = c\begin{pmatrix} -2 \\ 1 \\ 1 \\ 0 \end{pmatrix} + \begin{pmatrix} -1 \\ 2 \\ 0 \\ 4 \end{pmatrix}$, c 为任意常数;

(3) $\boldsymbol{X} = c_1\begin{pmatrix} 2 \\ 1 \\ 0 \\ 0 \end{pmatrix} + c_2\begin{pmatrix} \dfrac{2}{7} \\ 0 \\ -\dfrac{5}{7} \\ 1 \end{pmatrix}$, c_1, c_2 为任意常数;

(4) $\boldsymbol{X} = c_1\begin{pmatrix} 1 \\ -2 \\ 0 \\ 1 \\ 0 \end{pmatrix} + c_2\begin{pmatrix} 5 \\ -6 \\ 0 \\ 0 \\ 1 \end{pmatrix}$, c_1, c_2 为任意常数.

4. 当 $\lambda \neq -2$ 且 $\lambda \neq 1$ 时有唯一解; 当 $\lambda = -2$ 时无解; 当 $\lambda = 1$ 时有无穷多组解, 且通解为 $\boldsymbol{X} = c_1\begin{pmatrix} -1 \\ 1 \\ 0 \end{pmatrix} + c_2\begin{pmatrix} -1 \\ 0 \\ 1 \end{pmatrix} + \begin{pmatrix} 1 \\ 0 \\ 0 \end{pmatrix}$, c_1, c_2 为任意常数.

5. 当 $k = 0, 2, 3$ 时有非零解. 6. $\lambda = 1, \mu = 2$.

7. (1) $\boldsymbol{\beta} = 2\boldsymbol{\alpha}_1 + 3\boldsymbol{\alpha}_2 + 4\boldsymbol{\alpha}_3$; (2) 不能; (3) $\boldsymbol{\beta} = \frac{1}{2}\boldsymbol{\alpha}_1 + \left(c + \frac{1}{2}\right)\boldsymbol{\alpha}_2 + c\boldsymbol{\alpha}_3$.

8. (1) $a \neq 4$; (2) $a = 4, c - 3b + 1 \neq 0$; (3) $a = 4, c - 3b + 1 = 0$.

9. 证明略.

10. (C). 11. (C). 12. (B). 13. (D). 14. (A).

15. (1) 线性无关; (2) 线性相关; (3) 线性无关; (4) 线性相关; (5) 线性无关.

16. 当 $k = -2$ 或 $k = 3$ 时, 向量组 $\boldsymbol{\alpha}_1, \boldsymbol{\alpha}_2, \boldsymbol{\alpha}_3$ 线性相关.

17. 证明略.

18. $k = 1$.

19~21. 证明略.

22. (D). 23. (C).

24. (1) $R = 2$, 最大无关组为 $\boldsymbol{\alpha}_1, \boldsymbol{\alpha}_2$;

(2) $R = 3$, 最大无关组为 $\boldsymbol{\alpha}_1, \boldsymbol{\alpha}_2, \boldsymbol{\alpha}_3$, 且 $\boldsymbol{\alpha}_4 = -\frac{2}{3}\boldsymbol{\alpha}_1 - \frac{2}{9}\boldsymbol{\alpha}_3$;

(3) $R = 3$, 最大无关组为 $\boldsymbol{\alpha}_1, \boldsymbol{\alpha}_2, \boldsymbol{\alpha}_4$, 且 $\boldsymbol{\alpha}_3 = 3\boldsymbol{\alpha}_1 + \boldsymbol{\alpha}_2$, $\boldsymbol{\alpha}_5 = \boldsymbol{\alpha}_1 + \boldsymbol{\alpha}_2 + \boldsymbol{\alpha}_4$.

25. $t = -2$. 26. $a = 15, b = 5$.

27. (A). 28. (C).

29. (1) $\boldsymbol{X} = c_1(-4, 0, 1, 3)^{\mathrm{T}} + c_2(0, 1, 0, 4)^{\mathrm{T}}$, c_1, c_2 为任意常数;

(2) $\boldsymbol{X} = c\,(-1, 1, 0, 0)^{\mathrm{T}}$, c 为任意常数.

30. 公共解为 $\boldsymbol{X} = k(-1, 1, 1, 1)^{\mathrm{T}}$, k 为任意常数.

31. (1) 证明略 (提示: $\boldsymbol{B}$ 的列向量是方程 $\boldsymbol{AX} = \boldsymbol{0}$ 的解向量); (2) $a = 2$, $\boldsymbol{B}$ 的秩为 1.

32. $\boldsymbol{X} = k(1, 1, \cdots, 1)^{\mathrm{T}}$, k 为任意常数.

33. (1) $\boldsymbol{X} = c\,(-1, 1, 1, 0)^{\mathrm{T}} + (-8, 13, 0, 2)^{\mathrm{T}}$, c 为任意常数;

(2) $\boldsymbol{X} = c_1(-2, 1, 0, 0)^{\mathrm{T}} + c_2(7, 0, -2, 1)^{\mathrm{T}} + (-2, 0, 1, 0)^{\mathrm{T}}$, c_1, c_2 为任意常数.

34. $\boldsymbol{X} = c(3, 4, 5, 6)^{\mathrm{T}} + (2, 3, 4, 5)^{\mathrm{T}}$, c 为任意常数.

35~38. 证明略.

39. $v_2 = v_3 = v_5 = 2$, $v_4 = v_6 = v_7 = 3$.

习题 4

1. $\frac{1}{6}, \frac{1}{3}, \frac{1}{2}$. 2. 4. 3. 2. 4. $a = 1$.

5. (A). 6. (B). 7. (C). 8. (B). 9. (D).

10~13. 证明略.

14. (1) $\lambda_1 = \lambda_2 = 1, \lambda_3 = 2$, λ_1, λ_2 所对应的特征向量为 $\boldsymbol{\xi}_1 = (1, 0, 0)^{\mathrm{T}}$, $\lambda_3 = 2$ 所对应的特征向量为 $\boldsymbol{\xi}_2 = (1, 2, 1)^{\mathrm{T}}$; (2) $\lambda_1 = \lambda_2 = -1, \lambda_3 = 8$, λ_1, λ_2 所对应的特征向量

为 $\boldsymbol{\xi}_1=\left(-\dfrac{1}{2},1,0\right)^{\mathrm{T}}$，$\boldsymbol{\xi}_2=(-1,0,1)^{\mathrm{T}}$，$\lambda_3=8$ 所对应的特征向量为 $\boldsymbol{\xi}_3=\left(1,\dfrac{1}{2},1\right)^{\mathrm{T}}$；(3) $\lambda_1=1,\lambda_2=-1$ 所对应的特征向量分别为 $\boldsymbol{\xi}_1=(1,-1,1)^{\mathrm{T}}$，$\boldsymbol{\xi}_2=(-1,1,0)^{\mathrm{T}}$，$\lambda_3=3$ 所对应的特征向量为 $\boldsymbol{\xi}_3=\left(1,\dfrac{1}{2},1\right)^{\mathrm{T}}$.

15. (1) $\lambda_1=\lambda_2=1,\lambda_3=-5$，$\lambda_1,\lambda_2$ 所对应的特征向量分别为 $\boldsymbol{\xi}_1=(1,1,0)^{\mathrm{T}},\boldsymbol{\xi}_2=(1,0,1)^{\mathrm{T}},\lambda_3=-5$ 所对应的特征向量为 $\boldsymbol{\xi}_3=(-1,1,1)^{\mathrm{T}}$；

(2) $\lambda_1=\lambda_2=2,\lambda_3=\dfrac{4}{5}$，$\lambda_1,\lambda_2$ 所对应的特征向量分别为 $\boldsymbol{\xi}_1=(1,1,0)^{\mathrm{T}},\boldsymbol{\xi}_2=(1,0,1)^{\mathrm{T}}$，$\lambda_3=\dfrac{4}{5}$ 所对应的特征向量为 $\boldsymbol{\xi}_3=(-1,1,1)^{\mathrm{T}}$.

16. (1) $\lambda_1=\lambda_2=2,\lambda_3=-1$, $\boldsymbol{A}$ 可对角化, 且可逆矩阵 $\boldsymbol{P}\begin{pmatrix}\dfrac{1}{4}&\dfrac{1}{4}&1\\1&0&1\\0&1&1\end{pmatrix}$ 使得 $\boldsymbol{P}^{-1}\boldsymbol{AP}$ 为对角阵.

(2) $\lambda_1=\lambda_2=\lambda_3=1$, $\boldsymbol{A}$ 不可对角化.

17. $\begin{pmatrix}5&-1&-2\\16&-4&-6\\2&0&-1\end{pmatrix}$.

18. (1) $a=4,b=5$; (2) $\boldsymbol{P}=\begin{pmatrix}2&-3&-1\\1&0&-1\\0&1&1\end{pmatrix},\boldsymbol{P}^{-1}\boldsymbol{AP}=\begin{pmatrix}1&0&0\\0&1&0\\0&0&5\end{pmatrix}$.

19. (1) $\boldsymbol{Q}=\begin{pmatrix}0&0&1\\-\dfrac{1}{\sqrt{2}}&\dfrac{1}{\sqrt{2}}&0\\\dfrac{1}{\sqrt{2}}&\dfrac{1}{\sqrt{2}}&0\end{pmatrix}$; (2) $\boldsymbol{Q}=\begin{pmatrix}-\dfrac{1}{\sqrt{3}}&-\dfrac{1}{\sqrt{2}}&\dfrac{1}{\sqrt{6}}\\-\dfrac{1}{\sqrt{3}}&\dfrac{1}{\sqrt{2}}&\dfrac{1}{\sqrt{6}}\\\dfrac{1}{\sqrt{3}}&0&\dfrac{2}{\sqrt{6}}\end{pmatrix}$.

20. $\boldsymbol{\alpha}_3=k\begin{pmatrix}1\\0\\1\end{pmatrix}$; $\boldsymbol{A}=\dfrac{1}{6}\begin{pmatrix}13&-2&5\\-2&10&2\\5&2&13\end{pmatrix}$.

21. (1) $\boldsymbol{\alpha}_2=\dfrac{1}{\sqrt{2}}\begin{pmatrix}-1\\0\\1\end{pmatrix},\boldsymbol{\alpha}_3=\dfrac{1}{\sqrt{6}}\begin{pmatrix}-1\\-1\\2\end{pmatrix}$; (2) $\boldsymbol{A}=\begin{pmatrix}4&1&1\\1&4&1\\1&1&4\end{pmatrix}$.

习题 5

1. $2x_1^2-x_2^2+4x_3^2+2x_1x_2+6x_2x_3$. 2. $t=1$.

3. (1) $(x_1,x_2,x_3)\begin{pmatrix}1&2&1\\2&4&2\\1&2&4\end{pmatrix}\begin{pmatrix}x_1\\x_2\\x_3\end{pmatrix}$;

(2) $f(x_1,x_2,x_3)=x_1^2+x_2^2-7x_3^2-2x_1x_2-4x_1x_3-4x_2x_3$.

4. (1) $\begin{pmatrix} 2 & 2 \\ 2 & 1 \end{pmatrix}$; (2) $\begin{pmatrix} 1 & 3 & 5 \\ 3 & 5 & 7 \\ 5 & 7 & 9 \end{pmatrix}$;

(3) $\begin{pmatrix} 2 & -2 & 1 \\ -2 & 0 & 0 \\ 1 & 0 & 1 \end{pmatrix}$; (4) $\begin{pmatrix} 1 & 1 & -1 \\ 1 & -1 & 3 \\ -1 & 3 & 3 \end{pmatrix}$.

5. (1) 正交变换 $\boldsymbol{x}=\boldsymbol{P}\boldsymbol{y}$, 其中 $\boldsymbol{P}=\begin{pmatrix} \frac{2}{\sqrt{5}} & \frac{1}{\sqrt{30}} & \frac{1}{\sqrt{6}} \\ 0 & \frac{5}{\sqrt{30}} & -\frac{1}{\sqrt{6}} \\ -\frac{1}{\sqrt{5}} & \frac{2}{\sqrt{30}} & \frac{2}{\sqrt{6}} \end{pmatrix}$, 且 $f=y_1^2+6y_2^2-6y_3^2$;

(2) 正交变换 $\boldsymbol{x}=\boldsymbol{P}\boldsymbol{y}$, 其中 $\boldsymbol{P}=\begin{pmatrix} \frac{1}{\sqrt{2}} & \frac{1}{\sqrt{6}} & \frac{1}{\sqrt{3}} \\ -\frac{1}{\sqrt{2}} & \frac{1}{\sqrt{6}} & \frac{1}{\sqrt{3}} \\ 0 & -\frac{2}{\sqrt{6}} & \frac{1}{\sqrt{3}} \end{pmatrix}$, 且 $f=3y_3^2$.

6. $\begin{pmatrix} x \\ y \\ z \end{pmatrix}=\begin{pmatrix} \frac{4}{3}\sqrt{2} & \frac{1}{3} & 0 \\ -\frac{1}{3}\sqrt{2} & \frac{2}{3} & \frac{1}{\sqrt{2}} \\ \frac{1}{3}\sqrt{2} & -\frac{2}{3} & \frac{1}{\sqrt{2}} \end{pmatrix}\begin{pmatrix} u \\ v \\ w \end{pmatrix}$, 且 $2u^2+11v^2=1$.

7. (1) $c=3$, $\lambda_1=0$, $\lambda_2=4$, $\lambda_3=9$; (2) 方程 $f(x_1,x_2,x_3)=1$ 表示一个椭圆柱面.

8. $a=3$, $b=1$; $\boldsymbol{P}=\begin{pmatrix} \frac{1}{\sqrt{2}} & \frac{1}{\sqrt{3}} & \frac{1}{\sqrt{6}} \\ 0 & -\frac{1}{\sqrt{3}} & \frac{2}{\sqrt{6}} \\ -\frac{1}{\sqrt{2}} & \frac{1}{\sqrt{3}} & \frac{1}{\sqrt{6}} \end{pmatrix}$.

9. $a=3$.

10. (B). 11. (C). 12. $-\frac{5}{4}<a<0$.

13. (1) $f(x_1,x_2,x_3)=-2x_1^2-6x_2^2-4x_3^2+2x_1x_2+2x_1x_3$;

(2)$f(x_1,x_2,x_3,x_4)=x_1^2+3x_2^2+9x_3^2+19x_4^2-2x_1x_2+4x_1x_3+2x_1x_4-6x_2x_4-12x_3x_4$.

14. 证明略.

参考文献

陈建龙, 周建华, 韩瑞珠, 等. 2007. 线性代数. 北京: 科学出版社.

陈维新. 2006. 线性代数. 2 版. 北京: 科学出版社.

刘国志. 2015. 线性代数及其 MATLAB 实现. 上海: 同济大学出版社.

邵建峰, 刘彬. 2017. 线性代数学习指导与 MATLAB 编程实践. 北京: 化学工业出版社.

同济大学数学系. 2014. 线性代数. 6 版. 北京: 高等教育出版社.

王天泽. 2013. 线性代数. 北京: 科学出版社.

钟玉泉, 周建. 2015. 线性代数. 2 版. 北京: 科学出版社.

Lay D C. 2005. 线性代数及其应用. 原书第 3 版. 北京: 机械工业出版社.

附录　MATLAB 基础知识

附录 A　MATLAB 认识

A.1　MATLAB 的发展史

MATLAB 是美国 MathWorks 公司出品的商业数学软件, 用于数据分析、无线通信、深度学习、图像处理与计算机视觉、信号处理、量化金融与风险管理、机器人、控制系统等领域.

MATLAB 是 Matrix 和 Laboratory 两个词的组合, 意为矩阵工厂 (矩阵实验室), 软件主要面对科学计算、可视化以及交互式程序设计的高科技计算环境. 它将数值分析、矩阵计算、科学数据可视化以及非线性动态系统的建模和仿真等诸多强大功能集成在一个易于使用的视窗环境中, 为科学研究、工程设计以及必须进行有效数值计算的众多科学领域提供了一种全面的解决方案, 并在很大程度上摆脱了传统非交互式程序设计语言 (如 C, FORTRAN) 的编辑模式.

MATLAB 和 Mathematica, Maple 并称为三大数学软件. 它在数学类科技应用软件的数值计算方面首屈一指, 包括行矩阵运算、绘制函数和数据、实现算法、创建用户界面、连接其他编程语言的程序等. MATLAB 的基本数据单位是矩阵, 它的指令表达式与数学、工程中常用的形式十分相似, 故用 MATLAB 来解决问题要比用 C, FORTRAN 等语言完成相同的事情简捷得多, 并且 MATLAB 也吸收了像 Maple 等软件的优点, 使其成为一个强大的数学软件; 在新的版本中也加入了对 C, FORTRAN, C++, JAVA 的支持.

目前, 该软件每年更新两次, 用 R+ 年份 +a/b 表示, 如 R2021a, R2021b.

A.2　MATLAB 的应用功能

概括地讲, MATLAB 系统由两部分组成, 即 MATLAB 内核与辅助工具箱, 两者的调用构成了 MATLAB 的强大功能. MATLAB 语言包括控制流语句、函数、数据结构、输入、输出及面向对象等, 它具有以下主要功能.

(1) 数值计算和符号计算功能: MATLAB 以矩阵作为数据操作的基本单位, 提供了十分丰富的数值计算函数. MATLAB 和著名的符号计算语言 Maple 相结合, 使得 MATLAB 具有了符号计算功能.

(2) 绘图功能: MATLAB 的绘图功能很强大, 它既包括对二维和三维数据的可视化、图像处理、动画制作等高层次的绘图命令, 也包括修改图形及编制完整图形界面的、低层次的绘图命令.

(3) MATLAB 具有程序结构控制、函数调用、数据结构、输入、输出、面向对象等程序语言特征, 而且简单易学、编程效率高.

(4) MATLAB 工具箱: MATLAB 包含基本的功能性部分和各种可选的工具箱这两部分内容. MATLAB 的工具箱分为两大类: 功能性工具箱和学科性工具箱. 功能性工具箱主要用来扩充其符号计算功能、图示建模仿真功能、文字处理功能以及与硬件实时交互的功能. 学科性工具箱专业性比较强, 包括优化工具箱、统计工具箱、控制工具箱、小波工具箱、图像处理工具箱、通信工具箱等.

在 MATLAB 中, 一方面可以使用 `help` 查询已知命令的用法. 例如, `inv` 表示计算逆矩阵, 键入 `help inv` 即可得知有关 `inv` 命令的用法; 键入 `help help` 则显示 `help` 的用法. 另一方面, `lookfor` 用来寻找未知的命令. 例如, 要寻找计算逆矩阵的命令, 可键入 `lookfor inverse`, MATLAB 即会列出所有和关键字 `inverse` 相关的指令, 找到所需的命令后, 可用 `help` 进一步找出其用法.

MATLAB 命令窗口中的 “≫” 为命令提示符, 表示 MATLAB 正处于准备状态. 在命令提示符后键入命令并按下 “回车” 键后, MATLAB 就会解释执行所输入的命令, 并在命令后面给出计算结果.

一般来说, 一个命令行输入一条命令, 命令行以 “回车” 结束. 但一个命令行也可以输入若干条命令, 各命令之间以逗号分隔, 若前一命令后带有分号, 则逗号可以省略. 例如

```
x=3*5,y=x^2
x=3*5;y=x^2
```

如果一个命令行很长, 在一个物理行之内不能写完, 可以在第一个物理行的后面加上 3 个小黑点 “…” 并按下 “回车” 键, 然后在下一个物理行继续写命令的其他部分, 3 个小黑点称为续行符.

A.3　MATLAB 命令行环境的常用操作

(1) 常用的窗口命令.

`help`　启动联机帮助文件显示;

`what`　列出当前目录下的有关文件;

`type`　列出 M 文件;

`lookfor` 查找 help 信息中的关键词;

`which`　查找函数与文件所在的目录名;

`demo`　运行 MATLAB 的演示程序;

`path`　设置或查询 MATLAB 的路径.

(2) 有关文件及其操作的语句 (见附表 A.1).

附表 A.1 有关文件及其操作的语句

函数	功能	函数	功能
cd	改变当前的工作目录	fprintf	将格式化数据写入文件
dir	列出当前目录的内容	fgetl	从文件中读取一行数据并去除换行符
delete	删除文件	fgets	从文件中读取一行数据并且保留换行符
getenv	获得环境参数	ferror	查询文件的输入输出的错误信息
unix	执行操作系统命令并返回结果	feof	检查文件结束标志
diary	将 MATLAB 运行的命令存盘	fseek	设置文件位置指针
fopen	打开文件	ftell	得到文件位置指针的位置
fclose	关闭文件	frewind	将文件内部的位置指针重新指向一个文件的起始位置
fread	从文件中读取二进制数据	tempname	建立临时的文件名
fwrite	向一个文件写入二进制数据	tempdir	返回一个已存在的临时目录名
fscanf	从文件读取格式化数据		

(3) 管理变量工作空间的命令 (见附表 A.2).

附表 A.2 管理变量工作空间的命令

函数	功能	函数	功能
who	简要列出工作空间变量名	pack	整理工作空间的内存
whos	详细列出工作空间变量名	size	查询矩阵的维数
load	从文件中加载数据	disp	显示矩阵和文本
save	列出工作空间中变量存盘	length	查询矢量的维数
clear	删除内存中的变量与函数		

(4) 对命令窗口控制的常用命令.

↑	Ctrl+p	调用上一次的命令;
↓	Ctrl+n	调用下一行的命令;
←	Ctrl+b	退后一格;
→	Ctrl+f	前移一格;
Ctrl + ←	Ctrl+r	向右移一个单词;
Ctrl + →	Ctrl+l	向左移一个单词;
Home	Ctrl+a	光标移到行首;
End	Ctrl+e	光标移到行尾;
Esc	Ctrl+u	清除一行;
Del	Ctrl+d	清除光标后字符;
Backspace	Ctrl+h	清除光标前字符;
	Ctrl+K	删除光标到行尾的内容;
	Ctrl+C	中断正在执行命令.

A.4　基本运算与函数

MATLAB 认识所有一般常用的加 (+)、减 (−)、乘 (*)、除 (/) 等数学运算符号, 以及幂次运算符号 (∧). MATLAB 将所有变量均存为 64 位 (8 字节) 的双精度浮点数 (double), 通常可以保证十进制小数点后 15 位有效精度, 不需要经过变量定义.

如在命令窗口中输入 `3*5` 并“回车”, 得到结果 `ans=15`, MATLAB 自动把运算结果赋给永久变量 `ans` (英文单词 answer 的缩写).

若在命令窗口中输入 `y=2/6` 并“回车”, 则结果显示 `y=0.3333`. 在 MATLAB 中默认显示 4 位小数, 实际上在 MATLAB 中存储的是 `y` 的准确值, 可以用命令 `vpa(y,10)` 显示有效数字十位, 也可以用 `format` 命令控制, 具体见 MATLAB 帮助系统.

在 MATLAB 中, 以分号 (;) 结尾的语句执行但不显示执行的结果, 以符号%开始的为注释行, %所在行的后面的语句不执行.

在 MATLAB 中可以用一些常用的数学函数, 部分常用函数见附表 A.3 和附表 A.4.

附表 A.3　MATLAB 中部分常用的基本数学函数

函数	功能	函数	功能
`abs(x)`	变量的绝对值或向量的长度	`floor(x)`	地板函数, 即舍去正小数至最近整数
`angle(z)`	复数 z 的相角 (phase angle)	`ceil(x)`	天花板函数, 即加入正小数至最近整数
`sqrt(x)`	开平方	`fix(x)`	无论正负, 舍去小数至最近整数
`real(z)`	复数 z 的实部	`rats(x)`	将实数 x 化为多项分数展开
`imag(z)`	复数 z 的虚部	`sign(x)`	符号函数 (signum function),
`conj(z)`	复数 z 的共轭复数		当 $x<0$ 时, sign(x)=−1;
`round(x)`	四舍五入至最近整数		当 $x=0$ 时, sign(x)=0;
`rat(x)`	将实数 x 化为分数表示		当 $x>0$ 时, sign(x)=1

附表 A.4　MATLAB 中部分常用的三角函数

函数	功能	函数	功能
`sin`	正弦函数	`sinh`	双曲正弦函数
`cos`	余弦函数	`cosh`	双曲余弦函数
`tan`	正切函数	`tanh`	双曲正切函数

各函数的反三角函数, 只要在上面的各函数前加 `a` 即可, 如反双曲正弦函数为 `asinh`.

A.5　变量命名的规则

(1) MATLAB 区分变量名的大小写.

(2) 变量的第一个字符必须为英文字母, MATLAB R2021b 中, 变量名长度不能超过 63 个字符, 在后续版本中, 变量名长度可能可以更长.

(3) 变量名可以包含大小写字母、数字和下划线, 但不能为空格符、标点.

(4) 变量名不能取 MATLAB 系统中预定义的变量, 系统中预定义的变量见附表 A.5.

附表 A.5　MATLAB 系统中预定义的变量

变量名	含义	变量名	含义
ans	预设的计算结果的变量名	ans	预设的计算结果的变量名
eps	MATLAB 定义的正的极小值 =2.2204e-16	nargin	函数输入参数个数
pi	内建的值	nargout	函数输出参数个数
inf	∞ 值, 无限大 $\left(\dfrac{1}{0}\right)$	realmax	系统所能表示的最大的正实数
NaN	无法定义一个数目 $\left(\dfrac{0}{0}\right)$	realmin	系统所能表示的最小的正实数
i 或 j	虚数单位 i=j=$\sqrt{-1}$	flops	浮点运算次数

附录 B　矩阵及其运算

B.1　矩阵的创建

B.1.1　通过元素列表输入

输入方式一:

$$\boldsymbol{A}=[a_{11},a_{12},a_{13};a_{21},a_{22},a_{23};a_{31},a_{32},a_{33}].$$

输入方式二:

$$\begin{aligned}\boldsymbol{A}=\ &[a_{11},a_{12},a_{13};\\&\ a_{21},a_{22},a_{23};\\&\ a_{31},a_{32},a_{33}].\end{aligned}$$

说明: 矩阵元素用空格或逗号分隔, 换行用分号分隔或用 “回车” 分隔.

例 B.1.1　输入数值矩阵 $\boldsymbol{A}$ 和符号元素矩阵 $\boldsymbol{B},\boldsymbol{C}$.

$$\boldsymbol{A}=\begin{pmatrix}1&2&3\\4&5&6\\7&8&9\end{pmatrix},\quad \boldsymbol{B}=\begin{pmatrix}a&b\\c&d\end{pmatrix},\quad \boldsymbol{C}=\begin{pmatrix}\sin x&x^2\\\mathrm{e}^x&\ln x\end{pmatrix}.$$

程序如下:

```
A=[1,2,3;4,5,6;7,8,9]
B=str2sym('[a,b;c,d]')
syms x %表示定义符号变量x,也可用sym(x)
C=[sin(x),x^2,exp(x),log(x)]
```

B.1.2 通过外部数据加载

例 B.1.2 已有一个全由数据组成的文本文件 A.mat, 加载时在命令窗口中输入: `load A.mat`.

例 B.1.3 设文件 B.m 中定义了矩阵 B1, B2 和 B3, 如附图 B.1 所示.

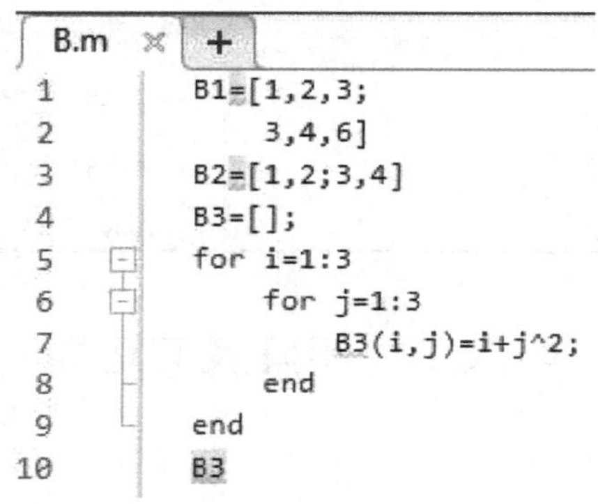

附图 B.1

在命令窗口中输入文件名 B 并按 "回车" 键, 可以得到 B1, B2 和 B3.

B.1.3 通过函数生成矩阵

```
zeros(m,n)   %m行n列零矩阵
ones(m,n)    %m行n列幺矩阵(元素全为1的)
rand(m,n)    %m行n列随机矩阵(元素服从[0,1]区间的均匀分布)
randn(m,n)   %m行n列随机矩阵(元素服从标准正态分布)
eye(m,n)     %得到m*n单位矩阵, 即左上角为min(m,n)阶单位矩阵, 其余元素全为
              0的m*n矩阵
magic(n)     %n阶魔方阵,它的每一行,每一列和对角线之和均相等
vander(c)    %由数组c构成的范德蒙德矩阵, 即矩阵的第i行的每一个元素是数组c
              的每个元素的(i-1)次方
```

其他特殊矩阵的生成函数: `compan`, `gallery`, `hankel`, `hilb`, `invhilb`, `pascal`, `rosser`, `toeplitz`, `wilkinson`.

例 B.1.4 生成 3×4 零矩阵、3×4 幺矩阵、三阶单位矩阵、三阶魔方阵、3×4 零矩阵服从 $[2, 5]$ 上均匀分布的随机矩阵、3×4 标准正态分布矩阵, 以及由数组 $\boldsymbol{c}=[1,3,4,5,6]$ 生成的五阶范德蒙德矩阵.

程序如下: `zeros(3,4)`; `ones(3,4)`; `eye(3)`; `magic(3)`;
`2+(5-2)*rand (3,4)`; `randn(3,4)`; `c=[1,3,4,5,6]`, `vander(c)`.

B.2 矩阵的编辑与元素操作

B.2.1 通过矩阵编辑器编辑矩阵

编辑阶数较高的矩阵时, 可打开矩阵编辑器. 在 Workspace 窗口中双击所需要修改的矩阵图标, 打开矩阵编辑器, 在矩阵编辑器中可编辑、扩充或缩小矩阵. 输入新的元素后, 矩阵即时完成矩阵的扩充储存. 如果只在新行 (列) 输入一个元素, 其矩阵自动扩充到这一行 (列), 没有输入位置上的元素添入零元素. 若要缩小矩阵, 只需选定要删除的行 (列), 右击选择 delete 项即可完成删除.

B.2.2 矩阵的元素操作

(1) 已有矩阵 $\boldsymbol{A}$, 求由 $\boldsymbol{A}$ 的元素构成的各种矩阵.

```
diag(A) %由A的对角线上元素构成的列向量, diag(A,m):m>0时得到A的对角线向上
        偏移m行的列向量,m<0时得到A的对角线向下偏移-m行的列向量,m=0时等同
        diag(A)
diag(X) %以向量X作对角线元素创建对角矩阵
triu(A) %由A的上三角元素构成的上三角矩阵
tril(A) %由A的下三角元素构成的下三角矩阵
flipud(A) %矩阵元素作上下翻转
fliplr(A) %矩阵元素作左右翻转
rot90(A)  %矩阵元素逆时针翻转90°
size(A)   %得到由矩阵A的行数m和列数n构成的向量[m,n]
length(A)  %得到矩阵A的行数m和列数n的最大值, 即max(m,n)
trace(A)   %求给定方阵A的主对角线元素之和
```

例 B.2.1 生成与 $\boldsymbol{A}$ 同阶的 [3, 7] 上均匀分布的随机整数阵、幺矩阵.

程序如下:

```
randi([3,7],size(A)), ones(size(A))
```

(2) 块法生成大矩阵: 例如已知矩阵 `A`, `B`, `C`, `D` 生成分块大矩阵 `G`, `G=[A,B;C,D]`, 要求 `A`, `B` 行数相同, `C`, `D` 行数相同, `A`, `C` 列数相同, `B`, `D` 列数相同.

(3) 矩阵元素的提取、修改 (下设 `A` 为已知的 `m*n` 矩阵).

```
A(:) %对A进行列向量化, 由A的第1列、…、第n列,得到m*n的列向量
A(7) %得到A的第7个元素,例如A为3*4矩阵时,对A进行列向量化,对应的结果为
     A(3,1)
A(参数1,参数2) %参数1、参数2可以是数字、向量或者冒号, 得到A的参数1行、
```

```
            参数2列交叉位置的元素. 如果参数1为冒号“:”, 表示所有行;
            如果参数2为冒号“:”, 表示所有列
例如:
A(2,3) %A的第2行第3列元素;
A([3,1],:) %A的第3行和第1行;
A(:,2:5) %A的2至5列;
A([2,3],[4,2]) %由A的2、3行,4、2列交叉位置的元素构成的子矩阵
A(:,[1,1,1]) %得到3列的矩阵, 每列均为A的第1列
A([2,3,2],:) %得到3行的矩阵, 依次为A的第2、3、2行
B(1:12)=A(:,[2,3]) %设A为6行的矩阵, 将A的第2、3列行向量化
B(1:10)=A([2,3],:) %设A为5列的矩阵, 将A的第2、3行行向量化
A(i,j)=x %将A矩阵的第i行第j列元素赋值为x, 如果i>m或者j>n, 则将A扩充为
         max(m,i)*max(n,j)矩阵, 其中A(i,j)元素为x, 其余扩充元素为0
reshape(A,m1,n1): %对A按照列方向, 重排为m1*n1的矩阵, 要求m*n=m1*n1
A([2,3],:)=[] %删除矩阵A的2、3行
A(,[1,4])=[] %删除矩阵A的1、4列
A(2,:)=b %将A的第2行换成行向量b
A(:,3)=b %将A的第3列换成列向量b
A([1,3],[2,4])=B %将A的1、3行, 2、4列元素替换为二阶方阵B
```

例 B.2.2 已知矩阵 $\boldsymbol{A}$ 为

$$\boldsymbol{A}=\begin{pmatrix} 1 & -1 & 2 & 3 & 5 \\ 2 & 1 & -3 & 2 & 3 \\ 3 & 7 & 2 & 1 & 4 \\ -2 & 6 & 4 & 7 & 2 \end{pmatrix}.$$

作如下元素操作:

(1) 将矩阵 $\boldsymbol{A}$ 的每一个元素减 5 后取绝对值, 构成矩阵 $\boldsymbol{B}_1$;

(2) 取矩阵 $\boldsymbol{A}$ 的每个元素是否大于 3 的逻辑值构成矩阵 $\boldsymbol{B}_2$;

(3) 取矩阵 $\boldsymbol{A}$ 的绝对值大于 3 的元素构成列向量 $\boldsymbol{B}_3$;

(4) 将矩阵 $\boldsymbol{A}$ 中大于 3 的元素重新赋值为 3, 结果保存为 $\boldsymbol{B}_4$.

程序如下:

```
A=[1,-1,2,3,5;2,1,-3,2,3;3,7,2,1,4;-2,6,4,7,2]
B1=abs(A-2)
B2=abs(A)>3
B3=A(abs(A)>3)
B4=A;
B4(abs(B4)>3)=3
```

B.3 矩阵的数据统计操作

(1) `[a,i]=max(A)` %A的每列最大元素构成的行向量a及所在行标向量，如果命令为 a=max(A)，则只得到每列最大值

(2) `[a,i]=min(A)` %A的每列最小元素构成的行向量a及所在行标向量i，如果命令为 a=min(A)，则只得到每列最小值

(3) `std(A)` %A的列元素的标准差构成的行向量

注 1 上述 (1)—(3) 均是按列方向进行操作, 如果按行方向, 则将 “A” 改为 “A,[ ],2” 即可.

(4) `mean(A)` %A的列元素的平均值构成的行向量

(5) `median(A)` %A的列元素的中位数构成的行向量

(6) `sum(A)` %A的列元素的和构成的行向量

(7) `prod(A)` %A的列元素的积构成的行向量

(8) `cumsum(A)` %A的列元素的累积和构成的矩阵

(9) `cumprod(A)` %A的列元素的累积积构成的矩阵

(10) `cumtrapz(A)` %对A用梯形法求累积数值积分构成的矩阵

(11) `sort(A)` %对A的每列元素按升序进行排序，若按降序进行排序时，用 sort(A,'descend')

注 2 上述 (4)—(11) 均是按列方向进行操作, 如果按行方向, 则将 “A” 改为 “A,2” 即可.

(12) `sortrows(A,k)` %从第k行开始，以A的第1列为标准按升序排列矩阵A的各行，sortrows(A)表示从第1行开始;若第1行为标准按升序排列矩阵A的各列，对A的转置按列方向排序，对其结果再转置即可，如 sortrows(A')';若需降序排时，与(11)类似，加参数descend

例 B.3.1 生成六阶 [3, 10] 区间的随机整数矩阵 $\boldsymbol{A}$, 做如下计算:

(1) 求 $\boldsymbol{A}$ 的每列的最大元素 m11、最小元素 m12;

(2) 求 $\boldsymbol{A}$ 的列元素的平均值 m21、中位数 m22、标准差 m23、和 m24、积 m25、累积和 m26、累积积 m27;

(3) 对 $\boldsymbol{A}$ 用梯形法求累积数值积分 m31;

(4) 按升序对 $\boldsymbol{A}$ 的每列元素进行排序 m41;

(5) 按第 1 列升序排列矩阵 $\boldsymbol{A}$ 的各行 m51.

程序如下:

```
A=2+randi(5,6,6)
[m11,i]=max(A)
[m12,i]=min(A)
m21=mean(A)
m22=median(A)
m23=std(A)
```

```
m24=sum(A)
m25=prod(A)
m26=cumsum(A)
m27=cumprod(A)
m31=cumtrapz(A)
m41=sort(A)
m51=sortrows(A)
```

B.4　矩阵的运算

(1) A'　　%矩阵A的转置，也可用transpose(A)

(2) det(A)　　%方阵A的行列式

(3) rank(A)　　%矩阵A的秩

(4) inv(A)　　%方阵A的逆

(5) [V,D]=eig(A)　　%对角阵D的对角线元素为方阵A的特征值，方阵V的每一列是对应的特征向量

(6) norm(A)　　%矩阵A的范数

(7) orth(A)　　%矩阵A的正交化

(8) poly(A)　　%矩阵A的特征多项式

(9) rref(A)　　%将矩阵A化为行最简形矩阵

(10) size(A)　%得到矩阵A的行数和列数

(11) A+k　　%矩阵A的每个元素加标量k

(12) A*k　　%矩阵A与每个元素乘标量k

(13) A/k　　%矩阵A的每个元素除以标量k

(14) A+B　　%矩阵与矩阵的加法

(15) A*B　　%矩阵与矩阵的乘法

(16) A\B　　%等价于inv(A)*B

(17) A/B　　%等价于A*inv(B)

(18) k./A　　%标量k除以矩阵A的每一个元素

(19) A.^k　　%矩阵A的每一个元素取k次方

(20) A.*B　　%同型矩阵A与B的对应元素相乘

(21) A./B　　%同型矩阵A与B的对应元素作除法

(22) A.^B　　%B的每一个元素作为A对应元素的幂次

(23) isequal(A,B)　　%判断矩阵A和B是否相等